制造业高端技术系列

轴承滚道控性磨削

葛培琪 王德祥 著

机 械 工 业 出 版 社

轴承滚道是滚动轴承工作时承受负荷的工作表面，其表面完整性决定了轴承的长寿命可靠服役性能。磨削加工是轴承滚道表面状态可控制造的关键工艺，直接决定了轴承滚道的表面完整性。本书是结合作者多年从事轴承滚道控性磨削基础理论及应用技术研究的成果撰写而成的。本书共分7章，第1章介绍了轴承滚道控性磨削的基础理论，第2章分析了磨削加工砂轮磨粒与工件接触状态，第3章分析了轴承内圈滚道磨削力与磨削弧区热源分布，第4章分析了轴承内圈滚道磨削残余应力场，第5章研究了轴承内圈滚道磨削变质层，第6章介绍了轴承内圈滚道磨削加工试验，第7章研究了轴承内圈滚道精研加工残余应力场。

本书可供磨削加工理论与应用技术和轴承滚道控性制造等领域的科技人员参考，也可作为相关专业的科研人员、高等院校工科专业的教师及机械类研究生的参考书。

图书在版编目（CIP）数据

轴承滚道控性磨削/葛培琪，王德祥著. —北京：机械工业出版社，2023.8

（制造业高端技术系列）

ISBN 978-7-111-73494-9

Ⅰ.①轴… Ⅱ.①葛… ②王… Ⅲ.①轴承-滚道-磨削 Ⅳ.①TH133.33

中国国家版本馆CIP数据核字（2023）第126774号

机械工业出版社（北京市百万庄大街22号 邮政编码100037）

策划编辑：贺 怡 责任编辑：贺 怡

责任校对：李小宝 李 杉 封面设计：马精明

责任印制：郜 敏

北京富资园科技发展有限公司印刷

2023年10月第1版第1次印刷

169mm×239mm · 11.5印张 · 222千字

标准书号：ISBN 978-7-111-73494-9

定价：89.00元

电话服务 网络服务

客服电话：010-88361066 机 工 官 网：www.cmpbook.com

010-88379833 机 工 官 博：weibo.com/cmp1952

010-68326294 金 书 网：www.golden-book.com

 机工教育服务网：www.cmpedu.com

前　言

滚动轴承作为重大装备的关键核心基础件，直接关系着装备的整机服役性能。受制于制造领域的关键共性技术及基础科学问题，国产高端轴承的服役性能与国际先进水平有较大差距，导致国内高端装备配套轴承全部或大部分依赖进口，严重制约着我国装备制造业的发展。在诸多限制滚动轴承服役性能的指标中，最关键的是其在苛刻工况条件下的长寿命可靠服役性能。尤其需要关注的是，滚道接触疲劳失效是抑制其长寿命可靠服役性能的主要失效形式之一，而这与轴承滚道的表面完整性密切相关。轴承滚道的表面完整性主要包括滚道的表面形貌、滚道表层的组织、硬度和残余应力分布等。磨削加工是轴承滚道表面状态可控制造关键工艺，直接决定了轴承滚道的表面完整性。目前，国产滚动轴承的滚道表面经超精研加工后，表面粗糙度等表面形貌指标与国外几乎无差异，但对于滚道表层的残余应力分布和组织变化等表面状态的可控磨削技术仍有待提高。因此，开展轴承滚道控性磨削基础研究，是提升我国滚动轴承长寿命可靠服役性能的迫切需求。

作者多年来致力于轴承滚道控性磨削基础理论与应用技术研究。本书是作者在总结相关研究成果的基础上撰写而成的，共分为7章，第1章介绍了轴承滚道控性磨削的基础理论，第2章分析了磨削加工砂轮磨粒与工件接触状态，第3章分析了轴承内圈滚道磨削力与磨削弧区热源分布，第4章分析了轴承内圈滚道磨削残余应力场，第5章研究了轴承内圈滚道磨削变质层，第6章介绍了轴承内圈滚道磨削加工试验，第7章研究了轴承内圈滚道精研加工残余应力场。撰写本书的目的在于向读者介绍轴承滚道控性磨削领域的最新成果，以期为提升我国滚动轴承控性制造的技术水平尽绵薄之力。

本书在写作过程中，参考了江京亮（2010级博士生）和郑传栋（2012级硕士生）的博士、硕士论文。他们为轴承滚道控性磨削理论与技术的研究做出了重要贡献，没有他们的努力工作，本书是不可能完成的，作者在此对他们的辛勤劳动和创造性贡献表示诚挚的谢意。

本书的研究工作得到了国家重点基础研究发展计划（973 计划）“轴承滚道基体组织与表面状态可控性制造（2011CB706600）”的资助，作者在此深表感谢！

由于作者水平有限，书中的不妥之处在所难免，恳请专家和读者批评指正，并提出宝贵意见。

目　录

第1章 绪论

01

1.1 背景

滚动轴承是机电装备的关键核心基础件，直接关系着重大装备的整机使用性能。经过多年发展，我国轴承产业已形成较大规模。2017年，全国轴承产量达210亿套，销售额达1788亿元，稳居世界第三位，形成了独立完整的轴承工业体系[1]。但与NSK、SKF等国际知名品牌相比，我国在高端轴承制造领域仍存在着相当大的差距。目前，我国高铁动车组轴承全部为进口轴承[2]，超过50%的高档机床主轴轴承依赖进口[3]，严重制约了我国装备制造业的发展。与此同时，国际大型轴承企业NSK和SKF等均在我国设立独资企业，抢占中国高端轴承市场。由于面临战略压力与核心技术上的挑战，因此必须大力提升我国高端滚动轴承的制造技术水平。

以高速精密机床主轴轴承为例，国产轴承与进口轴承的差距主要表现在高速性能、使用寿命、温升特性、尺寸公差和可靠性等方面，其中使用寿命主要指疲劳寿命和精度保持能力。机床主轴轴承滚道接触疲劳失效是其主要失效形式之一，滚道接触疲劳破坏机理包括次表面起源性的剥落和表面起源性的点蚀、微点蚀两种，而这与轴承滚道的表面状态密切相关[4]。为了使滚动轴承在精密、高速和重载等苛刻工况条件下长寿命可靠运转，应在加工过程中使滚道表面达到高表面完整性指标。

滚动轴承内圈一般经过锻造→车削→热处理→磨削→超精研等加工制造环节，磨削加工作为轴承内圈加工的关键制造工艺，加工过程中会产生较大的磨削力和大量的磨削热，两者的耦合作用直接决定了轴承滚道的表面状态。因此，需要深入研究轴承滚道磨削加工机理，阐明磨削过程中砂轮磨粒与工件材料的接触作用机理，揭示磨削工艺参数及冷却润滑条件对磨削力、磨削热、磨削温度场以及滚道磨削表面状态的影响规律。在此基础上，探索优化轴承滚道磨削工艺的方法，使滚道磨削表面状态可控，提高生产率，降低生产成本。

1.2 磨削加工基础理论的研究现状

对于磨削加工基础理论的研究工作，主要集中在以下几个方面：磨削力、磨削热、磨削温度场、磨削残余应力场和磨削变质层。下面就这几个研究方向分别介绍国内外的研究现状。

1.2.1 磨削力预测模型

磨削力起源于工件与砂轮接触后引起的弹性变形、塑性变形、切屑形成，以及磨粒和结合剂与工件表面之间的摩擦作用[5]。磨削力是一个表征磨削情况的主要参数，几乎与所有的磨削工艺参数存在联系，是造成磨削过程中能量消耗、产生磨削热量及磨削振动的主要原因。通过对磨削力的准确预测，有利于实现磨削温度控制、评价工件材料的磨削加工性能及改进磨削工艺等。目前，磨削力预测模型主要分为两类：一类是经验公式，另一类是基于砂轮表面形貌描述与磨粒/工件接触状态建模的磨削力模型。

1. 磨削力经验公式

磨削力几乎与所有的磨削工艺参数相关，而且磨削过程非常复杂，通过开展大量磨削加工试验，建立磨削力与主要工艺参数之间的数学关系[6-8]，是一种预测磨削力的常见方法。磨削力经验公式的一般表达形式为

$$\begin{cases} F_n = C_1(v_w)^{\alpha_1}(v_s)^{\beta_1}(a_e)^{\gamma_1}(d_e)^{\chi_1} \\ F_t = C_2(v_w)^{\alpha_2}(v_s)^{\beta_2}(a_e)^{\gamma_2}(d_e)^{\chi_2} \end{cases} \tag{1-1}$$

式中，F_n 和 F_t 分别是法向力和切向力；v_w 是工件速度；v_s 是砂轮速度；a_e是磨削深度；d_e是当量砂轮直径；C 是系数；α、β、γ、χ 是指数；1 和 2 是下标，分别代表法向和切向。

但是，采用经验公式来预测磨削力，所需的试验工作量大，成本高，而且经验公式的通用性差，并未揭示磨削力的产生机理。

2. 基于砂轮表面形貌描述与磨粒/工件接触状态建模的磨削力模型

在建立基于砂轮表面形貌描述与磨粒/工件接触状态建模的磨削力模型时，顾名思义，最为关键的是砂轮磨粒/工件接触状态建模和砂轮表面形貌描述。

（1）砂轮磨粒/工件接触状态建模　在建立砂轮磨粒/工件接触状态模型时，需要对磨粒形状进行假设。在砂轮磨粒穿过磨削弧区过程中，与工件材料之间一般会发生滑擦、耕犁和切削三种接触状态。表 1-1 所示为不同研究者建立的单颗磨粒作用力模型。由表 1-1 可得，砂轮磨粒常被假设为圆锥形，在有些磨削力

模型中，三种磨粒接触类型并未完全考虑。

表 1-1　单颗磨粒作用力模型

研究者	磨粒形状	磨粒/工件接触状态		
		滑擦	耕犁	切削
Werner[9]	圆锥形	√	—	√
李力钧、傅杰才等[11]	圆锥形	√	—	√
Younis、Sadek 等[12]	不规则形状	√	√	√
Badger、Torrance[13]	金字塔形	√	√	√
Hecker、Liang 等[14]	圆锥形，球形尖端	—	—	—
Park、Liang[15]	球形	—	√	√
张建华、葛培琪等[16]	圆锥形	√	—	√
Tang、Du[17]	圆锥形	√	—	√
Chang、Wang[18]	三角形截面切屑	—	—	—
Patnaik Durgumahanti 等[19]	金字塔形	√	√	√
Shao、Liang[22]	圆锥形	—	√	√
Sun、Duan 等[23]	圆锥形	√	√	√
Setti、Kirsch 等[24]	球形	√	√	√
Cai、Yao 等[25]	圆锥形	√	√	√
Jamshidi、Budak[26]	三角形截面切屑	—	√	√
Gu、Zhu 等[27]	圆锥形	√	—	√

注：表中√表示考虑，—表示未考虑。

Werner[9]将单颗磨粒磨削力 F 表示为未变形切屑横截面积的幂函数

$$F = KA^n \tag{1-2}$$

式中，K 是单位面积磨削力；A 是未变形切屑横截面积；$0<n<1$，当 $n=0$ 时，是纯滑擦过程，当 $n=1$ 时，是纯切削过程。

但是，该模型并未从物理意义上区分滑擦和切削。Malkin[10]指出，磨削力由滑擦和切削引起，并且试验证明了滑擦力与磨粒磨钝面积成正比。李力钧和傅杰才[11]根据 Malkin 的结论，从物理意义上将滑擦与切削区分，将滑擦力表示为平均压力与磨粒接触面积的乘积，将切削力表示为单位面积磨削力与未变形切屑横截面积的乘积，建立了包含滑擦力分量与切削力分量的单颗磨粒作用力模型。Malkin[10]经进一步研究发现，耕犁也是一种与磨削过程密切相关的作用机理。基于此，Younis 等[12]建立了包含滑擦力分量、耕犁力分量与切削力分量的单颗磨粒作用力模型。Badger 和 Torrance[13]建立了基于滑移线场理论的单颗磨粒磨削力模型。Hecker 等[14]未从物理意义上区分滑擦、耕犁与切削，而是根据磨粒切入工件与布氏硬度试验之间的相似性，建立了单颗磨粒磨削力模型。Park 和 Liang[15]只考虑耕犁与切削，根据耕犁磨粒切入工件与布氏硬度试验之间的相似性，建立了单颗耕犁磨粒作用力模型，基于 Merchant 金属切削理论[20]，建立了单颗切削磨粒作用力模型。张建华等[16]将滑擦与维氏硬度试验类比，将切削力表示为单位面积磨削力与切屑横截面积的乘积，建立了包含滑擦力分量和切削力分量的单颗磨粒作用力模型。Tang 等[17]忽略耕犁的影响，将滑擦力表示为平均压力与磨粒接触面积的乘积，根据 Malkin 和 Cook[21]建立的磨削比能公式，将切削力与比切削能以及磨削工艺参数联系起来。Chang 和 Wang[18]将单颗磨粒磨削力表示为磨削比能和未变形切屑体积的乘积。Patnaik Durgumahanti 等[19]综合考虑滑擦、耕犁和切削，其中滑擦力和切削力的建模原理与文献［11，12］一致，将单颗耕犁磨粒切入工件与莫氏硬度划痕检测方法类比，建立了单颗耕犁磨粒作用力模型。Shao 等[22]将单个磨粒磨削简化为切削和耕犁的二维材料去除过程，把切削力表示为每单位宽度的切向力增量和法向力的积分，根据布氏压痕硬度试验将耕犁力计算为作用在相对于法向的临界前角的一半方向上的压痕力，建立了包含耕犁力分量与切削力分量的单颗磨粒作用力模型。Sun 等[23]基于 Shao 研究的理论和试验，进一步假设单颗磨粒的磨削过程是临界正交的，并且单颗磨粒的磨削力在宽度方向上分布均匀，建立了包括切削力、耕犁力和滑擦力的单颗磨粒磨削力模型。Setti 和 Kirsch 等[24]把单颗磨粒假设成球形分别借助弹性表面的赫兹接触理论、布氏压痕模型和 Merchant 的金属切削理论建立包括滑擦、耕犁、切削的磨削力模型。Cai 等[25]将单颗磨粒划分为多个晶粒单元，基于磨粒单元、砂轮形貌和磨削运动学建立了单颗磨粒作用力模型。Jamshidi 等[26]通过描述磨粒与工件的微观相互作用和砂轮的几何形状建立了一种考虑金属死区（DMZ）、耕犁、砂轮等实际工况的单颗磨粒运动几何力学分析模型。Gu 等[27]针对复合材料特性建立了单颗磨粒磨削力预测模型。

总结以上单颗磨粒磨削力模型可知，滑擦力一般表示为平均压力与磨粒接触面积的乘积，但是模型中未知参数较多，且不易确定。文献［14］中建立的单颗磨粒磨削力模型，将磨粒切入工件与布氏硬度试验类比，模型不含未知参数，可以用来建立单颗磨粒磨削力模型，如图 1-1 所示。文献［14］中建立的单颗磨粒磨削力模型表示为

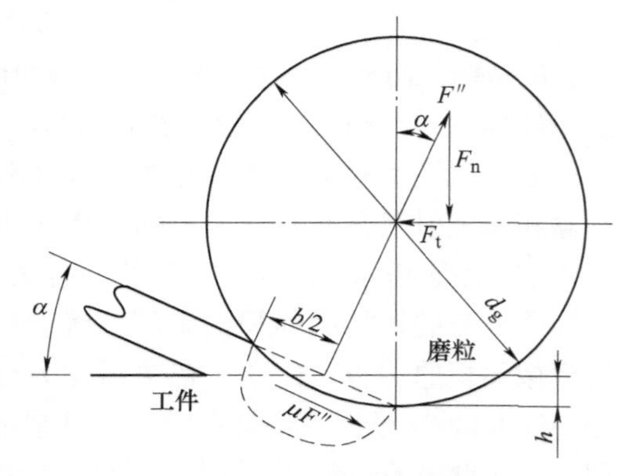

图 1-1　单颗磨粒磨削力模型[14]

$$\begin{cases}F_{\mathrm{n}}=F''(\cos\alpha-\mu\sin\alpha)\\F_{\mathrm{t}}=F''(\sin\alpha+\mu\cos\alpha)\end{cases}\tag{1-3}$$

式中，F_{n} 和 F_{t}分别是法向力和切向力；μ 是磨粒与工件之间的摩擦系数；F''是布氏硬度试验力。

文献［15］中建立的单颗磨粒切削力模型，不含未知参数，从切削机理的角度出发，可用来建立单颗磨粒切削力模型，如图 1-2 所示。文献［15］中建立的单颗磨粒切削力模型表示为

$$\begin{cases}F_{\mathrm{cg},x}=\int_{\alpha_{\mathrm{cr}}}^{\arcsin(r_{\mathrm{g}}-t_0)/r_{\mathrm{g}}}\dfrac{\tau_{\mathrm{s}}\cos(\beta-\alpha)}{\sin[\pi/4-(\beta-\alpha)/2]\cos[\pi/4+(\beta-\alpha)/2]}2r_{\mathrm{g}}^2\cos^2\alpha\mathrm{d}\alpha\\F_{\mathrm{cg},y}=\int_{\alpha_{\mathrm{cr}}}^{\arcsin(r_{\mathrm{g}}-t_0)/r_{\mathrm{g}}}\dfrac{\tau_{\mathrm{s}}\sin(\beta-\alpha)}{\sin[\pi/4-(\beta-\alpha)/2]\cos[\pi/4+(\beta-\alpha)/2]}2r_{\mathrm{g}}^2\cos^2\alpha\mathrm{d}\alpha\end{cases}\tag{1-4}$$

式中，$F_{\mathrm{cg},x}$是切向切削力；$F_{\mathrm{cg},y}$是法向切削力；τ_{s} 是剪切强度；α 是前角；β 是摩擦角；t_0 是最小未变形切屑厚度；r_{g} 是磨粒半径。

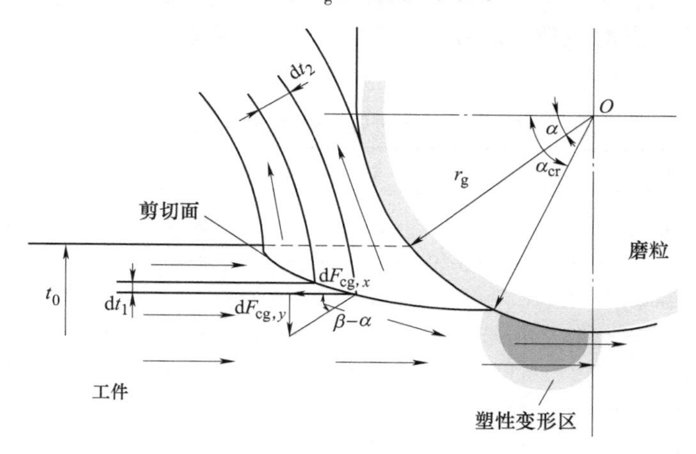

图 1-2　单颗磨粒切削力模型[15]

（2）砂轮表面形貌描述　砂轮表面形貌一般可通过磨粒形状、磨粒尺寸分布、单位面积磨粒数及磨粒凸起高度四个参数进行定量描述。

描述砂轮表面形貌的首要工作，是对磨粒形状进行理想化假设。如表 1-1 所示，磨粒常被假设为圆锥形、球形、金字塔形及具有球形尖端的圆锥形等。言兰[28]分析测得的 SEM（扫描电子显微镜）图片发现，金刚石磨粒和 CBN（立方氮化硼）磨粒的形状接近棱锥，氧化铝磨粒的形状接近具有球形尖端的圆锥。当磨削深度与磨粒半径之比小于 1 时，一般只有磨粒球形尖端参与磨削过程，此时可将磨粒假设为球形。相比于其他形状，在建立单颗磨粒作用力模型时，

球形磨粒更加方便[29,30]。

GB/T 2481.1—1998《固结磨具用磨粒 粒度组成的检测和标记 第1部分：粗磨粒F4~F220》规定，对于刚玉和碳化硅磨料，采用筛分法对粗磨粒进行磨粒粒度检测。磨粒粒度确定之后，其最大尺寸d_{max}和最小尺寸d_{min}即可根据网筛尺寸确定。磨粒的平均尺寸d_{mean}有两种计算方法：一种是$d_{mean}=(d_{max}-d_{min})/2$；另一种是$d_{mean}=28.9g^{-1.18}$，$g$是磨粒粒度号[31]。通过数字图像识别法检测磨粒尺寸发现，采用筛分法确定磨粒粒度时，磨粒尺寸符合正态分布[33]。因此，对磨粒尺寸进行建模时，可认为磨粒尺寸符合正态分布[31,32]。

目前，一般认为磨粒在砂轮中均匀分布[34-36]。结合磨粒率的定义，即可得到砂轮表面单位面积磨粒数。各学者建立的单位面积磨粒数计算公式见表1-2，其中N_s表示单位面积磨粒数，V_g表示磨粒率。值得注意的是，表1-2中建立的是静态磨粒数公式，即砂轮表面单位面积存在的所有磨粒数目。实际上，在砂轮磨削过程中，并非所有磨粒都参与磨削过程，有些磨粒发生滑擦、耕犁或切削，而另外一些磨粒在穿过磨削弧区的过程中，并未与工件材料发生接触。因此，与静态磨粒数相对应，还存在着磨削过程中实际参与磨削过程的动态磨粒数。为了计算动态磨粒数，应在获得静态磨粒数的基础上，进一步开展磨削过程运动学分析。

表1-2 单位面积磨粒数计算公式

作者	年份	公式
Torrance 和 Badger[37]	2000	$N_s = 6V_g/(\pi d_{mean}^2)$
Hou 和 Komanduri[31]	2003	$N_s = (10V_g^{1/3}/d_{mean})^2$
张磊[38]	2006	$N_s = [8V_g/(\pi d_{mean}^3)]^{2/3}$
张建华[39]	2008	$N_s = [8V_g^{1/3}/(\pi d_{mean}^3)]^{2/3}$
张振果[40]	2010	$N_s = [6V_g/\pi d_{mean}^3]^{2/3}$

磨粒凸起高度是求解最大未变形切屑厚度和未变形切屑面积的重要参数。测量砂轮表面形貌发现，磨粒凸起高度符合正态分布[28,41]，并且最大磨粒凸起高度和平均磨粒凸起高度分别与最大磨粒直径和平均磨粒直径接近[36,41,42]。因此，对磨粒凸起高度进行建模时，可以认为磨粒凸起高度符合正态分布。

1.2.2 磨削热源分布及热量分配比

在磨削过程中，磨削区内产生的热量主要是通过工件、磨削液、切屑和砂轮等传递出去，其中传入工件的热量是导致工件温度升高而产生热损伤的直接原因，因此传入工件的热量及其所导致的工件磨削温度场是人们所关注的重点。为分析传入工件的热量及工件磨削温度场，首先需要建立磨削热源分布模型及热量分配比数学模型。

1. 磨削热源分布模型

热源分布形状会对工件磨削温度场分布产生直接影响。一般把热源形状假设为矩形或直角三角形，试验表明直角三角形热源比矩形热源更加准确[43-45]。Mahdi 和 Zhang[46] 认为三角形热源更加符合实际磨削工况，热源峰值在磨削弧区不同位置代表不同的磨削工艺。张磊[38] 建立了磨削热源分布综合模型，在不同的磨削工艺条件下，磨削热源分布综合模型可以转化为矩形热源、直角三角形热源、三角形热源、矩三角形热源和梯形热源。近年来，热源分布形状也被假设为二次多项式曲线[47]、抛物线[48] 和椭圆形[48,49]。几种常见的热源分布模型如图 1-3 所示。

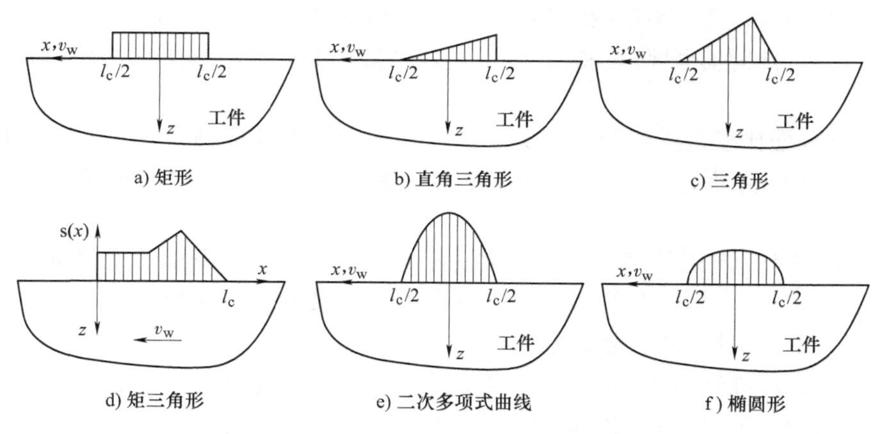

图 1-3　几种常见的热源分布模型

Outwater 和 Shaw[50] 最早将 Jaeger 移动热源模型[51] 应用于磨削。Rowe[52,53] 在研究高效深磨时建立了倾斜移动热源模型，如图 1-4 所示。该模型把砂轮与工件之间的接触弧区简化为与已加工表面成夹角 φ 的倾斜平面。Rowe 和 Jin 等[54,55] 建立了应用于高效深磨的圆弧移动热源模型，如图 1-5 所示。

利用磨削加工试验测得的工件表层温度以及次表层温度，进行磨削传热逆分析，可以获得热源分布形状[56-60]。Guo 和 Malkin[56,57] 发现进入工件的热源分布形状接近于三角形，并且热源峰值非常靠近磨削弧区前端。Kim 等[59] 研究发现，相比于矩形热源和直角三角形热源，三角形热源更加适用于缓进给磨削。Brosse 等[60] 研究发现，二次多项式曲线分布热源可比直角三角形热源更加准确地预测磨削温度场。但是，利用试验结果反推热源分布形状的方法对试验误差和随机误差很敏感，无法应用于工程实践。

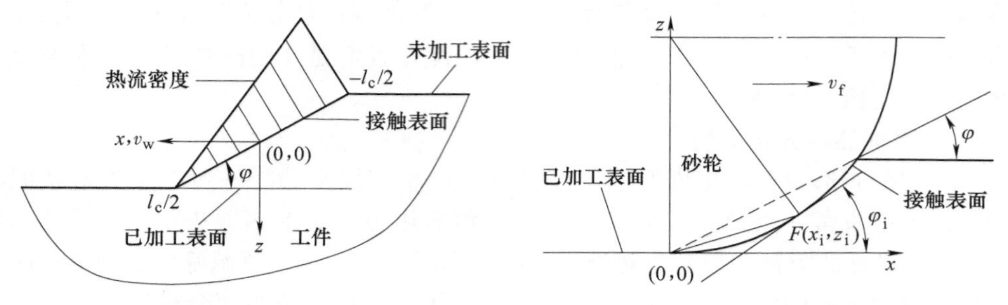

图 1-4　倾斜移动热源模型[52,53]　　图 1-5　圆弧移动热源模型[54]

2. 热量分配比数学模型

磨削加工过程中产生的磨削热，主要传入工件、砂轮、切屑和磨削液中。设磨削弧区总热量为 q_{tot}，传入砂轮的热量为 q_s，传入工件的热量为 q_w，传入切屑的热量为 q_{ch}，传入磨削液的热量为 q_f，则热量分配关系可以表示为：$q_{tot}=q_s+q_w+q_{ch}+q_f$。热量分配比是指传入工件的热量与总热量之间的比值，即 $R_w=q_w/q_{tot}$。

热量分配比模型主要分为三类，一类基于砂轮工件接触分析，另一类基于磨粒工件接触分析，最后一类基于磨削比能分析。下面针对三种模型，分类总结。

（1）基于砂轮工件接触分析的热量分配比模型　此类模型首先假设热量分配比为未知参数，然后分析砂轮和工件温度场，最后通过匹配磨削弧区砂轮与工件表面温度，获得热量分配比。

Ramanath 和 Shaw[61] 通过匹配磨削弧区砂轮与工件表面平均温度，建立了热量分配比模型。但是，此模型没有考虑磨削工艺参数的影响。Lavine[62] 假设磨削液充满砂轮表面孔隙，认为磨削液与砂轮形成一个复合体，通过匹配磨削弧区复合体与工件表面最高温升，建立了热量分配比模型。此模型将磨削液看作随砂轮一起转动的固体，不需计算对流换热系数即可获得热量分配比。但是，该模型忽略了工件运动方向的热传导，只能适用于大佩克莱数的场合。Rowe 等[63-65] 建立了与 Lavine[62] 相似的模型，可以看作在干磨条件下的 Lavine 模型。Shaw[66] 考虑了砂轮与工件之间的真实接触面积，建立了适用于干磨和湿磨的热量分配比模型。

Ramanath 和 Shaw[61] 建立的热量分配比模型表达式如下

$$R_w=\left\{1+\left[\frac{(k\rho c)_s}{(k\rho c)_w}\right]^{1/2}\right\}^{-1} \tag{1-5}$$

式中，k 是热传导率；ρ 是密度；c 是比热容；下标 w 表示工件；下标 s 表示砂轮。

Lavine[62]建立的热量分配比模型表达式如下

$$R_w=\left\{1+\left[\frac{v_s}{v_w}\frac{(k\rho c)_c}{(k\rho c)_w}\right]^{1/2}\right\}^{-1} \tag{1-6}$$

$$\begin{cases}k_c=\varphi_a k_f+(1-\varphi_a)k_g\\(\rho c)_c=\varphi_a(\rho c)_f+(1-\varphi_a)(\rho c)_g\end{cases} \tag{1-7}$$

式中，φ_a是砂轮表面气孔率；k是热传导率；ρ是密度；c是比热容；v_w是工件进给速度；v_s是砂轮线速度；下标c表示复合体；下标w表示工件；下标f表示磨削液；下标g表示磨粒。

Shaw[66]建立的适用于湿磨的热量分配比模型表达式如下

$$R_w=\left\{1+\left[\frac{v_s}{v_w}\frac{(k\rho c)_s}{(k\rho c)_w}\left(\frac{A_R}{A}\right)_s\right]^{1/2}+\left[\frac{v_s}{v_w}\frac{(k\rho c)_f}{(k\rho c)_w}\right]^{1/2}\right\}^{-1} \tag{1-8}$$

式中，A_R是砂轮与工件的真实接触面积；A是砂轮与工件的名义接触面积；下标s、w、f分别表示砂轮、工件、磨削液。

（2）基于磨粒工件接触分析的热量分配比模型　此类模型首先分析磨粒和工件磨削温度场，通过匹配磨粒与工件接触表面温度，以及匹配工件与磨削液接触表面温度，得到热量分配比。

Rowe等[64,65,67]基于Hahn[68]在1962年建立的磨粒与工件之间的热量分配比模型，建立了砂轮与工件之间的热量分配比模型。Rowe在研究高效深磨工艺时，对此模型进行了修正[52,69]，修正后的模型表示为

$$R_w=\left[1+\frac{0.97k_g}{\sqrt{r_0 v_s(k\rho c)_w}}\right]^{-1} \tag{1-9}$$

式中，r_0是磨粒与工件之间的接触半径；下标w代表工件；下标g代表磨粒。

Malkin等[45,70,71]假设磨粒为截锥形，基于Lavine[72]与Guo和Malkin[73]推导的磨粒最高温度公式和磨削液最高温度公式，通过匹配磨粒、工件和磨削液的最高温度，得到了热量分配比。Malkin等[44,70,71]基于磨粒接触分析，建立的热量分配比模型表达式为

$$R_w=\left[1+\Omega\left(\frac{v_s}{v_w}\right)^{1/2}\right]^{-1} \tag{1-10}$$

$$\Omega=0.94\sqrt{\frac{(k\rho c)_g}{(k\rho c)_w}}Af(\zeta)+\sqrt{\frac{(k\rho c)_f}{(k\rho c)_w}}(1-A) \tag{1-11}$$

$$f(\zeta)=\frac{2}{\sqrt{\pi}}\frac{\zeta}{1-\exp(\zeta^2)\operatorname{erfc}(\zeta)} \tag{1-12}$$

$$\zeta = \left[\frac{l_{c}\gamma^{2}\pi k_{g}}{A_{0}v_{s}(\rho c)_{g}}\right]^{1/2} \tag{1-13}$$

式中，γ 是磨粒形状系数，$\gamma = \mathrm{d}r_{g}/\mathrm{d}z$；$A_0$是单颗磨粒接触面积；$A$ 是磨削弧区磨粒接触总面积；Ω 和 ζ 是为了简化模型表达式而定义的模型参数。该模型中的磨粒形状系数和单颗磨粒磨钝面积等参数，不易确定。

Lavine 和 Jen[74,75]通过匹配磨粒、工件和磨削液最高温升，分析了热量分配关系。Rowe[52,53,69]在前期建立的基于磨粒接触分析的热量分配比模型的基础上，分别将传入工件、砂轮、磨削液和切屑的热量表示为最高温度和相应换热系数的乘积，分析了热量分配关系。Jin 和 Stephenson[76-78]对 Rowe 模型中传入磨削液的热量[77,78]和传入切屑的热量[76,78]做了进一步的深入研究。

（3）基于磨削比能分析的热量分配比模型　Malkin[71,79,80]认为磨削比能是由滑擦能、耕犁能和成屑能三部分组成，几乎所有的滑擦能和耕犁能都转化为热传递到工件中，大约 55%的成屑能转化为热传递到工件中，建立了如式（1-14）所示的热量分配比数学模型。

$$R_{w} = \frac{u - 0.45u_{ch}}{u} \tag{1-14}$$

式中，u 是磨削比能；u_{ch}是成屑能。但是，在磨削加工中并非所有的磨削比能全部转化为热量，大约 3%的能量消耗于工件的塑性变形。实际上，只有 90%～93%的滑擦能转化为热传递到工件中，耕犁能也有一部分传递到砂轮中。

利用以上三类热量分配比模型获得的热量分配比是一常数。但是，经研究发现，热量分配比并不是常数[81-85]。Guo 和 Malkin[81]通过匹配磨削弧区任意点的砂轮与工件温度，获得了沿磨削弧区变化的热量分配比。Jen、Lavine 及 Demetriou[82-84]基于 Duhamel 定理，对磨削弧区任意点进行温度匹配，获得了沿磨削弧区变化的热量分配比。Ju 等[85]同时进行了砂轮接触分析和磨粒接触分析，建立了与文献［82］相似的模型，研究发现热量分配比沿磨削弧区是变化的，并且热量分配比的变化与磨削工艺条件有关。

1.2.3　磨削温度场

磨削温度场的理论公式计算过程较为复杂，计算量较大。随着计算机及数值模拟技术的发展，利用计算机进行温度场的数值模拟成为一个重要的方法。利用数值模拟技术可以模拟磨削过程的温度场变化，能够分析不同磨削条件对温度场的影响，但数值模拟要建立在试验数据的基础之上。

1. 磨削温度场数值模拟

对于平面磨削，一般将工件看作二维半无限大平面。网格划分时，一般将工件表层划分成细密网格，以捕捉工件表层极大的温度梯度。磨削热源以工件

进给速度 v_w 沿工件表面运动，根据不同的磨削工艺条件施加不同分布形状的磨削热源。考虑工件所处的周围环境，在工件顶面或侧面设置对流换热边界条件。一般将底面设置为恒温绝热，平面磨削温度场数值模拟模型如图1-6所示。

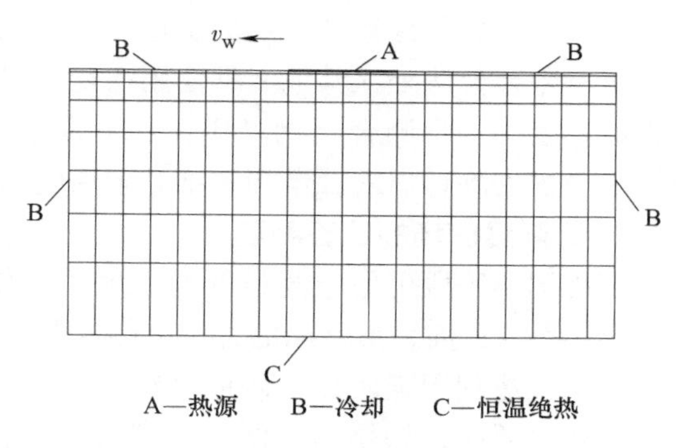

图1-6 平面磨削温度场数值模拟模型

表1-3所示是近年来磨削温度场数值模拟研究的汇总，其中“维度”栏表示模型是二维（2D），还是三维（3D）；“热源分布”栏表示磨削热源分布形状；“边界条件”栏表示对流换热系数施加位置；“材料”栏表示模型是否考虑随温度变化的材料性能，栏中出现的性能参数表示在数值模型中该参数会随温度变化，热物性参数为热导率 k、密度 ρ 和比热容 c；“试验”栏表示数值模型是否进行了试验验证，出现“√”表示进行了试验验证。

表1-3 磨削温度场数值模拟研究的汇总

研究者	年份	维度	热源分布	边界条件	材料	试验
Guo 和 Malkin[86]	1995	2D	矩形，三角形	顶面		
Mahdi 和 Zhang[87]	1995	2D	三角形	顶面	k，c	
Paul 和 Chattopadhyay[88]	1995	2D	矩形	顶面	k，ρ，c	√
Biermann 和 Schneider[89]	1997	2D	矩形	顶面，侧面		√
王霖等[90,91]	2002，2003	3D	矩形	顶面		√
Mamalis 等[92]	2003	2D	矩形	顶面	k，c	√
Jin 和 Stephenson[93]	2004	3D	三角形	顶面，侧面		
Anderson 等[94,95]	2008	2D	直角三角形	顶面，侧面		√
毛聪[96]	2008	3D	圆弧形	顶面，侧面	k，ρ，c	√
Shen 等[97]	2011	2D	直角三角形	顶面，侧面		√
Parente 等[98]	2012	2D	矩形	顶面		√
Mohamed 等[99]	2012	2D	直角三角形	顶面，侧面		√
Foeckerer 等[100]	2013	3D	直角三角形	顶面	k，ρ，c	√
邱奕[101]	2015	3D	矩形	顶面	ρ，c	√
王艳等[102]	2016	3D	瑞利分布	顶面	k，ρ，c	√
Wang 等[103]	2015	3D	椭圆形	顶面，侧面	k，ρ，c	√
Zhang 等[104]	2018	2D	三角形	顶面，侧面	k，ρ，c	√
Jamshidi 等[105]	2021	3D	矩形	顶面，侧面	k，ρ，c	√

在表 1-3 所示的磨削温度场数值模型中，除文献［86］［97］［103］［104］使用了有限差分法外，其他文献使用的是有限元法。Mahdi 和 Zhang[87]利用模型获得的温度场，预测合金钢马氏体相变深度。Anderson 等[94,95]和毛聪[96]分别建立了考虑去除切屑的二维和三维磨削温度场数值模型。

2. 磨削温度场的试验测量

多种测温手段可用于测量磨削温度，例如热电偶法、红外测温法及金相检测法等[106]。目前，最常用的方法是热电偶法和热成像法[107]。

热电偶法利用金属热电效应将温度转化为电压信号。利用两种金属材料丝材形成热电偶结，如果热电偶结温度发生变化，那么两丝材之间就会产生热电势[108]。热电偶法的缺点是需要破坏试件的整体性[109]。热成像法利用工件的辐射能测量磨削温度。热成像法的优点是远离工件，不需破坏工件的完整性，可以生成实时温度场图像，灵敏度高，响应速度快；热成像法的缺点是不能够进入磨削区，磨削液、气流以及磨屑都会干扰热辐射，只适用于干磨[110]。

1.2.4 磨削残余应力场

磨削残余应力是在机械作用应力、热应力与相变应力的非线性耦合作用下产生的[111-115]。①机械作用应力：磨粒和工件接触位置附近形成赫兹应力场，导致工件表层产生残余压应力；②热应力：磨削热造成工件产生热塑性变形，导致工件表层产生残余拉应力；③相变应力：工件材料的金相组织变化造成工件体积发生变化，导致工件表层产生残余应力。例如，在磨削淬硬轴承钢时，如果磨削温度低于奥氏体化温度，那么工件表层会产生回火马氏体，造成工件表层体积收缩，导致工件表层产生残余拉应力；如果磨削温度超过奥氏体化温度，那么工件表层会产生未回火马氏体，造成工件表层体积膨胀，导致工件表层产生残余压应力。目前，关于磨削残余应力场的研究，主要是通过数值模拟、试验研究及理论分析的方法研究磨削工艺参数，以及研究冷却润滑条件对磨削残余应力场的影响。

1. 磨削残余应力场的数值模拟

对于平面磨削，一般假设工件为二维半无限大体，根据具体的工况条件设置特定的边界条件。表 1-4 所示是近年来磨削残余应力场数值模拟模型的汇总，其中，“载荷分布”栏表示磨削热源和接触应力分布形状；“材料”栏表示模型是否考虑材料性能随温度的变化，出现的参数表示该参数会随温度变化，热物性参数为热导率 k，密度 ρ 和比热容 c，力学性能参数为弹性模量 E、泊松比 μ、屈服强度 σ_s 和线膨胀系数 α，还有工件材料本构模型 σ-ε；“机理”栏表示考虑的磨削残余应力产生机理。

表 1-4　磨削残余应力场数值模拟模型的汇总

作者	年份	载荷分布	材料	机理
Kishi 和 Eda[116]	1972	矩形	σ-ε：双线性等向强化	热
Mishra 和 Prasad[117]	1985	矩形	σ_s，α σ-ε：理想弹塑性	力、热
Vansevenant 和 Peters[118]	1987	直角三角形	k，ρ，c，E，μ，σ_s，α，σ-ε σ-ε：理想弹塑性	热、相变
Kovach 和 Malkin[119]	1988	矩形	k，ρ，c，E，σ_s，α，σ-ε σ-ε：双线性随动强化	力、热
Li 和 Chen[120]	1989	矩形	σ-ε：Bodner-Partom 本构模型	力、热、相变
Gupta 和 Sekhon 等[121]	1997	矩形	σ-ε：理想弹塑性	力、热
Yu 和 Lau[122]	1999	矩形	σ-ε：等向强化	力、热
Mahdi 和 Zhang[123]	2000	三角形	k，c σ-ε：理想弹塑性	力、热、相变
Moulik 和 Yang 等[124]	2001	矩形 直角三角形	σ-ε：双线性等向强化	热
Hamdi 和 Zahouani 等[125]	2004	直角三角形	E，σ_s，σ-ε σ-ε：非线性随动强化	力、热
Shah[126]	2011	椭圆形	k，ρ，c，E，σ_s，σ-ε σ-ε：非线性等向强化	力、热、相变
Xu 和 Zhang 等[127]	2011	矩形	k，ρ，c，E，μ，σ_s，α， σ-ε：	力、热
Fergani 和 Shao 等[128]	2014	直角三角形	k，ρ，c，E，μ，α σ-ε：	热
Salonitis 和 Kolios[129]	2015	三角形	k，ρ，c，E，σ_s，α σ-ε：	热、相变
Kuschel 和 Kolkwitz 等[130]	2016	矩形	σ-ε：	热
Nie 和 Wang 等[131]	2019	直角三角形 圆弧形	E，μ，α σ-ε：	力、热
Yang 和 Ling 等[132]	2020	椭圆形 矩形	k，ρ，c，E，μ，σ_s，α， σ-ε：	力、热
Zhang 和 Sui 等[133]	2022	矩形 三角形	k，ρ，c，E，μ，σ_s， σ-ε：	力、热

Mahdi 和 Zhang 进行了关于磨削残余应力场的系列研究，对金相组织转变机理[134]、磨削热导致的残余应力场[135]、磨削热与相变耦合作用的残余应力场[136]、磨削力与磨削热耦合作用的残余应力场[137]，以及磨削力、磨削热与相变耦合作用的残余应力场[138]分别进行了研究。

磨削残余应力场的数值模拟可以从机理上分析磨削力与磨削热对磨削残余应力场的影响，并且数值模型的准确性与接触应力和热流密度的大小及分布、材料性能参数，以及本构模型的准确性密切相关。

2. 磨削残余应力场的试验研究

通过试验研究磨削工艺参数和冷却润滑条件对磨削残余应力场分布的影响规律，可以指导工程应用。表 1-5 所示是近年来关于磨削残余应力场试验研究的汇总。根据表 1-5 中的试验结果，相关结论总结如下：①磨削可以导致工件表层产生残余压应力；②砂轮转速和磨削深度增大，会增大工件表层残余拉应力及残余拉应力层深度；③工件速度增大，一方面会增大热流密度从而使磨削温度升高，另一方面会增大热源速度从而使磨削温度降低，两方面的因素造成工件速度对工件表层残余应力分布状态的影响无法直接确定；④砂轮修整得越精细，越容易增大工件表层残余拉应力；⑤砂轮硬度增大，会增大工件表层残余拉应力；⑥相比于普通刚玉砂轮，CBN 砂轮会减小工件表层残余拉应力；⑦相比于水基磨削液，油基磨削液会减小工件表层残余拉应力。

表 1-5　磨削残余应力场试验研究的汇总

作者	年份	材料	砂轮	磨削方式
EL-Helieby 和 Rowe[139]	1980	淬硬 EN 31	白刚玉砂轮	平面磨削
Dölle 和 Cohen[140]	1980	热轧工业纯铁 正火中碳钢	刚玉砂轮	平面磨削
Torbaty 和 Moisan[141]	1982	轧制 XC 38	刚玉砂轮	外圆磨削
Mittal 和 Rowe[142]	1982	淬硬 EN 31	白刚玉砂轮	平面磨削
Vansevanant[143]	1987	淬硬 100Cr6	刚玉、CBN 砂轮	平面磨削
Matsuo 等[144]	1987	退火 S50C	白刚玉、CBN、 金刚石砂轮	平面磨削
Lau 等[145]	1991	热轧低碳钢	刚玉砂轮	平面磨削
Tönshoff 和 Wobker 等[146]	1995	16MnCr5	刚玉、CBN 砂轮	外圆磨削
Österle 和 Li 等[147]	1999	铸造 IN738LC	刚玉、CBN 砂轮	平面磨削
Kato 和 Fujii[148]	2000	JIS S55C	白刚玉砂轮	平面磨削

（续）

作者	年份	材料	砂轮	磨削方式
Grum[149]	2001	回火 AISI 4140	刚玉砂轮	外圆磨削
Kompella 和 Farris[150]	2001	铸铁	刚玉砂轮	平面磨削
Capello 和 Semeraro[151]	2002	淬硬 39NiCrMo3 淬硬 100Cr6	刚玉砂轮	外圆磨削
Balart 和 Bouzina 等[115]	2004	淬硬 EN 9，EN 31， AISI M2，CPM 10V	刚玉、CBN 砂轮	平面磨削
Sosa 和 Echeverría 等[152]	2007	球墨铸铁	刚玉砂轮	平面磨削
Choi[153]	2009	AISI 1053 钢	CBN 砂轮	内圆磨削
Liu 和 Martell 等[154]	2014	淬硬 AISI 1053 钢	CBN 砂轮	平面磨削
Salonitis 和 Kolios[129]	2015	回火 AISI 1045 钢	刚玉砂轮	平面磨削
Kuschel 和 Kolkwitz 等[130]	2016	AISI 4140 钢	刚玉砂轮	平面磨削
Nie 和 Wang 等[131]	2019	2Cr12Ni4Mo3VNbN 钢	刚玉砂轮	平面磨削
Yang 和 Ling 等[132]	2020	AISI 1045 钢	刚玉砂轮	平面磨削
Zhang 和 Sui 等[133]	2022	硬质合金 YG8	CBN 砂轮	平面磨削

另外，在磨削试验的基础上，还可以通过定义参数[155,156]以及模糊逻辑法[157]预测工件磨削残余应力。

3. 磨削残余应力场的理论研究

理论研究主要集中在磨削热导致的残余应力场。Barber[158]建立了移动线热源作用下的热弹性应力场。Xiao 和 Stevenson[159]从能量的角度，建立了磨削残余应力场理论模型。该模型的基本假设是磨削弧区温度分布与进入工件的热源分布一致。进入工件的热流导致工件发生热变形，包括塑性变形与弹性变形。总热量减去与弹性变形相关的热量，即可得到与塑性变形相关的热量，进一步可获得工件的残余应力。Chen 和 Rowe 等[113,114]分别利用矩形热源和三角形热源，建立了瞬态磨削热应力场理论模型，用于求解残余拉应力产生的临界温度边界。Walsh 和 Torrance 等[160]通过在同一幅图中，分别画出工件材料屈服强度在不同温度下的分布曲线，和工件材料在不同温度下的热弹性应力分布曲线，认为两曲线交点所对应的温度，就是残余拉应力产生的临界温度。基于此，建立了残余拉应力产生的临界温度预测模型。

4. 冷却润滑条件对磨削残余应力场的影响

磨削液对磨削残余应力场的影响，可通过对流换热系数及磨削液初始温度两个参数来体现。Mahdi、Zhang[135]及Shah[126]采用有限元法研究了对流换热系数对磨削热导致的残余应力场的影响。研究发现，增大对流换热系数可以显著减小工件表层残余拉应力。Vansevanant[143]通过试验研究了磨削液对工件表层残余应力的影响规律，发现与干磨相比，磨削液能有效减小工件表层残余拉应力。EL-Helieby 和 Rowe[139]通过试验研究了磨削液类型对工件表层残余应力的影响，发现相比于水基磨削液，油基磨削液更有利于减小工件表层残余拉应力。Nguyen 和 Zhang[161]将冷气与植物油一同喷射至磨削弧区，通过试验研究了冷气与植物油的共同作用对工件表层残余应力分布状态的影响。研究发现，在较小的磨削深度下，冷气与植物油的共同作用可以获得与湿磨相近的工件表层残余压应力分布状态。当磨削深度增大时，与湿磨相比，冷气与植物油的共同作用导致工件表层产生较小的残余压应力。

1.2.5 磨削变质层

国内外对于磨削变质层进行了大量的研究，变质层分为白层和暗层，白层在金相显微镜下通常呈白色，故称为“白层”[162-164]。目前，学术界对于变质层白层的产生机理还未有统一的说法。白层具有耐蚀性、高硬度、细晶粒、高残余拉应力等特点，同时白层中普遍存在不同角度的微裂纹。因此，在生产实践中应尽量避免产生白层。对于暗层的产生原因，通常认为是由于基体组织发生回火所致。因此，暗层的硬度较基体组织更低。

对于白层的形成机制，国内外学者进行了大量深入的研究。有研究认为白层是热作用机制产生的。Stead[165]提出了白层形成机制模型，当摩擦区域的温度达到或超过平衡 α-γ 相变温度时，使表面局部发生奥氏体化，随之表面温度迅速降低，淬火形成马氏体组织。由于转变极快，没有足够的时间进行奥氏体重结晶，因此马氏体在严重形变的奥氏体中形成。白层中的马氏体不同于常规马氏体，而是由奥氏体、马氏体和碳化物组成的微细晶粒组织。Huang 等[166]研究了材料特性对磨削淬硬钢白层形成的影响，结果表明，工件材料中碳含量较高时，容易形成较厚的白层组织。白层组织的硬度随着碳含量的增加而增大。同时白层组织受磨削参数的影响，增大磨削深度和砂轮转速也会使白层厚度增大，工件转速对白层厚度的影响不明显。

还有研究认为白层是由热和严重的塑性变形共同作用的结果[167]。认为在高应变作用下，由于在次表面一定范围内局部变形速率高，摩擦热产生的速度大于向周围基体散发的速度，结果使临近表面的局部区域温度较高，变形抗力下降，材料塑性变形失稳而产生绝热剪切带。高应变条件下使 α-γ 的临界转变温度降低，从而在温升不是很高的情况下引发二次淬火形成白层。

杨业元等[168]认为白层是高度变形的区域，在白层中发现多种位错组织，由磨损外表向里依次出现细条状、不规则缠结胞状、多边网状等位错组态。毛聪[169]采用扫描电子显微镜、维氏硬度仪和 X 射线衍射仪观测了不同磨削条件下的淬硬轴承钢 GCr15 磨削表层的微观组织、显微硬度和残余应力，对淬硬轴承钢磨削变质层进行了系统的试验研究。研究发现，磨削变质层由表及里依次是白层、暗层和基体组织。白层由致密的细晶马氏体、碳化物和残余奥氏体组成，暗层由不同的回火组织构成。

国内学者对于轴承滚道磨削变质层的产生机理[170-171]、变质层组织物理化学分析[172-173]、磨削参数对变质层的影响[174-177]等方面进行了相关研究。赵平果[174]采用不同磨削参数进行试验并测量轴承内圈滚道磨削变质层厚度。研究发现，粗磨进给速度对磨削表面变质层的影响较大。随着粗磨进给速度的增大，变质层的厚度也逐渐增大。精磨进给速度和无进给磨削时间没有表现出明显的规律性。于芸[172]等对 Cr4Mo4V 钢制轴承内圈的磨削变质层的深度进行了测定分析。研究表明，对磨削变质层的测定指标可分为热影响层、应力影响层和二次淬火马氏体层，三个参数具有相似的变化趋势，其中热影响层最深。林述温等[175-176]研究了砂轮修整导程、工件线速度、磨削深度和砂轮速度对轴承滚道磨削变质层的影响，采用一次回归正交设计建立了磨削参数和变质层厚度的经验公式

$$h = 20.5v_s^{0.38}S_d^{-0.23}v_w^{-0.46}a_e^{0.25}T^{-0.46} \tag{1-15}$$

式中，h 是变质层厚度；v_s 是砂轮线速度；S_d是修整导程，v_w 是工件转速；a_e是磨削深度；T 是磨除金属体积。研究发现，磨削深度过大、工件线速度过低、修整导程过细会导致磨削表面发生严重烧伤，在 $v_s=43\text{m/s}$，$v_w=38\text{m/min}$，$a_e=10\mu\text{m}$，$S_d=0.1\text{mm/r}$ 时，出现磨削白层，厚度在 50μm 以上。

目前国内关于轴承滚道磨削变质层的研究缺少完整系统的磨削理论支承，因此仅处于定性分析的层面。轴承滚道磨削参数仅能保证滚道磨削表面的尺寸精度，对于滚道表面质量处于不可控的状态。

1.3　小结

目前，对于轴承滚道残余应力场及磨削变质层分布等表面状态指标，并没有相应的合理控制标准或措施，且缺乏对轴承滚道表面状态可控磨削机理的深

入研究。本文将在阐明砂轮磨粒与工件微观接触机理的基础上，揭示磨削工艺参数及冷却润滑条件对轴承滚道磨削力、热及其分布和磨削温度场的影响机制，探究轴承滚道表面粗糙度、残余应力场及磨削变质层等表面状态的可控磨削机理，在此基础上，进一步优化轴承滚道磨削加工工艺，使轴承滚道磨削表面状态可控。

参 考 文 献

[1] 中国产业信息网．中国轴承行业发展趋势与展望：产品质量和品牌知名度提升，出口市场占有率加大，2023 年市场规模有望达到 3063 亿元［EB/OL］．（2019-05-08）［2023-03-02］．http：//www. chyxx. com/industry/201905/736186. html.

[2] 王旭，赵萍，吕冰海，等．滚动轴承工作表面超精密加工技术研究现状［J］．中国机械工程，2019，30（11）：1301-1309.

[3] 华轴网．高档数控机床主轴轴承与机器人轴承发展趋势［EB/OL］．（2020-07-13）［2023-03-02］．http：//news. zcwz. com/483571. html.

[4] LAITHY M E，WANG L，HARVEY T J，et al. Further understanding of rolling contact fatigue in rolling element bearings-a review［J］．Tribology International，2019，140：105849.

[5] 李伯民，赵波．现代磨削技术［M］．北京：机械工业出版社，2003.

[6] 廖先禄，许世良．40CrNiMoA 钢的磨削力实验研究［J］．精密制造与自动化，2001（2）：32-33.

[7] 牛文铁，徐燕申．工程陶瓷缓进给磨削磨削力的实验研究［J］．金刚石与磨料磨具工程，2003（2）：24-27.

[8] LIU Q，CHEN X，WANG Y，et al. Empirical modelling of grinding force based on multivariate analysis［J］．Journal of Materials Processing Technology，2008，203（1）：420-430.

[9] WERNER G. Influence of work material on grinding forces［J］．Annals of the CIRP，1978，27（1）：243-248.

[10] MALKIN S. Grinding technology：theory and applications of machining with abrasives［M］．New York：Ellis Horwood，Chichester and John Wiley & Sons，1989.

[11] LICHUN L，JIZAI F，PEKLENIK J. A study of grinding force mathematical model［J］．CIRP Annals-Manufacturing Technology，1980，29（1）：245-249.

[12] YOUNIS M，SADEK M M，EI-WARDANI T. A new approach to development of a grinding force model［J］．Journal of Manufacturing Science and Engineering，1987，109（4）：306-313.

[13] BADGER J A，TORRANCE A A. A comparison of two models to predict grinding forces from wheel surface topography［J］．International Journal of Machine Tools and Manufacture，2000，40（8）：1099-1120.

[14] HECKER R L, LIANG S Y, WU X J, et al. Grinding force and power modeling based on chip thickness analysis [J]. The International Journal of Advanced Manufacturing Technology, 2007, 33 (5-6): 449-459.

[15] PARK H W, LIANG S Y. Force modeling of micro-grinding incorporating crystallographic effects [J]. International Journal of Machine Tools and Manufacture, 2008, 48 (15): 1658-1667.

[16] 张建华，葛培琪，张磊. 基于概率统计的磨削力研究 [J]. 中国机械工程，2007，18 (20): 2399-2402.

[17] TANG J, DU J, CHEN Y. Modeling and experimental study of grinding forces in surface grinding [J]. Journal of Materials Processing Technology, 2009, 209 (6): 2847-2854.

[18] CHANG H C, WANG J J J. A stochastic grinding force model considering random grit distribution [J]. International Journal of Machine Tools and Manufacture, 2008, 48 (12): 1335-1344.

[19] PATNAIK DURGUMAHANTI U S, SINGH V, VENKATESWARA R P. A new model for grinding force prediction and analysis [J]. International Journal of Machine Tools and Manufacture, 2010, 50 (3): 231-240.

[20] MERCHANT M E. Mechanics of the metal cutting process. I. Orthogonal cutting and a type 2 chip [J]. Journal of Applied Physics, 1945, 16 (5): 267-275.

[21] MALKIN S, COOK N H. The wear of grinding wheels, part 1: attritious wear [J]. Journal of Manufacturing Science and Engineering, 1971, 93 (4): 1120-1128.

[22] SHAO Y, LIANG S Y. Predictive force modeling in MQL (minimum quantity lubrication) grinding [J]. International Manufacturing Science and Engineering Conference, 2014: 9-13.

[23] SUN C, DUAN J, LAN D, et al. Prediction about ground hardening layers distribution on grinding chatter by contact stiffness [J]. Archives of Civil and Mechanical Engineering, 2018, 18 (4): 1626-1642.

[24] SETTI D, KIRSCH B, AURICH J C. An analytical method for prediction of material deformation behavior in grinding using single grit analogy [J]. Procedia CIRP, 2017, 58: 263-268.

[25] CAI S, YAO B, ZHENG Q, et al. Dynamic grinding force model for carbide insert peripheral grinding based on grain element method [J]. Journal of Manufacturing Processes, 2020, 58: 1200-1210.

[26] JAMSHIDI H, BUDAK E. An analytical grinding force model based on individual grit interaction [J]. Journal of Materials Processing Technology, 2020, 283: 116700.

[27] GU P, ZHU C, TAO Z, et al. A grinding force prediction model for SiCp/Al composite based on single-abrasive-grain grinding [J]. The International Journal of Advanced Manufacturing Technology, 2020, 109 (5-6): 1563-1581.

[28] 言兰. 基于单颗磨粒切削的淬硬模具钢磨削机理研究 [D]. 长沙：湖南大学，2010.

[29] DOMAN D A, WARKENTIN A, BAUER R. A survey of recent grinding wheel topography models [J]. International Journal of Machine Tools and Manufacture, 2006, 46 (3): 343-352.

[30] NGUYEN T A, BUTLER D L. Simulation of precision grinding process, part 1: generation of the grinding wheel surface [J]. International Journal of Machine Tools and Manufacture, 2005, 45 (11): 1321-1328.
[31] HOU Z B, KOMANDURI R. On the mechanics of the grinding process, part Ⅰ: stochastic nature of the grinding process [J]. International Journal of Machine Tools and Manufacture, 2003, 43 (15): 1579-1593.
[32] KOSHY P, JAIN V K, LAL G K. A model for the topography of diamond grinding wheels [J]. Wear, 1993, 169 (2): 237-242.
[33] 张秀芳，于爱兵，贾大为，等. 应用数字图像识别法检测金刚石磨粒的形状与粒度 [J]. 金刚石与磨料磨具工程，2007 (1): 47-49.
[34] CHEN X, ROWE W B. Analysis and simulation of the grinding process, part I: generation of the grinding wheel surface [J]. International Journal of Machine Tools and Manufacture, 1996, 36 (8): 871-882.
[35] WARNECKE G, ZITT U. Kinematic simulation for analyzing and predicting high-performance grinding processes [J]. CIRP Annals-Manufacturing Technology, 1998, 47 (1): 265-270.
[36] ZHOU X, XI F. Modeling and predicting surface roughness of the grinding process [J]. International Journal of Machine Tools and Manufacture, 2002, 42 (8): 969-977.
[37] TORRANCE A A, BADGER J A. The relation between the traverse dressing of vitrified grinding wheels and their performance [J]. International Journal of Machine Tools and Manufacture, 2000, 40 (12): 1787-1811.
[38] 张磊. 单程平面磨削淬硬技术的理论分析和实验研究 [D]. 济南：山东大学，2006.
[39] 张建华. 单程平面磨削淬硬层预测及其摩擦磨损性能研究 [D]. 济南：山东大学，2008.
[40] 张振果. 磨削淬硬温度场分析及其工艺参数确定方法研究 [D]. 济南：山东大学，2010.
[41] HWANG T W, EVANS C J, MALKIN S. High speed grinding of silicon nitride with electroplated diamond wheels, part 2: wheel topography and grinding mechanisms [J]. Journal of Manufacturing Science and Engineering, 2000, 122 (1): 42-50.
[42] BLUNT L, EBDON S. The application of three-dimensional surface measurement techniques to characterizing grinding wheel topography [J]. International Journal of Machine Tools and Manufacture, 1996, 36 (11): 1207-1226.
[43] ROWE W B, BLACK S C E, MILLS B, et al. Grinding temperatures and energy partitioning [J]. Proceedings of the Royal Society of London, Series A: Mathematical, Physical and Engineering Sciences, 1997, 453 (1960): 1083-1104.
[44] GUO C, WU Y, VARGHESE V, et al. Temperatures and energy partition for grinding with vitrified CBN wheels [J]. CIRP Annals-Manufacturing Technology, 1999, 48 (1): 247-250.
[45] ROWE W B, BLACK S C E, MILLS B, et al. Experimental investigation of heat transfer in grinding [J]. CIRP Annals-Manufacturing Technology, 1995, 44 (1): 329-332.

[46] ZHANG L, MAHDI M. Applied mechanics in grinding, IV: the mechanism of grinding induced phase transformation [J]. International Journal of Machine Tools and Manufacture, 1995, 35 (10): 1397-1409.

[47] LI B, ZHU D, PANG J, et al. Quadratic curve heat flux distribution model in the grinding zone [J]. The International Journal of Advanced Manufacturing Technology, 2011, 54 (9-12): 931-940.

[48] TIAN Y, SHIRINZADEH B, ZHANG D, et al. Effects of the heat source profiles on the thermal distribution for ultraprecision grinding [J]. Precision Engineering, 2009, 33 (4): 447-458.

[49] SHAH S M, NELIAS D, ZAIN-Ul-ABDEIN M, et al. Numerical simulation of grinding induced phase transformation and residual stresses in AISI-52100 steel [J]. Finite Elements in Analysis and Design, 2012, 61: 1-11.

[50] OUTWATER J O, SHAW M C. Surface temperatures in grinding [J]. Transactions of the ASME, 1952, 74 (1): 73-78.

[51] JAEGER J C. Moving sources of heat and the temperature of sliding contacts [J]. Royal Society of New South Wales-Journal and Proceedings, 1942, 76 (3): 202-224.

[52] ROWE W B. Thermal analysis of high efficiency deep grinding [J]. International Journal of Machine Tools and Manufacture, 2001, 41 (1): 1-19.

[53] ROWE W B. Temperature case studies in grinding including an inclined heat source model [J]. Proceedings of the Institution of Mechanical Engineers, Part B: Journal of Engineering Manufacture, 2001, 215 (4): 473-491.

[54] ROWE W B, JIN T. Temperatures in high efficiency deep grinding (HEDG) [J]. CIRP Annals-Manufacturing Technology, 2001, 50 (1): 205-208.

[55] JIN T, ROWE W B, MCCORMACK D. Temperatures in deep grinding of finite workpieces [J]. International Journal of Machine Tools and Manufacture, 2002, 42 (1): 53-59.

[56] GUO C, MALKIN S. Inverse heat transfer analysis of grinding, part 1: methods [J]. Journal of Manufacturing Science and Engineering, 1996, 118 (1): 137-142.

[57] GUO C, MALKIN S. Inverse heat transfer analysis of grinding, part 2: applications [J]. Journal of Manufacturing Science and Engineering, 1996, 118 (1): 143-149.

[58] HONG K K, LO C Y. An inverse analysis for the heat conduction during a grinding process [J]. Journal of Materials Processing Technology, 2000, 105 (1): 87-94.

[59] KIM H J, KIM N K, KWAK J S. Heat flux distribution model by sequential algorithm of inverse heat transfer for determining workpiece temperature in creep feed grinding [J]. International Journal of Machine Tools and Manufacture, 2006, 46 (15): 2086-2093.

[60] BROSSE A, NAISSON P, HAMDI H, et al. Temperature measurement and heat flux characterization in grinding using thermography [J]. Journal of Materials Processing Technology, 2008, 201 (1): 590-595.

[61] RAMANATH S, SHAW M C. Abrasive grain temperature at the beginning of a cut in fine grinding [J]. Journal of Manufacturing Science and Engineering, 1988, 110 (1): 15-18.

[62] LAVINE A S. A simple model for convective cooling during the grinding process [J]. Journal of Manufacturing Science and Engineering, 1988, 110 (1): 1-6.

[63] ROWE W B, BLACK S C E, MILLS B, et al. Analysis of grinding temperatures by energy partitioning [J]. Proceedings of the Institution of Mechanical Engineers, Part B: Journal of Engineering Manufacture, 1996, 210 (6): 579-588.

[64] ROWE W B, MORGAN M N, BLACK S C E. Validation of Thermal Properties in Grinding [J]. CIRP Annals-Manufacturing Technology, 1998, 47 (1): 275-279.

[65] ROWE W B, BLACK S C E, MILLS B, et al. Experimental investigation of heat transfer in grinding [J]. CIRP Annals-Manufacturing Technology, 1995, 44 (1): 329-332.

[66] SHAW M C. A simplified approach to workpiece temperatures in fine grinding [J]. CIRP Annals-Manufacturing Technology, 1990, 39 (1): 345-347.

[67] ROWE W B, MORGAN M N, BLACK S C E, et al. A simplified approach to control of thermal damage in grinding [J]. CIRP Annals-Manufacturing Technology, 1996, 45 (1): 299-302.

[68] HAHN R S. On the nature of the grinding process [C]. Proceedings of the 3rd Machine Tool Design and Research Conference, 1962: 129-154.

[69] ROWE W B, JIN T. Temperatures in high efficiency deep grinding (HEDG) [J]. CIRP Annals-Manufacturing Technology, 2001, 50 (1): 205-208.

[70] UPADHYAYA R P, MALKIN S. Thermal aspects of grinding with electroplated CBN wheels [J]. Journal of Manufacturing Science and Engineering, 2004, 126 (1): 107-114.

[71] MALKIN S, GUO C. Thermal analysis of grinding [J]. CIRP Annals-Manufacturing Technology, 2007, 56 (2): 760-782.

[72] LAVINE A S, MALKIN S, JEN T C. Thermal aspects of grinding with CBN wheels [J]. CIRP Annals-Manufacturing Technology, 1989, 38 (1): 557-560.

[73] GUO C, MALKIN S. Analytical and experimental investigation of burnout in creep-feed grinding [J]. CIRP Annals-Manufacturing Technology, 1994, 43 (1): 283-286.

[74] LAVINE A S, JEN T C. Coupled heat transfer to workpiece, wheel, and fluid in grinding, and the occurrence of workpiece burn [J]. International Journal of Heat and Mass Transfer, 1991, 34 (4): 983-992.

[75] LAVINE A S, JEN T C. Thermal aspects of grinding: heat transfer to workpiece, wheel, and fluid [J]. Journal of Heat Transfer, 1991, 113 (2): 296-303.

[76] JIN T, STEPHENSON D J. Analysis of grinding chip temperature and energy partitioning in high-efficiency deep grinding [J]. Proceedings of the Institution of Mechanical Engineers, Part B: Journal of Engineering Manufacture, 2006, 220 (5): 615-625.

[77] JIN T, STEPHENSON D J. Investigation of the heat partitioning in high efficiency deep grinding [J]. International Journal of Machine Tools and Manufacture, 2003, 43 (11): 1129-1134.

[78] JIN T, STEPHENSON D J, XIE G Z, et al. Investigation on cooling efficiency of grinding fluids in deep grinding [J]. CIRP Annals-Manufacturing Technology, 2011, 60 (1): 343-346.

[79] KOHLI S, GUO C, MALKIN S. Energy partition to the workpiece for grinding with aluminum oxide and CBN abrasive wheels [J]. Journal of Manufacturing Science and Engineering, 1995, 117 (2): 160-168.

[80] GUO C, MALKIN S. Energy partition and cooling during grinding [J]. Journal of Manufacturing Processes, 2000, 2 (3): 151-157.

[81] GUO C, MALKIN S. Analysis of energy partition in grinding [J]. Journal of Manufacturing Science and Engineering, 1995, 117 (1): 55-61.

[82] JEN T C, LAVINE A S. A variable heat flux model of heat transfer in grinding: model development [J]. Journal of Heat Transfer, 1995, 117 (2): 473-478.

[83] LAVINE A S. An exact solution for surface temperature in down grinding [J]. International Journal of Heat and Mass Transfer, 2000, 43 (24): 4447-4456.

[84] DEMETRIOU M D, LAVINE A S. Thermal aspects of grinding: the case of upgrinding [J]. Journal of Manufacturing Science and Engineering, 2000, 122 (4): 605-611.

[85] JU Y, FARRIS T N, CHANDRASEKAR S. Theoretical analysis of heat partition and temperatures in grinding [J]. Journal of Tribology, 1998, 120 (4): 789-794.

[86] GUO C, MALKIN S. Analysis of transient temperatures in grinding [J]. Journal of Manufacturing Science and Engineering, 1995, 117 (4): 571-577.

[87] MAHDI M, ZHANG L. The finite element thermal analysis of grinding processes by ADINA [J]. Computers & Structures, 1995, 56 (2): 313-320.

[88] PAUL S, CHATTOPADHYAY A B. A study of effects of cryo-cooling in grinding [J]. International Journal of Machine Tools and Manufacture, 1995, 35 (1): 109-117.

[89] BIERMANN D, SCHNEIDER M. Modeling and simulation of workpiece temperature in grinding by finite element analysis [J]. Machining Science and Technology, 1997, 1 (2): 173-183.

[90] 王霖，葛培琪，秦勇，等. 基于有限元法的湿式磨削温度场分析 [J]. 机械工程学报，2002，38 (9): 155-158.

[91] WANG L, QIN Y, LIU Z C, et al. Computer simulation of a workpiece temperature field during the grinding process [J]. Proceedings of the Institution of Mechanical Engineers, Part B: Journal of Engineering Manufacture, 2003, 217 (7): 953-959.

[92] MAMALIS A G, Manolakos D E, MARKOPOULOS A, et al. Thermal modelling of surface grinding using implicit finite element techniques [J]. The International Journal of Advanced Manufacturing Technology, 2003, 21 (12): 929-934.

[93] JIN T, STEPHENSON D J. Three dimensional finite element simulation of transient heat transfer in high efficiency deep grinding [J]. CIRP Annals-Manufacturing Technology, 2004, 53 (1): 259-262.

[94] ANDERSON D, WARKENTIN A, BAUER R. Experimental validation of numerical thermal models for dry grinding [J]. Journal of Materials Processing Technology, 2008, 204 (1): 269-278.

[95] ANDERSON D, WARKENTIN A, BAUER R. Comparison of numerically and analytically predicted contact temperatures in shallow and deep dry grinding with infrared measurements [J].

International Journal of Machine Tools and Manufacture, 2008, 48 (3): 320-328.
[96] 毛聪．平面磨削温度场及热损伤的研究 [D]. 长沙：湖南大学，2008.
[97] SHEN B, SHIH A J, XIAO G. A heat transfer model based on finite difference method for grinding [J]. Journal of Manufacturing Science and Engineering, 2011, 133 (3): 031001.
[98] PARENTE M P L, JORGE R M N, VIEIRA A A, et al. Experimental and numerical study of the temperature field during creep feed grinding [J]. The International Journal of Advanced Manufacturing Technology, 2012, 61 (1-4): 127-134.
[99] MOHAMED A L M O, WARKENTIN A, BAUER R. Variable heat flux in numerical simulation of grinding temperatures [J]. The International Journal of Advanced Manufacturing Technology, 2012, 63 (5-8): 549-554.
[100] FOECKERER T, ZAEH M F, ZHANG O B. A three-dimensional analytical model to predict the thermo-metallurgical effects within the surface layer during grinding and grind-hardening [J]. International Journal of Heat and Mass Transfer, 2013, 56 (1-2): 223-37.
[101] 邱奕．Cr12MoV 模具钢磨削温度场及残余应力研究 [D]. 湘潭：湘潭大学，2015.
[102] 王艳，谢建华，熊巍，等．基于有限元法的平面磨削热源模型的仿真研究 [J]. 系统仿真学报，2016，28 (11)：2709-2722.
[103] WANG X, YU T, SUN X, et al. Study of 3D grinding temperature field based on finite difference method: considering machining parameters and energy partition [J]. The International Journal of Advanced Manufacturing Technology, 2015, 84: 915-927.
[104] ZHANG J, LI C, ZHANG Y, et al. Temperature field model and experimental verification on cryogenic air nanofluid minimum quantity lubrication grinding [J]. The International Journal of Advanced Manufacturing Technology, 2018, 97 (1-4): 209-28.
[105] JAMSHIDI H, BUDAK E. A 3D analytical thermal model in grinding considering a periodic heat source under dry and wet conditions [J]. Journal of Materials Processing Technology, 2021, 295: 117158.
[106] LIN J, LIU C Y. Measurement of cutting tool temperature by an infrared pyrometer [J]. Measurement Science and Technology, 2001, 12 (8): 1243-1249.
[107] BATAKO A D, ROWE W B, MORGAN M N. Temperature measurement in high efficiency deep grinding [J]. International Journal of Machine Tools and Manufacture, 2005, 45 (11): 1231-1245.
[108] 江京亮．滚动轴承滚道磨削表面形貌及变质层研究 [D]. 济南：山东大学，2014.
[109] 尤芳怡，徐西鹏．红外测温技术及其在磨削温度测量中的应用 [J]. 华侨大学学报（自然科学版），2006，26 (4)：338-342.
[110] 张国华．超高速磨削温度的研究 [D]. 长沙：湖南大学，2006.
[111] VANSEVENANT E, PETERS J. An improved mathematical model to predict residual stresses in surface plunge grinding [J]. CIRP Annals-Manufacturing Technology, 1987, 36 (1): 413-416.
[112] 胡忠辉，袁哲俊．磨削残余应力产生机理的研究 [J]. 哈尔滨工业大学学报，1989 (3)：51-60.

[113] CHEN X, ROWE W B, MCCORMACK D F. Analysis of the transitional temperature for tensile residual stress in grinding [J]. Journal of Materials Processing Technology, 2000, 107 (1): 216-221.

[114] CHEN X, ROWE W B. Predicting the transitional boundary of tensile residual stress in grinding [J]. Abrasives Magazine, 2000: 28-35.

[115] BALART M J, BOUZINA A, EDWARDS L, et al. The onset of tensile residual stresses in grinding of hardened steels [J]. Materials Science and Engineering: A, 2004, 367 (1): 132-142.

[116] KISHI K, EDA H. Analysis of the structure and thermal residual stress in the machined surface layer by grinding [J]. Transactions of The Japan Institute of Metals, 1972, 13 (6): 412-418.

[117] MISHRA A, PRASAD T. Residual stresses due to a moving heat source [J]. International Journal of Mechanical Sciences, 1985, 27 (9): 571-581.

[118] VANSEVENANT E, PETERS J. An improved mathematical model to predict residual stresses in surface plunge grinding [J]. CIRP Annals-Manufacturing Technology, 1987, 36 (1): 413-416.

[119] KOVACH J A, MALKIN S. Thermally Induced Grinding Damage in Superalloy Materials [J]. CIRP Annals-Manufacturing Technology, 1988, 37 (1): 309-313.

[120] LI Y Y, CHEN Y. Simulation of surface grinding [J]. Journal of Engineering Materials and Technology, 1989, 111 (1): 46-53.

[121] GUPTA R, SEKHON G S, SHISHODIA K S. Stress due to a moving band source of heat and mechanical load on the work surface during grinding [J]. Journal of Materials Processing Technology, 1997, 70 (1): 274-278.

[122] YU X X, LAU W S. A finite-element analysis of residual stress in stretch grinding [J]. Journal of Materials Processing Technology, 1999, 94 (1): 13-22.

[123] MAHDI M, ZHANG L. A numerical algorithm for the full coupling of mechanical deformation, thermal deformation and phase transformation in surface grinding [J]. Computational mechanics, 2000, 26 (2): 148-156.

[124] MOULIK P N, YANG H T Y, CHANDRASEKAR S. Simulation of thermal stresses due to grinding [J]. International Journal of Mechanical Sciences, 2001, 43 (3): 831-851.

[125] HAMDI H, ZAHOUANI H, BERGHEAU J M. Residual stresses computation in a grinding process [J]. Journal of Materials Processing Technology, 2004, 147 (3): 277-285.

[126] SHAH S M A. Prediction of residual stresses due to grinding with phase transformation [D]. Lyon: INSA de Lyon, 2011.

[127] XU Y Q, ZHANG T, BAI Y M. Analysis of the surface residual stress in grinding aermet 100 [J]. Materials Science Forum, 2011, 704-705: 318-324.

[128] FERGANI O, SHAO Y, LAZOGLI I, et al. Temperature Effects on Grinding Residual Stress [J]. Procedia CIRP, 2014, 14: 2-6.

[129] SALONITIS K, KOLIOS A. Experimental and numerical study of grind-hardening-induced re-

sidual stresses on AISI 1045 Steel [J]. The International Journal of Advanced Manufacturing Technology, 2015, 79 (9-12): 1443-1452.

[130] KUSCHEL S, KOLKWITZ B, SÖLTER J, et al. Experimental and Numerical Analysis of Residual Stress Change Caused by Thermal Loads During Grinding [J]. Procedia CIRP, 2016, 45: 51-54.

[131] NIE Z, WANG G, WANG L, et al. A coupled thermomechanical modeling method for predicting grinding residual stress based on randomly distributed abrasive grains [J]. Journal of Manufacturing Science and Engineering, 2019, 141 (8).

[132] LING H, YANG C, Feng S, et al. Predictive model of grinding residual stress for linear guideway considering straightening history [J]. International Journal of Mechanical Sciences, 2020, 176.

[133] ZHANG Z, SUI M, LI C, et al. Residual stress of grinding cemented carbide using MoS_2 nano-lubricant [J]. The International Journal of Advanced Manufacturing Technology, 2022, 119 (9-10): 5671-5685.

[134] ZHANG L, MAHDI M. Applied mechanics in grinding, Ⅳ: the mechanism of grinding induced phase transformation [J]. International Journal of Machine Tools and Manufacture, 1995, 35 (10): 1397-1409.

[135] MAHDI M, ZHANG L. Applied mechanics in grinding, Ⅴ: thermal residual stresses [J]. International Journal of Machine Tools and Manufacture, 1997, 37 (5): 619-633.

[136] MAHDI M, ZHANG L. Applied mechanics in grinding, VI: residual stresses and surface hardening by coupled thermo-plasticity and phase transformation [J]. International Journal of Machine Tools and Manufacture, 1998, 38 (10): 1289-1304.

[137] MAHDI M, ZHANG L C. Residual stresses in ground components caused by coupled thermal and mechanical plastic deformation [J]. Journal of Materials Processing Technology, 1999, 95 (1): 238-245.

[138] MAHDI M, ZHANG L. Applied mechanics in grinding, part 7: residual stresses induced by the full coupling of mechanical deformation, thermal deformation and phase transformation [J]. International Journal of Machine Tools and Manufacture, 1999, 39 (8): 1285-1298.

[139] EL-HELIEBY S O A, ROWE G W. A quantitative comparison between residual stresses and fatigue properties of surface-ground bearing steel (En 31) [J]. Wear, 1980, 58 (1): 155-172.

[140] DÖLLE H, COHEN J B. Residual stresses in ground steels [J]. Metallurgical and Materials Transactions A, 1980, 11 (1): 159-164.

[141] TORBATY S, MOISAN A, LEBRUN J L, et al. Evolution of residual stress during turning and cylindrical grinding of a carbon steel [J]. CIRP Annals-Manufacturing Technology, 1982, 31 (1): 441-445.

[142] MITTAL R N, ROWE G W. Residual stresses and their removal from ground En31 steel com-

ponents [J]. Metals Technology, 1982, 9 (1): 191-197.

[143] VANSEVANANT E. A subsurface integrity model in grinding [D]. Leuven: Katholieke Universiteit Leuven, 1987.

[144] MATSUO T, SHIBAHARA H, OHBUCHI Y. Curvature in surface grinding of thin workpieces with superabrasive wheels [J]. CIRP Annals-Manufacturing Technology, 1987, 36 (1): 231-234.

[145] LAU W S, WANG M, LEE W B. A simple method of eliminating residual tensile stresses in the grinding of low carbon steels [J]. International Journal of Machine Tools and Manufacture, 1991, 31 (3): 425-434.

[146] TÖNSHOFF H K, WOBKER H G, BRUNNER G. CBN grinding with small wheels [J]. CIRP Annals-Manufacturing Technology, 1995, 44 (1): 311-316.

[147] ÖSTERLE W, LI P X, NOLZE G. Influence of surface finishing on residual stress depth profiles of a coarse-grained nickel-base superalloy [J]. Materials Science and Engineering: A, 1999, 262 (1): 308-311.

[148] KATO T, FUJII H. Temperature measurement of workpieces in conventional surface grinding [J]. Journal of Manufacturing Science and Engineering, 2000, 122 (2): 297-303.

[149] GRUM J. A review of the influence of grinding conditions on resulting residual stresses after induction surface hardening and grinding [J]. Journal of Materials Processing Technology, 2001, 114 (3): 212-226.

[150] KOMPELLA S, FARRIS T N, CHANDRASEKAR S. Techniques for rapid characterization of grinding wheel-workpiece combinations [J]. Proceedings of the Institution of Mechanical Engineers, Part B: Journal of Engineering Manufacture, 2001, 215 (10): 1385-1395.

[151] CAPELLO E, SEMERARO Q. Process parameters and residual stresses in cylindrical grinding [J]. Journal of manufacturing science and engineering, 2002, 124 (3): 615-623.

[152] SOSA A D, ECHEVERRÍA M D, MONCADA O J, et al. Residual stresses, distortion and surface roughness produced by grinding thin wall ductile iron plates [J]. International Journal of Machine Tools and Manufacture, 2007, 47 (2): 229-235.

[153] CHOI Y. A comparative study of residual stress distribution induced by hard machining versus grinding [J]. Tribology Letters, 2009, 36 (3): 277-284.

[154] MARTELL J J, LIU C R, SHI J. Experimental investigation on variation of machined residual stresses by turning and grinding of hardened AISI 1053 steel [J]. The International Journal of Advanced Manufacturing Technology, 2014, 74 (9-12): 1381-1392.

[155] KRUSZYNSKI B W, VAN LUTTERVELT C A. An attempt to predict residual stresses in grinding of metals with the aid of a new grinding parameter [J]. CIRP Annals-Manufacturing Technology, 1991, 40 (1): 335-337.

[156] KRUSZYŃSKI B W, WÓJCIK R. Residual stress in grinding [J]. Journal of Materials Pro-

cessing Technology, 2001, 109 (3): 254-257.

[157] ALI Y M, ZHANG L C. Estimation of residual stresses induced by grinding using a fuzzy logic approach [J]. Journal of Materials Processing Technology, 1997, 63 (1): 875-880.

[158] BARBER J R. Thermoelastic displacements and stresses due to a heat source moving over the surface of a half plane [J]. Journal of Applied Mechanics, 1984, 51 (3): 636-640.

[159] XIAO G, STEVENSON R, HANNA I M, et al. Modeling of residual stress in grinding of nodular cast iron [J]. Journal of Manufacturing Science and Engineering, 2002, 124 (4): 833-839.

[160] WALSH D G, TORRANCE A A, TIBERG J. Analytical evaluation of thermally induced residual stresses in ground components [J]. Proceedings of the Institution of Mechanical Engineers, Part C: Journal of Mechanical Engineering Science, 2003, 217 (5): 471-482.

[161] NGUYEN T, ZHANG L C. An assessment of the applicability of cold air and oil mist in surface grinding [J]. Journal of Materials Processing Technology, 2003, 140 (1): 224-230.

[162] UMBRELLO D, JAWAHIR I S. Numerical modeling of the influence of process parameters and workpiece hardness on white layer formation in AISI 52100 steel [J]. The International Journal of Advanced Manufacturing Technology, 2009, 44 (9-10): 955-968.

[163] AKCAN S, SHAH W I S, MOYLAN S P, et al. Formation of white layers in steels by machining and their characteristics [J]. Metallurgical and Materials Transactions A, 2002, 33 (4): 1245-1254.

[164] CHOU Y K, SONG H. Thermal modeling for white layer predictions in finish hard turning [J]. International Journal of Machine Tools and Manufacture, 2005, 45 (4): 481-495.

[165] STEAD J W. Micro-metallography and its practical applications [J]. Journal of Western Scottish Iron and Steel Institute, 1912, 19: 169-204.

[166] HUANG X, ZHOU Z, REN Y, et al. Experimental research material characteristics effect on white layers formation in grinding of hardened steel [J]. The International Journal of Advanced Manufacturing Technology, 2013, 66 (9-12): 1555-1561.

[167] XU L, CLOUGH S, HOWARD P, et al. Laboratory assessment of the effect of white layers on wear resistance for digger teeth [J]. Wear, 1995, 181: 112-117.

[168] 杨业元，方鸿生，黄维刚，等．白层形态及形成机制 [J]. 金属学报，1996，32 (4): 373-376.

[169] 毛聪，黄向明，李岳林，等．淬硬轴承钢平面磨削变质层的特性 [J]. 纳米技术与精密工程，2010 (4): 6.

[170] 赵传国，陈焕中．轴承套圈滚道表面磨削变质层的研究 [J]. 精密制造与自动化，1986，3: 64-69.

[171] 李建明，靳九成．渗碳钢轴承磨削变质层的结构研究 [J]. 机械工程学报，1995，31 (3): 84-90.

[172] 于芸，朱光辉．Cr4Mo4V 钢制轴承套圈磨削变质层深度的测定［J］. 理化检验：物理分册，2011，47（5）：270-273.

[173] 陈焕中，周志澜，赵传国．精密轴承表面变质层的金相分析［J］. 轴承，1987，1：1-10.

[174] 赵平果．轴承工作表面变质层的磨削工艺因素分析［J］. 中小企业管理与科技，2012（25）：296-300.

[175] 林述温，刘衍聪，莫开旺．轴承沟道磨削工艺参数对磨削变质层的影响规律［J］. 轴承，1996，12.

[176] 林述温，曹瑞涛．轴承沟道磨削变质层与磨削工艺参数关系的研究［J］. 机械工艺师，1997（1）：11-12.

[177] 白广春．磨削加工对滚动轴承套圈工作表面影响与措施［J］. 科技创新与应用，2013（23）：79.

第2章 磨削加工砂轮磨粒与工件接触状态

02

2.1 引言

磨削加工是利用砂轮磨粒去除工件材料的复杂加工过程，定量表述砂轮表面形貌是揭示轴承滚道磨削加工机理的重要基础。本章首先利用磨粒形状、磨粒尺寸、磨粒凸起高度和单位面积磨粒数四个参数，定量描述了砂轮表面形貌；然后推导了砂轮磨粒与工件之间发生耕犁和切削的临界切入深度公式，并对砂轮表面任意磨粒与工件之间的接触状态进行了分析判断；之后基于砂轮表面形貌的定量描述与切削磨粒的临界切入深度公式，推导了磨粒最大未变形切屑厚度的计算公式；最后利用概率统计分析方法，计算了磨削弧区滑擦磨粒、耕犁磨粒及切削磨粒的数目，并分析了磨削工艺参数对各类接触状态磨粒数目的影响规律。

2.2 砂轮表面形貌的定量描述

准确描述砂轮表面形貌有助于揭示砂轮磨粒与工件之间的接触机理，也是磨削力、磨削热建模的重要前提。接下来，本文将通过磨粒形状、磨粒尺寸、磨粒凸起高度和单位面积磨粒数四个参数来定量描述砂轮表面形貌。

2.2.1 磨粒形状

言兰[1]根据测得的SEM图片分析发现，氧化铝磨粒形状接近于具有球形尖端的圆锥形。并且，当磨削深度与磨粒半径之比小于1时，一般只有磨粒球形尖端参与磨削过程，此时可将磨粒形状假设为球形。在B7008C轴承内圈滚道磨削加工时，砂轮磨粒的材质是氧化铝，磨粒粒度为80号，磨粒平均直径为

0.165mm，磨削深度一般在 2μm 左右，磨削深度与磨粒半径之比远小于 1。因此，本研究将磨粒形状假设为球形是合理的。

2.2.2　磨粒尺寸

对于某一特定型号的砂轮，其最大磨粒直径 d_{max} 和最小磨粒直径 d_{min} 可由磨粒粒度号直接计算获得，其平均磨粒直径 d_{mean} 可通过式（2-1）确定

$$d_{mean} = (d_{max} + d_{min})/2 \tag{2-1}$$

GB/T 2481.1—1998《固结磨具用磨料　粒度组成的检测和标记　第 1 部分：粗磨粒 F4～F220》规定，对于刚玉磨料，采用筛分法对粗磨粒进行粒度检测。采用数字图像识别法检测磨粒尺寸发现，当采用筛分法确定磨粒粒度时，磨粒尺寸分布符合正态分布[2]。因此，本文认为磨粒尺寸分布符合正态分布。

定义磨粒直径 d_{gx} 以及变量 x，并符合式（2-2）

$$d_{gx} = d_{mean} + x \tag{2-2}$$

式中，$x \in [-\delta_d, \delta_d]$，$\delta_d = d_{max} - d_{mean}$。

标准差设置为

$$\sigma_d = (d_{max} - d_{min})/4.4 \tag{2-3}$$

那么，磨粒直径分布的概率密度函数可以表示为

$$f(x) = \frac{4.4}{\delta_d\sqrt{2\pi}}\exp\left[-\frac{1}{2}\left(\frac{4.4}{\delta_d}x\right)^2\right] \tag{2-4}$$

2.2.3　磨粒凸起高度

图 2-1 所示为砂轮表面磨粒凸起高度，图中夸大了磨粒与砂轮之间的相对尺寸，目的是为了更加清晰地描述磨粒凸起高度和磨粒切入深度。

图 2-1 中，定义的参数含义为：d_s 是砂轮直径；v_s 是砂轮速度；a_e 是磨削深度；h 是磨粒凸起高度；h_{max} 是最大磨粒凸起高度；$h_{cu,max}$ 是最大磨粒切入深度，也就是最大未变形切屑厚度；h_{min} 是最小磨粒凸起高度，当任意单颗磨粒的凸起高度小于最小磨粒凸起高度时，在磨削过程中该磨粒将不会与工件直接接触，并且 $h_{min} = h_{max} - h_{cu,max}$；$h_{cutx}$ 是磨粒切入深度，并且 $h_{cutx} = h - h_{min}$。

砂轮表面形貌测量结果显示，最大磨粒凸起高度 h_{max} 和平均磨粒凸起高度 h_{mean} 分别与最大磨粒直径 d_{max} 和平均磨粒直径 d_{mean} 相接近[3,4]。言兰[1]采用白光干涉仪测量了不同粒度号的氧化铝砂轮，并统计分析了磨粒凸起高度，结果显示磨粒凸起高度符合正态分布。因此，本研究在定量描述砂轮表面形貌时，将磨粒凸起高度利用正态分布描述。

定义参数 δ_h，并且

$$\delta_h = h_{max} - h_{mean} \tag{2-5}$$

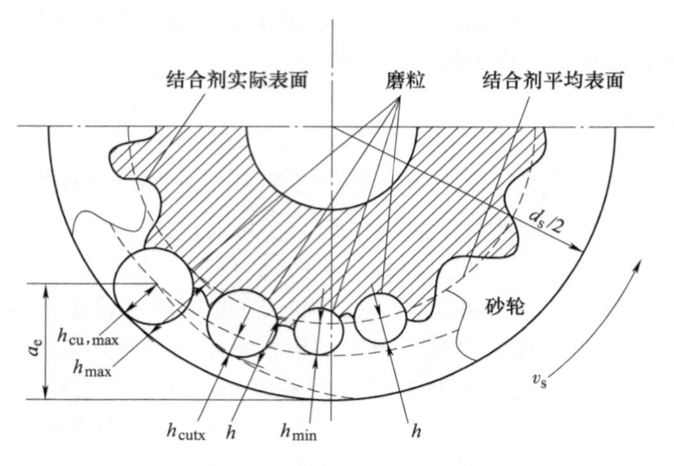

图 2-1 磨粒凸起高度

标准差设置为

$$\sigma_h = (h_{max} - h_{mean})/3 \tag{2-6}$$

那么，磨粒凸起高度的概率密度函数为

$$P(h) = \frac{3}{\delta_h\sqrt{2\pi}}\exp\left(-\frac{1}{2}\left[\frac{3(h - h_{mean})}{\delta_h}\right]^2\right) \tag{2-7}$$

2.2.4 单位面积磨粒数

假设磨粒在砂轮基体中均匀分布，且任意两个磨粒中心之间的距离为 Δ，磨粒在砂轮基体的空间分布如图 2-2 所示。

取其中的最小体积 Δ^3，该体积内的当量磨粒数目为 1(1/8×8=1)。根据砂轮磨粒率的定义，在 Δ^3 体积中，砂轮磨粒率 V_g 可以表达为

$$V_g = \left[\frac{4}{3}\pi\left(\frac{d_{mean}}{2}\right)^3 \times \frac{1}{8} \times 8\right] \Big/ \Delta^3 \tag{2-8}$$

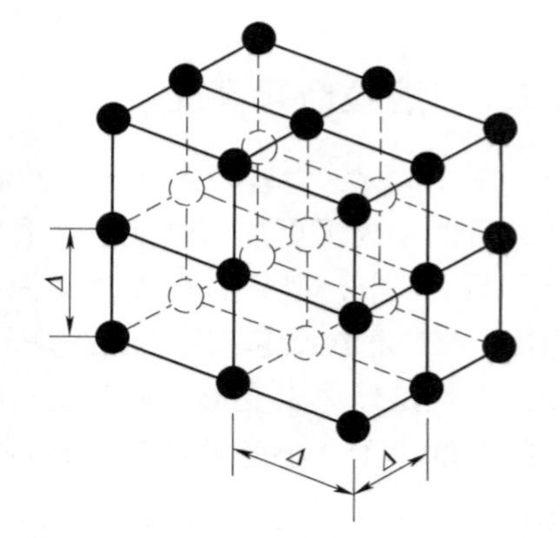

图 2-2 磨粒在砂轮基体的空间分布

磨粒率 V_g 可以根据砂轮组织号 S 求得

$$V_g = 2(32 - S) \tag{2-9}$$

由此可得磨粒平均间隔 Δ

$$\Delta = \sqrt[3]{\frac{\pi d_{mean}^3}{6V_g}} \tag{2-10}$$

那么，砂轮表面单位面积磨粒数 N_s 可以由式（2-11）获得

$$N_s = \left(\frac{1}{\Delta}\right)^2 = \left(\frac{6V_g}{\pi d_{mean}^3}\right)^{\frac{2}{3}} \tag{2-11}$$

任意时刻磨削弧区内的磨粒数目

$$N_z = l_c b N_s \tag{2-12}$$

式中，l_c 是磨削接触弧长；b 是磨削宽度。

单位时间内穿过磨削弧区的磨粒数目

$$N_{total} = v_s b N_s \tag{2-13}$$

2.3　磨粒临界切入深度

在磨削加工过程中，砂轮表面只有一部分磨粒与工件发生滑擦、耕犁或切削作用，更多的磨粒并不实际参与磨削过程。在任意单颗磨粒穿过磨削弧区的过程中，该磨粒与工件之间的接触状态也会发生变化，随着磨粒切入深度的增大，一般会经历未接触、滑擦、耕犁和切削四个阶段。对于任意时刻处于磨削弧区任意位置的任意单颗磨粒，其与工件之间的接触状态需根据其直径与切入深度判断。

2.3.1　耕犁磨粒临界切入深度

任意单颗磨粒与工件之间发生滑擦时，工件表面会产生弹性变形。此时，磨粒与工件之间的接触可以比作刚性球体与柔软平面之间的接触。那么，根据赫兹接触理论，可得[5]

$$h_{cutx} = \left(\frac{3\pi}{4}\right)^2 \left(\frac{p}{E^*}\right)^2 \left(\frac{d_{gx}}{2}\right) \tag{2-14}$$

式中，p 是磨粒与工件之间的平均接触压力；E^* 是当量弹性模量，并且 $1/E^* = (1-\nu_g^2)/E_g + (1-\nu_w^2)/E_w$。其中，$E$ 是弹性模量；ν 是泊松比；g 表示磨粒，w 表示工件。

当接触压力 p 超过临界压力 p_c 时，工件表面将会产生塑性变形，此时磨粒与工件之间的接触状态转变为耕犁。临界压力 p_c 与工件表面硬度 H 存在着以下定量联系[5]

$$p_c = H/2 \tag{2-15}$$

把式（2-15）代入式（2-14），可得任意单颗磨粒由滑擦转变为耕犁的临界

切入深度 $h_{plow,min}$。通过定义系数 ξ_{plow}，可将任意单颗磨粒由滑擦转变为耕犁的临界切入深度 $h_{plow,min}$ 与磨粒直径 d_{gx} 联系起来，表达式为

$$h_{plow,min} = \xi_{plow} d_{gx} = \frac{1}{2}\left(\frac{3\pi}{4}\right)^2 \left(\frac{H}{2E^*}\right)^2 d_{gx} \tag{2-16}$$

2.3.2 切削磨粒临界切入深度

单点金刚石磨粒切削试验表明，当金刚石磨粒切入工件的深度小于某临界深度时，切削不会发生，并且该临界深度是 $0.025d_{gx}$[6]。因此，与耕犁磨粒临界切入深度相似，定义系数 ξ_{cut}，将切削磨粒临界切入深度 $h_{cu,min}$ 与磨粒直径 d_{gx} 联系起来，表达式为

$$h_{cu,min} = \xi_{cut} d_{gx} = 0.025 d_{gx} \tag{2-17}$$

因此，对于直径为 d_{gx} 的磨粒，当其切入深度 $h_{cutx} \in [0,\ \xi_{plow} d_{gx})$ 时，磨粒接触类型为滑擦；当其切入深度 $h_{cutx} \in [\xi_{plow} d_{gx}, \xi_{cut} d_{gx})$ 时，磨粒接触类型为耕犁；当其切入深度 $h_{cutx} \in [\xi_{cut} d_{gx}, h_{cut,max}]$ 时，磨粒接触类型为切削。

2.4 最大未变形切屑厚度

2.4.1 求解原理

最大未变形切屑厚度 $h_{cu,max}$ 是具有最大凸起高度的磨粒在穿过磨削弧区过程中的最大切入深度。最大未变形切屑厚度 $h_{cu,max}$ 是磨粒轨迹分析以及磨削力建模需要的重要参数，其求解原理是使单位时间内所有切削磨粒去除的切屑体积 V_{cut} 与磨削去除率 V 相等。

2.4.2 计算过程

最大未变形切屑厚度的具体求解过程如下。首先，计算单位时间内所有切削磨粒去除的切屑体积 V_{cut}。单颗切削磨粒切入工件时，未变形切屑横截面积 $A(x,h)$ 如图 2-3 中阴影部分所示，可由式（2-18）表示

$$A(x,h) = \frac{1}{8} d_{gx}^2 (\theta - \sin\theta) \tag{2-18}$$

值得注意的是，图 2-3 中夸大了磨粒切入深度与磨粒半径之间的比例，这主要是为了清楚地描述单颗切削磨粒未变形切屑横截面积。

定义参数 $h_{cut,min}$，表示切削磨粒最小凸起高度，当磨粒凸起高度低于 $h_{cut,min}$ 时，磨粒与工件之间不会发生切削，并且 $h_{cut,min} = h_{min} + \xi_{cut} d_{min}$。

那么，单位时间内所有切削磨粒去除的切屑体积 V_{cut} 为

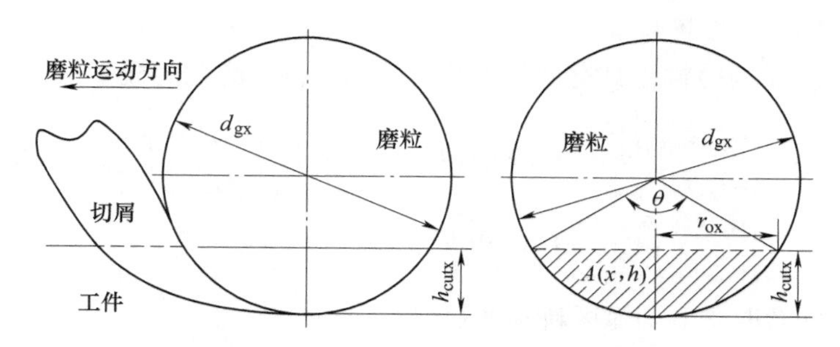

图 2-3　单颗切削磨粒切入工件示意图

$$V_{cut} = N_{total} l_c \int_{h_{cut,min}}^{h_{min}+\xi_{cut}d_{max}} \int_{x_{min}}^{\frac{h_{cutx}}{\xi_{cut}}-d_{mean}} A(x,h)P(h)f(x)\mathrm{d}x\mathrm{d}h + N_{total} l_c \int_{h_{min}+\xi_{cut}d_{max}}^{h_{max}} \int_{x_{min}}^{x_{max}} A(x,h)P(h)f(x)\mathrm{d}x\mathrm{d}h \tag{2-19}$$

其次，磨削去除率 V 被定义为

$$V = a_e b v_w \tag{2-20}$$

式中，v_w 是工件速度。

最后，令 $V_{cut}=V$，即可获得最大未变形切屑厚度 $h_{cu,max}$。

2.5　各类接触磨粒数目的概率统计

各类接触磨粒数目是磨削力模型的重要输入参数。在定量描述砂轮表面形貌的基础上，结合磨粒临界切入深度以及最大未变形切屑厚度，可以计算磨削弧区滑擦磨粒、耕犁磨粒以及切削磨粒数目。

2.5.1　各类接触磨粒数目

当磨粒切入深度 $h_{cutx}\in[0,\xi_{plow}d_{min})$ 时，磨粒接触类型为滑擦；当磨粒切入深度 $h_{cutx}\in[\xi_{plow}d_{min},\xi_{plow}d_{max})$ 时，直径 $d_{gx}\in[h_{cutx}/\xi_{plow},d_{max}]$ 的磨粒接触类型为滑擦。因此，滑擦磨粒的概率为

$$P_{rub}(x,h) = \int_{h_{min}}^{h_{min}+\xi_{plow}d_{min}} \int_{x_{min}}^{x_{max}} f(x)P(h)\mathrm{d}x\mathrm{d}h + \int_{h_{min}+\xi_{plow}d_{min}}^{h_{min}+\xi_{plow}d_{min}} \int_{\frac{h_{cutx}}{\xi_{plow}}d_{mean}}^{x_{max}} f(x)P(h)\mathrm{d}x\mathrm{d}h \tag{2-21}$$

那么，任意时刻磨削弧区滑擦磨粒数目为

$$N_{rub} = N_z P_{rub}(x,h) \tag{2-22}$$

当磨粒切入深度 $h_{cutx}\in[\xi_{plow}d_{min},\ \xi_{plow}d_{max})$ 时，直径 $d_{gx}\in[d_{min},\ h_{cutx}/\xi_{plow})$ 的磨粒接触类型为耕犁；当磨粒切入深度 $h_{cutx}\in[\xi_{plow}d_{max},\ \xi_{cut}d_{min})$ 时，磨粒接

触类型为耕犁；当磨粒切入深度 $h_{cutx} \in [\xi_{cut}d_{min}, \xi_{cut}d_{max})$ 时，直径 $d_{gx} \in [h_{cutx}/\xi_{cut}, d_{max}]$ 的磨粒接触类型为耕犁。因此，耕犁磨粒的概率为

$$P_{plow}(x,h) = \int_{h_{min}+\xi_{plow}d_{min}}^{h_{min}+\xi_{plow}d_{max}} \int_{x_{min}}^{\frac{h_{cutx}}{\xi_{plow}}d_{mean}} f(x)P(h)\,\mathrm{d}x\mathrm{d}h + \int_{h_{min}+\xi_{plow}d_{max}}^{h_{min}+\xi_{cut}d_{min}} \int_{x_{min}}^{x_{max}} f(x)P(h)\,\mathrm{d}x\mathrm{d}h + \int_{h_{min}+\xi_{cut}d_{min}}^{h_{min}+\xi_{cut}d_{max}} \int_{\frac{h_{cutx}}{\xi_{cut}}d_{mean}}^{x_{max}} f(x)P(h)\,\mathrm{d}x\mathrm{d}h \tag{2-23}$$

那么，任意时刻磨削弧区耕犁磨粒数目为

$$N_{plow} = N_z P_{plow}(x,h) \tag{2-24}$$

当磨粒切入深度 $h_{cutx} \in [\xi_{cut}d_{min}, \xi_{cut}d_{max})$ 时，直径 $d_{gx} \in [d_{min}, h_{cutx}/\xi_{cut})$ 的磨粒接触类型为切削；当磨粒切入深度 $h_{cutx} \in [\xi_{cut}d_{max}, h_{cu,max}]$ 时，磨粒接触类型为切削。因此，切削磨粒的概率为

$$P_{cut}(x,h) = \int_{h_{min}+\xi_{plow}d_{min}}^{h_{min}+\xi_{plow}d_{max}} \int_{x_{min}}^{\frac{h_{cutx}}{\xi_{plow}}d_{mean}} f(x)P(h)\,\mathrm{d}x\mathrm{d}h + \int_{h_{min}+\xi_{plow}d_{max}}^{h_{max}} \int_{x_{min}}^{x_{max}} f(x)P(h)\,\mathrm{d}x\mathrm{d}h \tag{2-25}$$

那么，任意时刻磨削弧区切削磨粒数目为

$$N_{cut} = N_z P_{cut}(x,h) \tag{2-26}$$

2.5.2 磨削工艺参数对各类接触磨粒数目的影响

研究磨削工艺参数对各类接触磨粒数目的影响，对研究磨削工艺参数对磨削力的影响机理具有借鉴意义。因此，在表 2-1 所示的磨削工艺参数下，研究磨削工艺参数对各类接触磨粒数目的影响。

表 2-1 磨削工艺参数

磨削工艺参数	参数值
砂轮直径 d_s/mm	250
磨粒材料	氧化铝
磨粒率 V_g(%)	54
磨粒粒度	60 号，70 号，80 号
工件材料	淬硬 GCr15
磨削宽度 b/mm	10
砂轮速度 v_s/(m/s)	20，25，30，35，40，50，60
工件速度 v_w/(mm/min)	600，1800，3000，5000，7500，10000
磨削深度 a_e/μm	2，4，6，8，10，20，30

图 2-4～图 2-7 分别为砂轮速度、工件速度、磨削深度和磨粒粒度对各类接

触磨粒数目的影响，图中纵坐标为磨削弧区各类接触磨粒所占的比例。

由图 2-4~图 2-7 可得出以下结论：

1）磨削过程中，磨削弧区绝大部分磨粒并未参与磨削，在表 2-1 所示的磨削工艺参数下，磨削弧区接触磨粒数所占的比例不到 50%。

2）磨削过程中，参与磨削的磨粒绝大部分为耕犁磨粒，其次为切削磨粒，最少的为滑擦磨粒。接触磨粒中，90%以上的磨粒与工件材料之间的接触类型为耕犁。

3）各类接触磨粒数目随砂轮速度的增大而减小，随工件速度的增大而增大，随磨削深度的增大而增大，反之亦然。

4）磨削弧区各类接触磨粒所占的比例并不随着磨粒粒度的增大而增大，磨粒粒度分别为 70 号和 80 号时，各种接触类型磨粒数目占磨削弧区总磨粒数目的比例基本没有变化。但是，随着磨粒粒度的增大，磨粒尺寸变小，单位面积磨粒数增大，从而造成各种接触类型磨粒数目随着磨粒粒度的增大而增大。

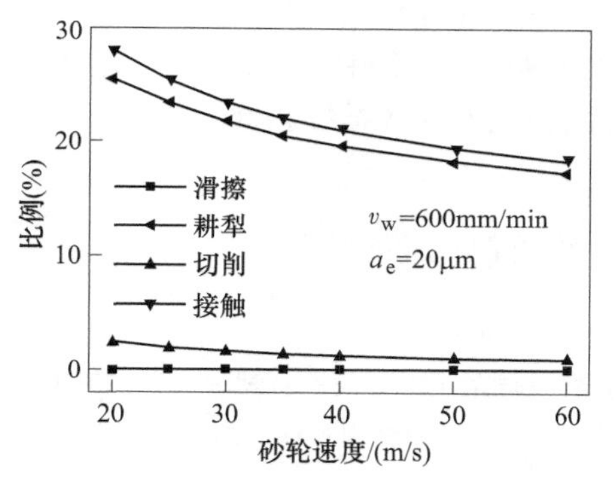

图 2-4　砂轮速度对磨粒数目的影响

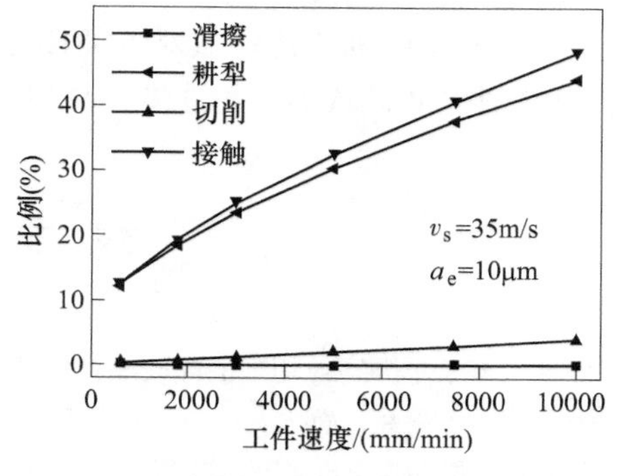

图 2-5　工件速度对磨粒数目的影响

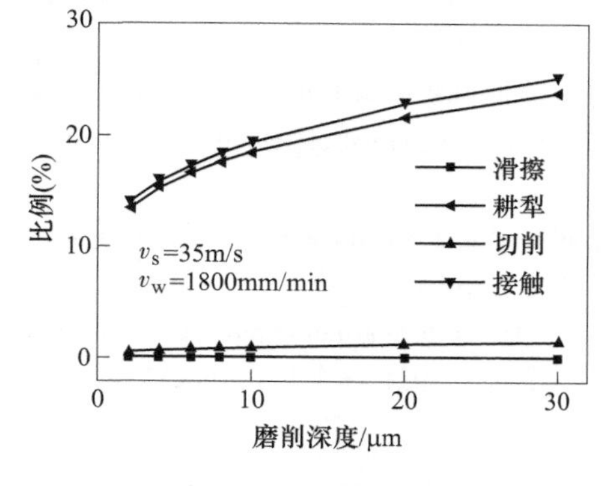

图 2-6　磨削深度对磨粒数目的影响

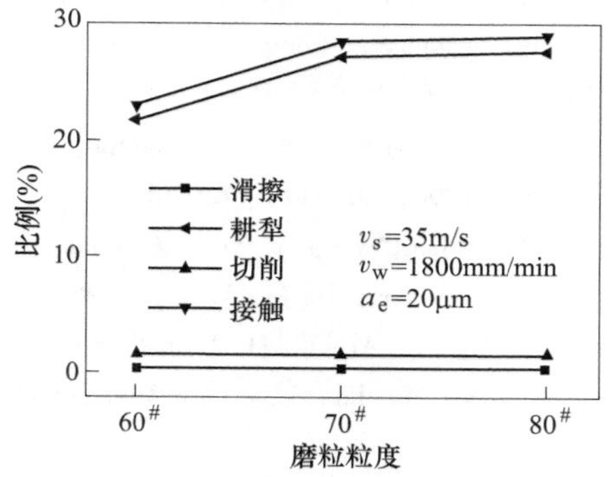

图 2-7　磨粒粒度对磨粒数目的影响

2.6 小结

本章对砂轮表面形貌进行了定量描述，并对磨削弧区各类接触磨粒数目进行了计算，主要结论如下：

1）通过球形磨粒、符合正态分布的磨粒尺寸、符合正态分布的磨粒凸起高度，以及单位面积磨粒数，定量描述了砂轮表面形貌。

2）研究了砂轮磨粒与工件之间的接触机理，推导了耕犁磨粒与切削磨粒的临界切入深度公式。获得了砂轮磨粒与工件之间接触类型的判定条件，利用磨粒直径与磨粒临界切入深度，对砂轮磨粒与工件之间的接触类型进行了分析判断。

3）采用概率统计方法，推导了磨削弧区滑擦磨粒、耕犁磨粒与切削磨粒数目的计算公式，计算了磨削弧区各类接触磨粒数目。分析发现，接触磨粒中，数目最多的是耕犁磨粒，其次是切削磨粒，最少的是滑擦磨粒。

4）分析了磨削工艺参数对各类接触磨粒数目的影响，研究发现，增大工件速度与磨削深度，减小砂轮速度，可以增加磨削弧区各类接触磨粒数目。

参 考 文 献

[1] 言兰. 基于单颗磨粒切削的淬硬模具钢磨削机理研究 [D]. 长沙：湖南大学，2010.

[2] 张秀芳，于爱兵，贾大为，等. 应用数字图像识别法检测金刚石磨粒的形状与粒度 [J]. 金刚石与磨料磨具工程，2007 (1)：47-49.

[3] HWANG T W, EVANS C J, MALKIN S. High speed grinding of silicon nitride with electroplated diamond wheels, part 2: wheel topography and grinding mechanisms [J]. Journal of manufacturing science and engineering, 2000, 122 (1): 42-50.

[4] BLUNT L, EBDON S. The application of three-dimensional surface measurement techniques to characterizing grinding wheel topography [J]. International Journal of Machine Tools and Manufacture, 1996, 36 (11): 1207-1226.

[5] XIE Y, WILLIAMS J A. The prediction of friction and wear when a soft surface slides against a harder rough surface [J]. Wear, 1996, 196 (1): 21-34.

[6] YOUNIS M A, ALAWI H. Probabilistic analysis of the surface grinding process [J]. Transactions of the Canadian Society for Mechanical Engineering, 1984, 8 (4): 208-213.

第 3 章

轴承内圈滚道磨削力与磨削弧区热源分布

3.1 引言

在轴承滚道磨削加工过程中，会在磨削弧区产生磨削力和磨削热，两者的耦合作用直接决定了轴承滚道的表面状态。揭示磨削力的产生机制及磨削热的产生与传散机制，是揭示轴承滚道表面状态可控磨削机制的重要基础。本章主要进行以下工作：基于磨粒轨迹分析，划分磨削弧区为三个区域；基于磨粒接触分析，建立了单颗磨粒作用力模型；基于磨粒轨迹分析和磨粒接触分析，建立了磨削力模型；利用磨削力模型，获得了磨削弧区总热源分布，分析了磨削弧区热量分配关系，研究了磨削弧区热源分布，分析了轴承内圈滚道磨削温度场。本章的研究方案如图 3-1 所示。

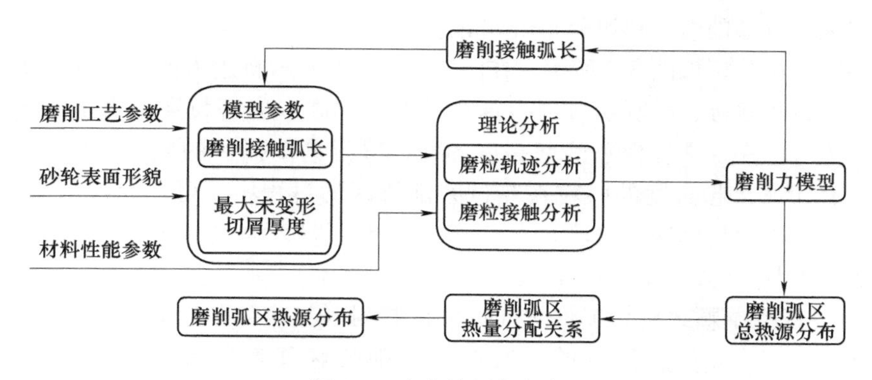

图 3-1　本章的研究方案

3.2 磨削接触弧长

如图 3-1 所示，本章的研究从计算模型参数开始，其中，最大未变形切屑厚度的计算方法详见 2.4 节，本节重点描述磨削接触弧长的计算方法。

砂轮与工件之间的磨削接触弧长 l_c，直接决定了磨削力及磨削热源的分布范围。在磨削加工过程中，在法向磨削力的作用下，磨削弧区的真实接触弧长 l_c 实际上大于磨削弧区的名义接触弧长 l_g。本文采用 Rowe 等[1]建立的磨削弧区真实接触弧长模型，表达式如下

$$l_c = [l_g^2 + 8R_r^2(F_n/b)d_s(E_s + E_w)]^{1/2} \tag{3-1}$$

式中，l_g 是磨削弧区名义接触弧长，并且 $l_g = (a_e d_s)^{1/2}$；R_r是粗糙系数；F_n 是法向磨削力；E_s 是砂轮弹性模量；E_w 是工件弹性模量。

式（3-1）中需要用到法向力 F_n，而在计算磨削力之初并未获得 F_n 的大小。因此，在求得磨削力之前，将磨削弧区名义接触弧长 l_g 作为磨削接触弧长 l_c 的初始值。在求得法向磨削力 F_n 后，再对两模型参数进行迭代修正，直到获得稳定的磨削弧区真实接触弧长 l_c。

3.3 磨粒轨迹分析

3.3.1 磨削弧区任意磨粒的动态接触状态

通过磨粒轨迹分析，阐明磨削弧区任意位置可能出现的磨粒与工件接触状态。然后，根据磨粒工件接触状态分析，将磨削弧区划分为三个区域，作为磨削力建模以及磨削弧区热源分布研究的基础。

磨粒轨迹分析如图 3-2 所示。在图 3-2 中，A 所示轨迹为前一个穿过磨削弧区的磨粒运动轨迹，B 所示轨迹为具有最大凸起高度的磨粒穿过磨削弧区的轨迹，C 所示轨迹为具有任意凸起高度的磨粒穿过磨削弧区的轨迹。由图 3-2 可得，具有任意凸起高度的磨粒在穿过磨削弧区的过程中，可能会经历未接触、滑擦、耕犁以及切削四个阶段。

图 3-2 中，新定义的参数含义如下：

l_{con}是任意单颗磨粒与工件之间的实际接触长度；l 是变量，表示磨削弧区内的任意位置；h_{cutl} 是任意单颗磨粒在磨削弧区任意位置 l 处的切入深度；$h_{cutl,max}$是磨削弧区任意位置 l 处的最大磨粒切入深度；$h_{cut,max}$是任意单颗磨粒在穿过磨削弧区过程中的最大切入深度。

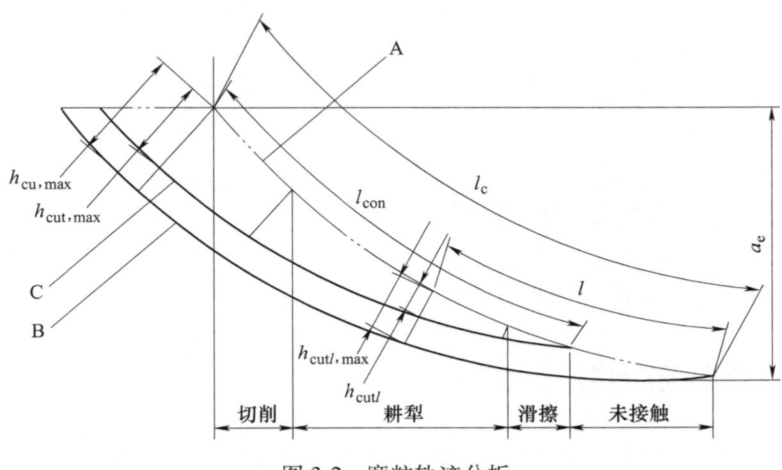

图 3-2　磨粒轨迹分析

3.3.2　磨削弧区区域划分

假设任意单颗磨粒与工件之间的实际接触长度 l_{con} 与此磨粒在穿过磨削弧区过程中的最大切入深度 $h_{cut,max}$ 成正比，那么，可将图 3-2 转化为图 3-3。在图 3-3 中，定义参数 $h_{cul,max}$，表示在磨削弧区任意位置 l 处开始与工件接触的磨粒，其在穿过磨削弧区过程中的最大切入深度。

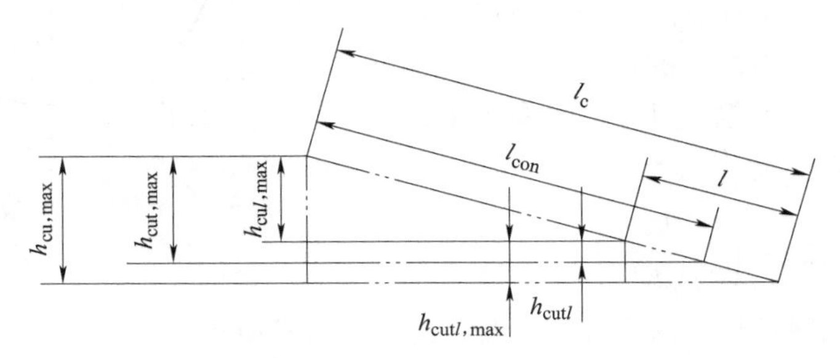

图 3-3　转化后的磨粒轨迹

由图 3-3 中的比例关系，可得

$$h_{cutl,max} = \frac{l}{l_c} h_{cu,max} \tag{3-2}$$

$$h_{cul,max} = \left(1 - \frac{l}{l_c}\right) h_{cu,max} \tag{3-3}$$

$$h_{cut,max} = h_{cul,max} + h_{cutl} \tag{3-4}$$

如图 3-2 和图 3-3 所示，磨削弧区任意位置 l 处的磨粒切入深度 h_{cutl} 的变化

范围是 $[0,\ h_{\mathrm{cut}l,\max}]$。因此，根据磨削弧区任意位置 l 处的最大磨粒切入深度 $h_{\mathrm{cut}l,\max}$，可将磨削弧区划分成三个区域：

区域Ⅰ，$l\in[0,\xi_{\mathrm{plow}}d_{\min}l_{\mathrm{c}}/h_{\mathrm{cu,max}})$。$h_{\mathrm{cut}l,\max}\in[0,\xi_{\mathrm{plow}}d_{\min}]$，磨粒与工件可能的接触状态为滑擦。

区域Ⅱ，$l\in[\xi_{\mathrm{plow}}d_{\min}l_{\mathrm{c}}/h_{\mathrm{cu,max}},\xi_{\mathrm{cut}}d_{\min}l_{\mathrm{c}}/h_{\mathrm{cu,max}})$。$h_{\mathrm{cut}l,\max}\in[\xi_{\mathrm{plow}}d_{\min},\xi_{\mathrm{cut}}d_{\min}]$，磨粒与工件可能的接触状态为滑擦和耕犁。

区域Ⅲ，$l\in[\xi_{\mathrm{cut}}d_{\min}l_{\mathrm{c}}/h_{\mathrm{cu,max}},l_{\mathrm{c}}]$。$h_{\mathrm{cut}l,\max}\in[\xi_{\mathrm{cut}}d_{\min},h_{\mathrm{cu,max}}]$，磨粒与工件可能的接触状态为滑擦、耕犁和切削。

3.4 单颗磨粒接触作用力

通过磨粒轨迹分析，阐明了磨削弧区任意位置 l 处磨粒与工件可能的接触状态。在此基础上，分别建立单颗滑擦磨粒、耕犁磨粒和切削磨粒的作用力模型，然后进一步建立磨削力数学模型。

3.4.1 单颗滑擦磨粒作用力模型

单颗滑擦磨粒与工件之间的作用力分析如图 3-4 所示。单颗滑擦磨粒与工件之间发生接触时，工件表面会产生弹性变形。此时，滑擦磨粒与工件之间的接触可以比作刚性球体与柔软平面之间的接触。那么，根据赫兹接触理论，在法向力 F_{n} 的作用下，磨粒切入深度 h_{cutx} 为[2]

$$h_{\mathrm{cutx}}=\left(\frac{9F_{\mathrm{n}}^{2}}{8d_{\mathrm{gx}}E^{*2}}\right)^{1/3} \tag{3-5}$$

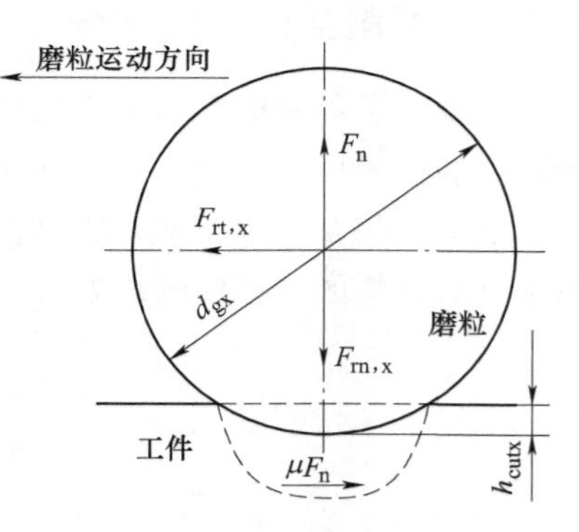

图 3-4 单颗滑擦磨粒与工件之间的作用力分析

而当已知磨粒切入深度为 h_{cutx} 时，可反推磨粒所承受的法向力

$$F_{\mathrm{n}}=\sqrt{\frac{8h_{\mathrm{cutx}}^{3}d_{\mathrm{gx}}E^{*2}}{9}} \tag{3-6}$$

磨粒所承受的切向力为摩擦系数 μ 与法向力 F_{n} 的乘积，即 μF_{n}。那么，基于赫兹接触理论，可建立单颗滑擦磨粒作用力模型

$$\begin{cases}F_{\mathrm{rn,x}}=\sqrt{\dfrac{8h_{\mathrm{cutx}}^{3}d_{\mathrm{gx}}E^{*2}}{9}}\\[2ex] F_{\mathrm{rt,x}}=\mu\sqrt{\dfrac{8h_{\mathrm{cutx}}^{3}d_{\mathrm{gx}}E^{*2}}{9}}\end{cases} \tag{3-7}$$

3.4.2　单颗耕犁磨粒作用力模型

Hecker[3] 根据磨粒切入工件与布氏硬度试验之间的相似性，建立了单颗磨粒磨削力模型。实际上，由于滑擦磨粒切入工件时，发生的是弹性变形，并未产生压痕，而切削磨粒切入工件时，会产生切屑，这都与布氏硬度试验不相符。而与布氏硬度试验最为相似的是耕犁磨粒切入工件，单颗耕犁磨粒与工件之间的作用力分析如图 3-5 所示。

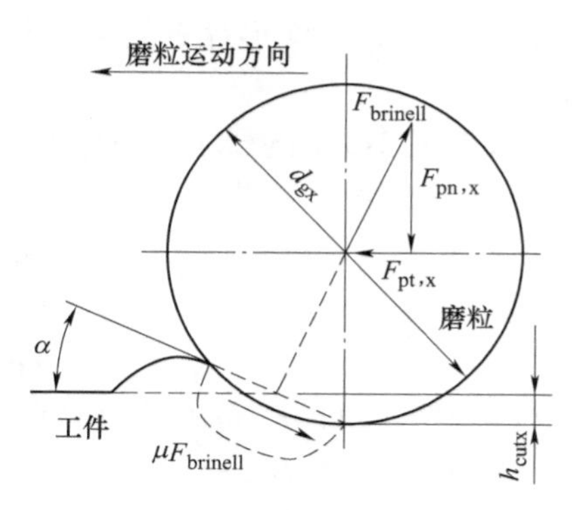

图 3-5　单颗耕犁磨粒与工件之间的作用力分析

因此，基于单颗耕犁磨粒切入工件与布氏硬度试验之间的相似性，建立单颗耕犁磨粒作用力模型，可表达为

$$\begin{cases} F_{pn,x} = F_{brinell}(\cos\alpha - \mu\sin\alpha) \\ F_{pt,x} = F_{brinell}(\sin\alpha + \mu\cos\alpha) \end{cases} \tag{3-8}$$

式中，α 是切入角，由式（3-9）求得

$$\alpha = \arccos\left(1 - \frac{2h_{cutx}}{d_{gx}}\right) \tag{3-9}$$

$F_{brinell}$是布氏硬度试验力，可通过布氏硬度计算公式求得

$$H = \frac{2F_{brinell}}{\pi D(D - \sqrt{D^2 - d^2})} \tag{3-10}$$

式中，H 是布氏硬度；D 是硬质合金球压头直径；d 是压痕直径。将耕犁磨粒切入工件与布氏硬度试验类比，那么与硬质合金球压头直径 D 对应的是磨粒直径 d_{gx}，与压痕深度 $[D-(D^2-d^2)^{1/2}]/2$ 对应的是磨粒切入深度 h_{cutx}。因此，布氏硬度试验力可以表达为

$$F_{brinell} = \pi H d_{gx} h_{cutx} \tag{3-11}$$

3.4.3　单颗切削磨粒作用力模型

Park 和 Liang[4] 在剪切平面上将切屑划分成无数微小切屑单元，针对单个切屑单元，使用 Merchant 金属切削理论，推导去除单个切屑单元的切削力公式。然后，将其沿剪切平面积分，得到单颗磨粒切削力公式。Park 和 Liang 在推导单颗磨粒切削力公式的过程中，认为存在临界磨粒切入深度，并且只有高于临界磨粒切入深度的工件材料才会变成切屑。本研究基于 Park 和 Liang 建立的单颗磨粒切削力模型，认为在磨粒切入深度范围内的工件材料最终都会变成切屑，

建立了单颗切削磨粒作用力模型将切屑沿剪切平面划分成无数微小切屑微元，取其中一个切屑微元，该切屑微元所对应的磨粒前角为 γ，前角增量为 $d\gamma$（见图 3-6）。该切屑微元对应的未变形切屑投影面积为 dA，如图 3-7 中阴影部分所示。

针对图 3-6 中的微小切屑微元，利用 Merchant 金属切削理论，可得

$$\begin{cases} dF_{cn,x} = \dfrac{\tau_s\cos(\beta - \gamma)}{\sin\varphi\cos(\varphi + \beta - \gamma)}dA \\ dF_{ct,x} = \dfrac{\tau_s\sin(\beta - \alpha)}{\sin\varphi\cos(\varphi + \beta - \alpha)}dA \end{cases} \tag{3-12}$$

式中，γ 是前角；τ_s 是工件材料剪切强度；β 是摩擦角，$\beta=\arctan\mu$；φ 是剪切角，并且 $\varphi=\pi/4-\beta/2+\gamma/2$。

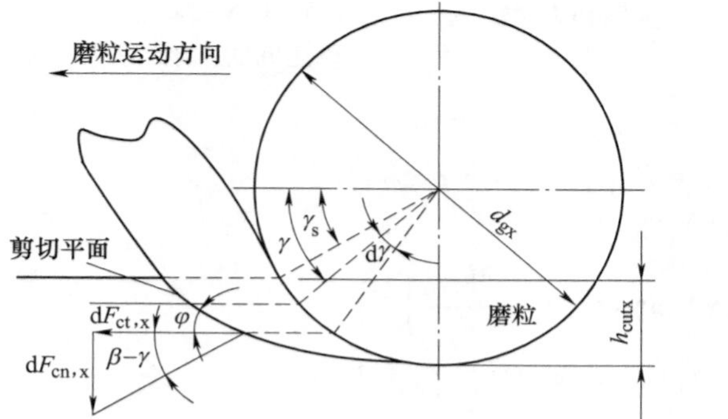

图 3-6　单颗切削磨粒与工件之间的作用力分析

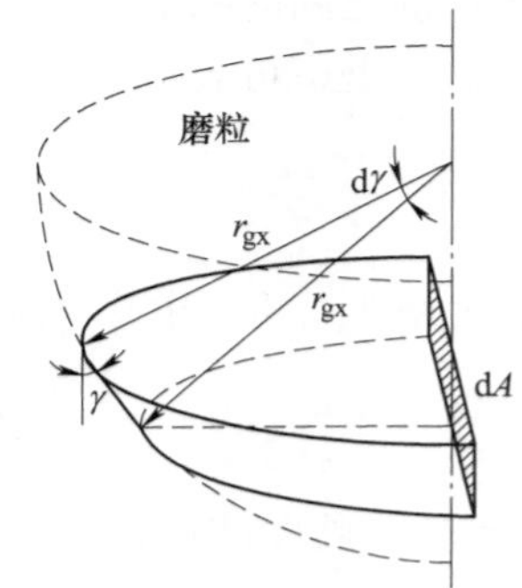

图 3-7　微小切屑单元投影面积[4]

根据图 3-7 中的几何关系，可得

$$dA = 2r_{gx}^2\cos^2\gamma d\gamma \tag{3-13}$$

式中，r_{gx}是磨粒半径。

将式（3-12）沿剪切平面积分，可得单颗切削磨粒作用力模型

$$\begin{cases} F_{cn,x} = \displaystyle\int_{\frac{\pi}{2}}^{\gamma_s} \dfrac{\tau_s\cos(\beta - \gamma)}{\sin\varphi\cos(\varphi + \beta - \gamma)}2r_{gx}^2\cos^2\gamma d\gamma \\ F_{ct,x} = \displaystyle\int_{\frac{\pi}{2}}^{\gamma_s} \dfrac{\tau_s\sin(\beta - \alpha)}{\sin\varphi\cos(\varphi + \beta - \alpha)}2r_{gx}^2\cos^2\gamma d\gamma \end{cases} \tag{3-14}$$

3.5　磨削力模型

3.5.1　磨削力模型的建立

将磨削弧区均匀地离散成 n 个子区域，那么，每个子区域的长度为

$$\Delta l = l_c / n \tag{3-15}$$

在任意时刻，每个子区域内的磨粒数目为

$$N_\Delta = N_s b \Delta l \tag{3-16}$$

定义参数 h_0，表示在磨削弧区任意位置 l 处开始与工件接触的磨粒的凸起高度，并且

$$h_0 = h_{min} + h_{cul,max} \tag{3-17}$$

在磨削弧区任意位置 l 处的磨削力，通过 l 处子区域内的磨削力表示。磨削力的建模过程详述如下。

首先，根据磨削弧区任意位置 l 处的任意磨粒切入深度 h_{cutl} 及其直径 d_{gx}，判断此磨粒与工件可能出现的接触状态，然后根据磨粒工件接触状态划分 h_{cutl} 的变化范围，并依此推导相应的磨削力公式。

当 $h_{cutl} \in [0, \xi_{plow} d_{min})$ 时，磨粒与工件接触状态为滑擦。此时，在磨削弧区任意位置 l 处的磨削力为

$$A = \begin{cases} F_{tl} = N_\Delta \int_{h_0}^{h_0 + \xi_{plow} d_{min}} \int_{x_{min}}^{x_{max}} f(x) P(h) F_{rt,x} \mathrm{d}x \mathrm{d}h \\ F_{nl} = N_\Delta \int_{h_0}^{h_0 + \xi_{plow} d_{min}} \int_{x_{min}}^{x_{max}} f(x) P(h) F_{rn,x} \mathrm{d}x \mathrm{d}h \end{cases} \tag{3-18}$$

当 $h_{cutl} \in [\xi_{plow} d_{min}, \xi_{plow} d_{max})$ 时，直径 $d_{gx} \in [h_{cutl}/\xi_{plow}, d_{max})$ 的磨粒与工件之间的接触状态为滑擦，直径 $d_{gx} \in [d_{min}, h_{cutl}/\xi_{plow})$ 的磨粒与工件之间的接触状态为耕犁。此时，在磨削弧区任意位置 l 处的磨削力为

$$B = \begin{cases} F_{tl} = N_\Delta \int_{h_0 + \xi_{plow} d_{min}}^{h_0 + \xi_{plow} d_{max}} \int_{\frac{h_{cutl}}{\xi_{plow}} - d_{mean}}^{x_{max}} f(x) P(h) F_{rt,x} \mathrm{d}x \mathrm{d}h + \\ \qquad N_\Delta \int_{h_0 + \xi_{plow} d_{min}}^{h_0 + \xi_{plow} d_{max}} \int_{x_{min}}^{\frac{h_{cutl}}{\xi_{plow}} - d_{mean}} f(x) P(h) F_{pt,x} \mathrm{d}x \mathrm{d}h \\ F_{nl} = N_\Delta \int_{h_0 + \xi_{plow} d_{min}}^{h_0 + \xi_{plow} d_{max}} \int_{\frac{h_{cutl}}{\xi_{plow}} - d_{mean}}^{x_{max}} f(x) P(h) F_{rn,x} \mathrm{d}x \mathrm{d}h + \\ \qquad N_\Delta \int_{h_0 + \xi_{plow} d_{min}}^{h_0 + \xi_{plow} d_{max}} \int_{x_{min}}^{\frac{h_{cutl}}{\xi_{plow}} - d_{mean}} f(x) P(h) F_{pn,x} \mathrm{d}x \mathrm{d}h \end{cases} \tag{3-19}$$

当 $h_{cutl} \in [\xi_{plow} d_{max}, \xi_{cut} d_{min})$ 时，磨粒与工件接触状态为耕犁。此时，在磨削弧区任意位置 l 处的磨削力为

$$C = \begin{cases} F_{tl} = N_\Delta \int_{h_0 + \xi_{plow} d_{min}}^{h_0 + \xi_{cut} d_{min}} \int_{x_{min}}^{x_{max}} f(x) P(h) F_{pt,x} \mathrm{d}x \mathrm{d}h \\ F_{nl} = N_\Delta \int_{h_0 + \xi_{plow} d_{max}}^{h_0 + \xi_{cut} d_{min}} \int_{x_{min}}^{x_{max}} f(x) P(h) F_{pn,x} \mathrm{d}x \mathrm{d}h \end{cases} \tag{3-20}$$

当 $h_{cutl} \in [\xi_{cut} d_{min}, \xi_{cut} d_{max})$ 时，直径 $d_{gx} \in [h_{cutl}/\xi_{cut}, d_{max})$ 的磨粒与工件之

间的接触状态为耕犁，直径 $d_{gx}\in[d_{min},h_{cutl}/\xi_{cut})$ 的磨粒与工件之间的接触状态为切削。此时，在磨削弧区任意位置 l 处的磨削力为

$$D=\begin{cases}F_{tl}=N_{\Delta}\int_{h_0+\xi_{cut}d_{min}}^{h_0+\xi_{cut}d_{max}}\int_{\frac{h_{cutl}}{\xi_{cut}}-d_{mean}}^{x_{max}}f(x)P(h)F_{pt,x}\mathrm{d}x\mathrm{d}h+\\ \qquad N_{\Delta}\int_{h_0+\xi_{cut}d_{min}}^{h_0+\xi_{cut}d_{max}}\int_{x_{min}}^{\frac{h_{cutl}}{\xi_{cut}}-d_{mean}}f(x)P(h)F_{ct,x}\mathrm{d}x\mathrm{d}h\\ F_{nl}=N_{\Delta}\int_{h_0+\xi_{cut}d_{min}}^{h_0+\xi_{cut}d_{max}}\int_{\frac{h_{cutl}}{\xi_{cut}}-d_{mean}}^{x_{max}}f(x)P(h)F_{pn,x}\mathrm{d}x\mathrm{d}h+\\ \qquad N_{\Delta}\int_{h_0+\xi_{cut}d_{min}}^{h_0+\xi_{cut}d_{max}}\int_{x_{min}}^{\frac{h_{cutl}}{\xi_{cut}}-d_{mean}}f(x)P(h)F_{cn,x}\mathrm{d}x\mathrm{d}h\end{cases}\tag{3-21}$$

当 $h_{cutl}\in[\xi_{cut}d_{max},h_{cu,max}]$ 时，磨粒工件接触状态为切削。此时，在磨削弧区任意位置 l 处的磨削力为

$$E=\begin{cases}F_{tl}=N_{\Delta}\int_{h_0+\xi_{cut}d_{max}}^{h_{max}}\int_{x_{min}}^{x_{max}}f(x)P(h)F_{ct,x}\mathrm{d}x\mathrm{d}h\\ F_{nl}=N_{\Delta}\int_{h_0+\xi_{cut}d_{max}}^{h_{max}}\int_{x_{min}}^{x_{max}}f(x)P(h)F_{cn,x}\mathrm{d}x\mathrm{d}h\end{cases}\tag{3-22}$$

然后，在磨粒轨迹分析划分的三个区域内，根据磨粒与工件之间可能出现的接触状态，可得到每个区域内磨削弧区任意位置 l 处的磨削弧区子区域的磨削力 F_l，其法向分量和切向分量分别为 F_{nl} 和 F_{tl}：

区域Ⅰ，$F_l=A$；

区域Ⅱ，当 $h_{cutl,max}\in[\xi_{plow}d_{min},\xi_{plow}d_{max})$ 时，$F_l=A+B$；

当 $h_{cutl,max}\in[\xi_{plow}d_{max},\xi_{cut}d_{min})$ 时，$F_l=A+B+C$；

区域Ⅲ，当 $h_{cutl,max}\in[\xi_{cut}d_{min},\xi_{cut}d_{max})$ 时，$F_l=A+B+C+D$；

当 $h_{cutl,max}\in[\xi_{cut}d_{max},h_{cu,max}]$ 时，$F_l=A+B+C+D+E$。

最后，累加 n 个子区域的磨削力，即可获得总磨削力为

$$\begin{cases}F_n=d_f\sum F_{nl}\\ F_t=d_f\sum F_{tl}\end{cases}\tag{3-23}$$

式中，d_f是试验系数，用于表示磨削力模型建模过程中未考虑的因素，如工件的热膨胀、磨削系统的弹性变形等。

3.5.2 磨削力模型的试验验证

磨削力模型是基于平面磨削理论建立的，将磨削力模型应用于轴承内圈滚道磨削时，只需将轴承内圈滚道磨削参数等价转化为平面磨削参数即可。因此，首先进行平面磨削试验，验证磨削力模型的准确性。

在 MKL7120×6 CNC 平面磨床上开展平面磨削试验，采用树脂结合剂砂轮（WA60L6V）磨削工件。每次磨削工件之前，进行砂轮修整。工件材料为淬硬轴承钢 GCr15，硬度为 62HRC。平面磨削试验参数见表 3-1。采用 YDXM-Ⅲ97 三向压电晶体测力仪测量磨削力，产生的信号经 JY5002 电荷放大器和 A/D 采集卡后，输入计算机，利用 LabVIEW 软件采集记录电压信号。

表 3-1　平面磨削试验参数

磨削参数	参数值
磨床	MKL7120×6 CNC 平面磨床
砂轮	WA60L6V
砂轮直径 d_s/mm	280
工件材料	淬硬轴承钢 GCr15
工件尺寸	60mm×10mm×12mm
砂轮速度 v_s/(m/s)	20
工件速度 v_w/(mm/min)	1000，2000，3000
磨削深度 a_e/μm	20，30，40
磨削环境	干磨
磨削方式	顺磨
修整器	单点金刚石磨粒修整器
修整深度 a_d/mm	0.2
修整速度 f_d/(mm/min)	115

在测量磨削力之前，需进行磨削力标定，以获得电压信号与磨削力之间的关系。采用 10～100N 的标准砝码进行磨削力标定，获得的磨削力标定曲线如图3-8 所示。

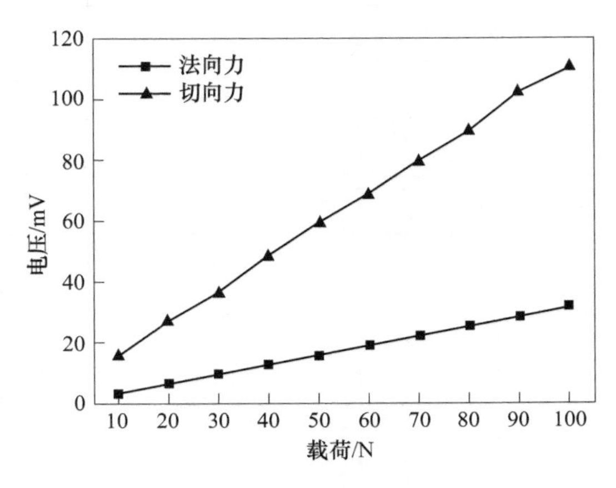

图 3-8　磨削力标定曲线

计算磨削力所需的相关参数及其所在公式与数据来源见表 3-2。磨削力计算除了需要确定表 3-2 所示参数外，还需确定摩擦系数 μ 和试验系数 d_f。摩擦系数 μ 的确定方法是，选取一组磨削力试验值，求得磨削力比，通过调整摩擦系数 μ，使在该组试验参数下的磨削力比计算值与试验值之间的误差最小。确定摩擦系数 μ 之后，根据同组磨削力试验结果，调整试验系数 d_f，使磨削力试验值与计算值之间的误差最小，从而获得试验系数 d_f。获得摩擦系数 μ 和试验系数 d_f 之后，即可通过其他几组磨削力试验结果验证磨削力模型。

表 3-2 计算磨削力所需的相关参数及其所在公式与数据来源

参数	参数值	所在公式	数据来源
工件弹性模量 E_w/GPa	200	式（2-14）	文献［5］
工件泊松比 ν_w	0.3	式（2-14）	文献［5］
磨粒弹性模量 E_g/GPa	400	式（2-14）	文献［5］
磨粒泊松比 ν_g	0.3	式（2-14）	文献［5］
工件硬度 H　HRC	62	式（2-16）	—
粗糙系数 R_r	5	式（3-1）	文献［5］
砂轮弹性模量 E_s/GPa	49.6	式（3-1）	文献［5］
工件剪切强度 τ_s/MPa	645	式（3-12）	文献［5］

总共进行九组平面磨削试验，试验工艺参数见表 3-3。采用第一组磨削试验参数下的磨削力测量值，用于确定摩擦系数 μ 和试验系数 d_f，并且得到 $\mu=0.25$，$d_f=2.5$。

表 3-3 平面磨削试验工艺参数

组号	v_s/(m/s)	a_e/μm	v_w/(mm/min)
1	20	20	1000
2	20	20	2000
3	20	20	3000
4	20	30	1000
5	20	30	2000
6	20	30	3000
7	20	40	1000
8	20	40	2000
9	20	40	3000

磨削力计算结果与试验结果的对比如图 3-9 所示。法向磨削力计算值与试验值之间的最大相对误差和最小相对误差分别是 9.1%和 0.6%，切向磨削力计算

值与试验值之间的最大相对误差和最小相对误差分别是 10%和 2%。因此，本节建立的磨削力模型可以准确地预测磨削力。

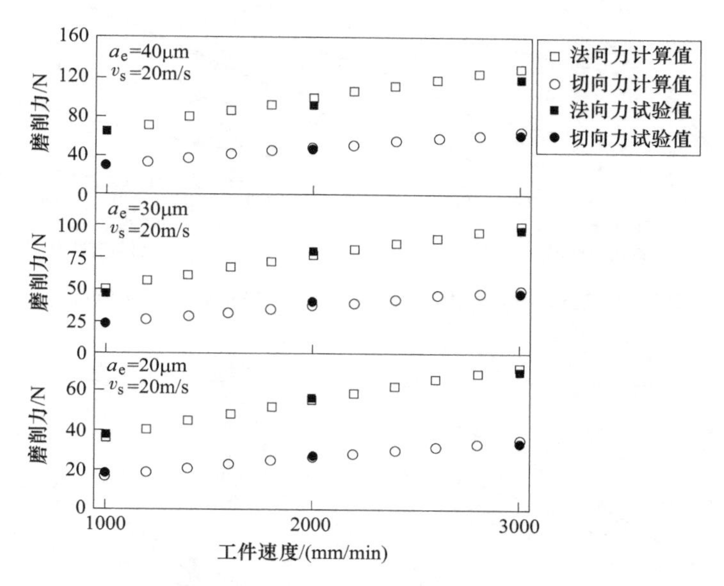

图 3-9　磨削力计算结果与试验结果的对比

3.5.3　磨削工艺参数对磨削力的影响

图 3-10~图 3-12 所示分别为工件速度、磨削深度和砂轮速度对磨削力的影响。图中，F_{rt}和 F_{rn}分别为切向和法向滑擦力分量；F_{pt}和 F_{pn}分别为切向和法向耕犁力分量；F_{ct}和 F_{cn}分别为切向和法向切削力分量；F_t和 F_n 分别为切向和法向磨削力。

由图 3-10~图 3-12 可得结论如下：

1）磨削力及磨削力分量随工件速度和磨削深度的增大而增大。这是因为增大工件速度和磨削深度，会造成最大未变形切屑厚度增大，从而增大接触磨粒数目，尤其是切削磨粒数目。

2）磨削力及磨削力分量随砂轮速度的增大而减小。这是因为增大砂轮速度，会造成最大未变形切屑厚度减小，从而减小接触磨粒数目，尤其是切削磨粒数目。

3）磨削力分量中，最大的是耕犁力分量，其次是切削力分量，最小的是滑擦力分量，这是因为在磨削弧区内的接触磨粒当中，数目最多的是耕犁磨粒，其次是切削磨粒，滑擦磨粒最少。

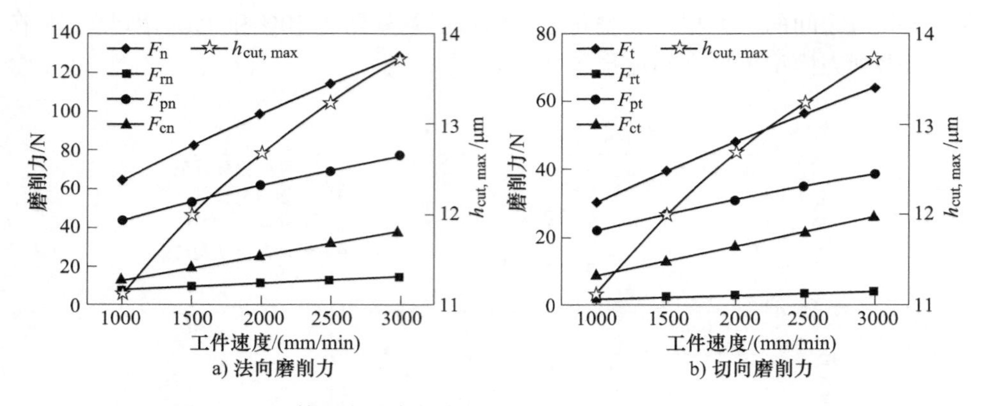

图 3-10 工件速度对磨削力的影响（$v_s = 20\text{m/s}$，$a_e = 0.04\text{mm}$）

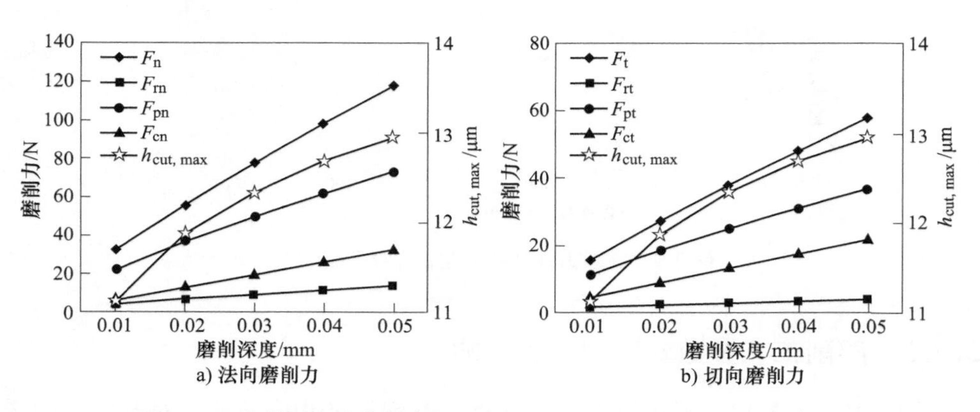

图 3-11 磨削深度对磨削力的影响（$v_s = 20\text{m/s}$，$v_w = 2000\text{mm/min}$）

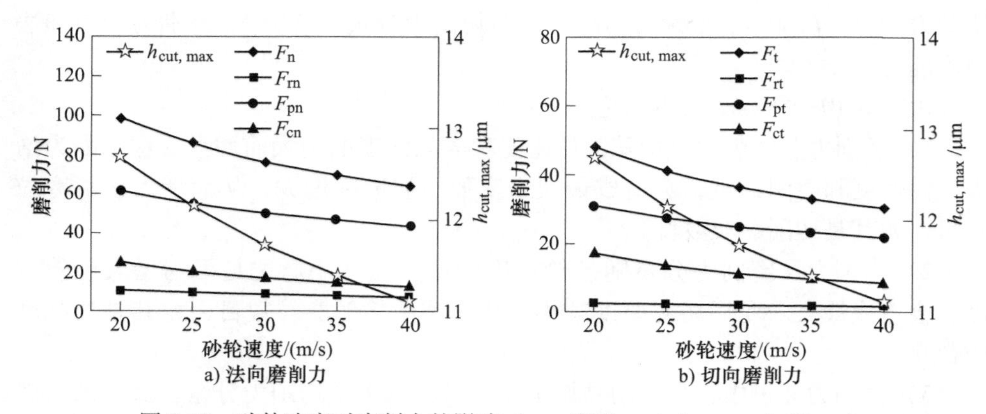

图 3-12 砂轮速度对磨削力的影响（$v_w = 2000\text{mm/min}$，$a_e = 0.04\text{mm}$）

图 3-13～图 3-15 所示分别为工件速度、磨削深度和砂轮速度对磨削力分量贡献的影响。由图 3-13～图 3-15 可得结论如下：

1）耕犁力分量对切向磨削力的贡献大约为 60%～70%，切削力分量的贡献大约为 25%～35%，滑擦力分量的贡献为 5%左右；耕犁力分量对法向磨削力的贡献大约为 60%～70%，切削力分量的贡献大约为 20%～25%，滑擦力分量的贡献为 10%左右。

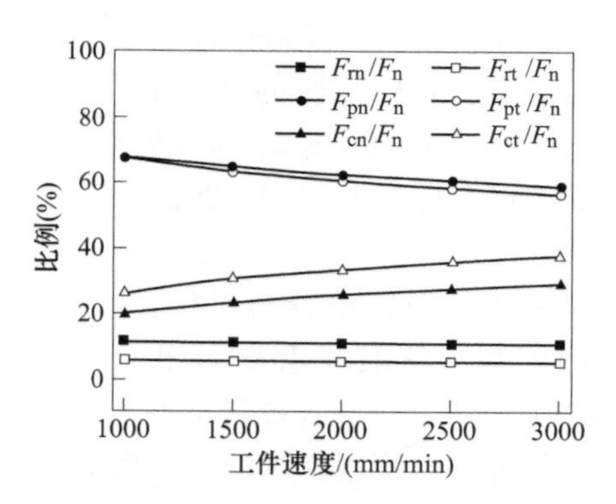

图 3-13　工件速度对磨削力分量贡献的影响

2）滑擦力分量和耕犁力分量对磨削力的贡献，随工件速度和磨削深度的增大而减小，随砂轮速度的增大而增大，切削力分量对磨削力的贡献的变化规律与之相反。

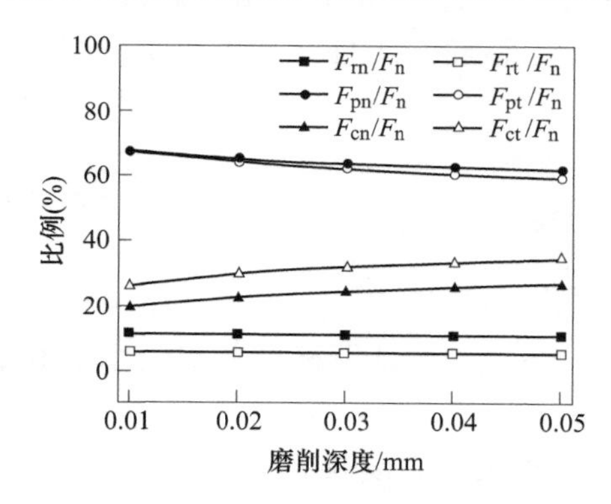

图 3-14　磨削深度对磨削力分量贡献的影响

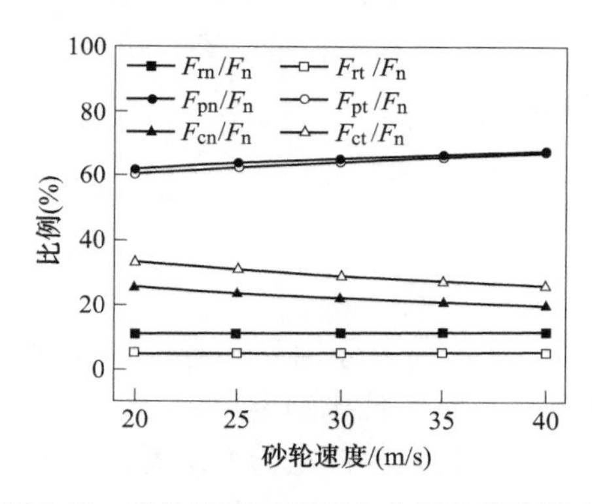

图 3-15　砂轮速度对磨削力分量贡献的影响

3.6　磨削弧区热源分布

3.6.1　磨削弧区热源分布研究

在磨削力求解过程中，可得磨削弧区任意位置 l 处的子区域磨削力 F_l。利用其切向分量 F_{tl}，可得磨削弧区总热源分布 q_l，表达式为

$$q_l = (F_{tl} v_s)/(b\Delta l) \tag{3-24}$$

如图 3-16 所示，磨削弧区任意位置 l 处的热量 q_l 分别传入砂轮、工件、切屑及磨削液等周围介质，即

$$q_l = q_{whl} + q_{wl} + q_{chl} + q_{fl} \tag{3-25}$$

式中，q_{whl} 是传入砂轮的热量；q_{wl} 是传入工件的热量；q_{chl}是传入切屑的热量；q_{fl}是传入磨削液等周围介质的热量。

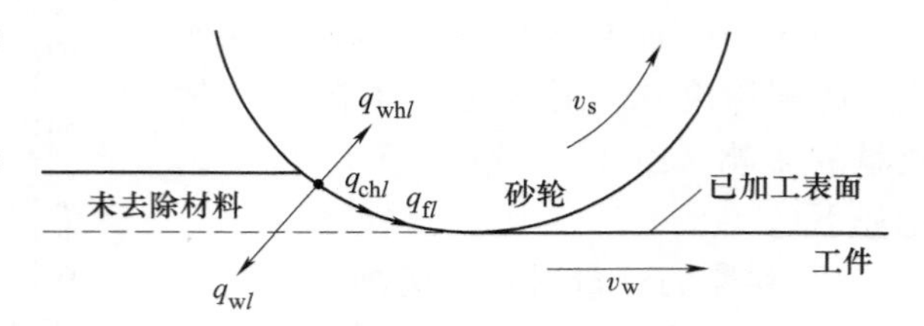

图 3-16　磨削弧区热量分配关系

根据磨粒轨迹分析可得，在磨削弧区区域Ⅰ和区域Ⅱ不产生切屑，只有区域Ⅲ会产生切屑。由于在任意时刻区域Ⅲ内产生的切屑很少，因此忽略磨削弧区传入切屑的热量，即 $q_{chl}=0$。那么，式（3-25）变为

$$q_l = q_{whl} + q_{wl} + q_{fl} \tag{3-26}$$

传入磨削液等周围介质的热量 q_{fl}为

$$q_{fl} = h_{fl}(T_{0l} + T_{\infty} - T_{in}) \tag{3-27}$$

式中，T_{0l}是温升；T_{∞}是环境温度；T_{in}是介质初始温度；h_{fl}是对流换热系数。

文献［6］中，基于磨粒接触分析，推导了砂轮与工件之间的热量分配比，表达式为

$$\varepsilon_{ws} = \frac{1}{1 + \dfrac{0.97k_g}{\sqrt{r_o v_s (k_w \rho_w c_w)}}} \tag{3-28}$$

式中，k、ρ、c 分别是热导率、密度、比热容；g、w 是下标，分别表示磨粒、工件；r_o 是磨粒接触半径。

当磨粒切入深度为 h_{cutx}时，可得磨粒与工件之间的接触半径 r_{ox}为

$$r_{ox} = \sqrt{h_{cutx}(d_{gx} - h_{cutx})} \tag{3-29}$$

磨削弧区任意位置 l 处的磨粒半径 r_{ol}，通过 l 处的磨削弧区子区域内磨粒平均半径表示，那么 r_{ol}可表达为

$$r_{ol} = \frac{N_{\Delta}\int_{h_0}^{h_{max}}\int_{x_{min}}^{x_{max}} f(x)P(h)r_{ox}\,\mathrm{d}x\mathrm{d}h}{N_{\Delta}\int_{h_0}^{h_{max}}\int_{x_{min}}^{x_{max}} f(x)P(h)\,\mathrm{d}x\mathrm{d}h} \tag{3-30}$$

将式（3-30）代入式（3-28），可得磨削弧区任意位置 l 处砂轮与工件之间的热量分配比为

$$\varepsilon_{wsl} = \frac{1}{1 + \dfrac{0.97k_g}{\sqrt{r_{ol} v_s (k_w \rho_w c_w)}}} \tag{3-31}$$

根据磨粒工件接触分析[7]，在磨粒与工件接触面上，一部分热量传入工件，一部分热量传入磨削液等周围介质，还有一部分热量传入磨粒，可获得以下关系

$$\varepsilon_{wsl} = \frac{q_{wl} + q_{fl}}{q_{wl} + q_{fl} + q_{whl}} \tag{3-32}$$

根据式（3-32）和式（3-26），可得 q_{wl}的表达式为

$$q_{wl} = \varepsilon_{wsl} q_l - q_{fl} \tag{3-33}$$

磨削热源分布形状常被假设为矩形或直角三角形，通常基于以下两个假设条件：①假设磨削弧区总热源分布形状为矩形或三角形；②假设热量分配比沿磨削弧区均匀分布。本文不需预先假设沿磨削弧区总热源分布形状及热量分配比一致，即可获得磨削弧区进入工件的热源分布。

3.6.2　磨削温度场有限元模型

在建立工件几何模型时，将工件看作二维平板（见图 3-17）。设置工件长度为 20 倍的接触弧在已加工表面上的投影长度，设置工件高度为 12mm，这与工件实际高度一致。

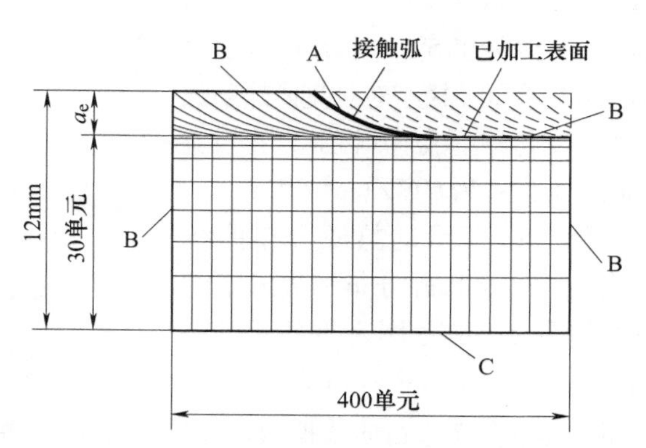

图 3-17　磨削温度场有限元模型

A—热源　B—空冷　C—恒温绝热

划分网格时，在磨削深度范围内，沿接触弧划分 60 个网格，接触弧之间采用自由网格划分技术。利用有限元软件的单元生死功能，模拟已去除的材料，即切屑。实际上，模拟切屑的单元并没有从有限元模型中去除，而是将其热导率乘以一个无限小量[8]。在磨削深度范围以外，靠近已加工表面的部分，划分为细密网格，以捕捉工件表层极大的温度梯度。远离已加工表面的部分，划分为相对稀疏的网格，如图 3-17 所示。在已加工表面上，沿热源移动方向，在磨削弧投影范围内划分 20 个网格。选用只有一个温度自由度的二维八节点平面热效应单元 PLANE77，应用于仿真分析磨削温度场。

工件材料为淬硬轴承钢 GCr15，在进行有限元分析时，考虑工件材料的热物性参数随磨削温度的变化，如表 3-4 所示。

表 3-4 淬硬轴承钢 GCr15 的热物性参数随磨削温度的变化[9]

温度/℃	20	100	200	300	400	500
热导率/[W/(m·℃)]	43	40.35	39.95	37.97	36.39	34.41
密度/(kg/m^3)	7830	7806	7776	7744	7709	7672
比热容/[J/(kg·℃)]	480.1	513.2	540.8	579.4	618.1	673.2

设置工件初始温度为20℃，并将底面设置为恒温绝热，如图 3-17 所示。将对流换热系数设置为60W/(m^2·℃)，这是因为在干磨时，工件与空气之间的对流换热系数为20W/(m^2·℃)~100W/(m^2·℃)，将对流换热系数分别设置为20W/(m^2·℃)、40W/(m^2·℃)、60W/(m^2·℃)、80W/(m^2·℃)和100W/(m^2·℃)来模拟工件磨削温度场，发现当对流换热系数从20W/(m^2·℃)增加到100W/(m^2·℃)时，磨削弧区最高温度仅仅降低了5℃左右，这表明磨削温度场有限元模型对对流换热系数的微小变化并不敏感。因此，将对流换热系数设置为60W/(m^2·℃)。

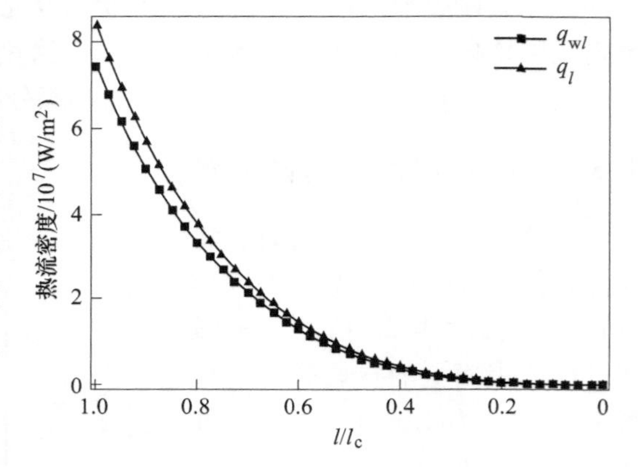

图 3-18 热源分布曲线（v_s=20m/s，v_w=1500mm/min，a_e=30μm）

图 3-18 所示的热源分布曲线为磨削弧区总热源分布和进入工件的热源分布。在如图 3-18 所示的磨削工艺参数下，将利用式（3-33）获得的热源分布进行曲线拟合，发现利用式（3-34）所示的四次多项式函数可以得到准确的拟合结果。

$$q_{wl} = 1.706 \times 10^7 \times [0.005 - 0.199(l/l_c) + 1.947(l/l_c)^2 - 1.964(l/l_c)^3 + 4.533(l/l_c)^4] \tag{3-34}$$

在不同的磨削工艺参数下，利用式（3-33）获得的热源分布形状均接近于四次多项式函数曲线，只是具体热流密度值不同。因此，将利用式（3-33）得到的热源命名为“四次函数曲线热源”。在进行有限元分析时，将四次函数曲线热源作为移动热源，加载到磨削温度场有限元模型的接触弧上，沿磨削方向步进，并相应地更新边界条件，仿真分析工件磨削温度场。

3.6.3 磨削温度场有限元模型的试验验证

磨削弧区热源分布研究是基于平面磨削理论进行的，将其应用于轴承内圈滚道磨削加工时，只需将轴承内圈滚道磨削参数等价转化为平面磨削参数即可。因此，本文首先开展平面磨削试验，验证磨削弧区热源分布模型的准确性。

平面磨削试验在 MKL7120×6 CNC 磨床上进行。在每次磨削之前，都进行砂轮修整。平面磨削试验参数见表 3-1。采用 NEC-TH5104R 型热成像仪测量磨削温度，最小焦距是 30cm，成像像素为 255×223，空间分辨率为 0.66mm 左右，测温范围是 150~1500℃。在磨削温度测量前，使用丙烯酸树脂均匀地将工件侧面涂黑，丙烯酸树脂的发射率为 0.94。磨削时，固定热成像仪，保证热成像仪与磨削弧区之间无相对运动（见图 3-19）。磨削温度测量现场如图 3-20 所示。总共进行 9 组平面磨削试验，平面磨削工艺参数见表 3-3。

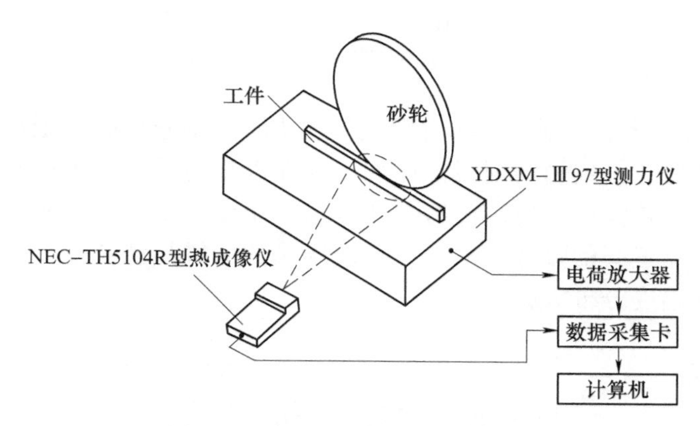

图 3-19　磨削温度测量试验示意图

图 3-21 所示为在相同的磨削工艺参数下，磨削温度场热成像仪图像与有限元计算结果之间的对比。从图中可以发现，有限元模型可以获得与热成像仪相似的温度场分布云图。但是，两云图之间存在一定的差异。产生差异的原因主要有：①分辨率不同，热成像仪的分辨率为 0.66mm 左右，而有限元模型的分辨率为 0.16mm 左右；②温度范围不一致，热成像仪的温度范围是 150~1500℃，而有限元模型的温度范围是 0~1500℃；③数据处理软件不同，虽然两者图像都是通过 MATLAB

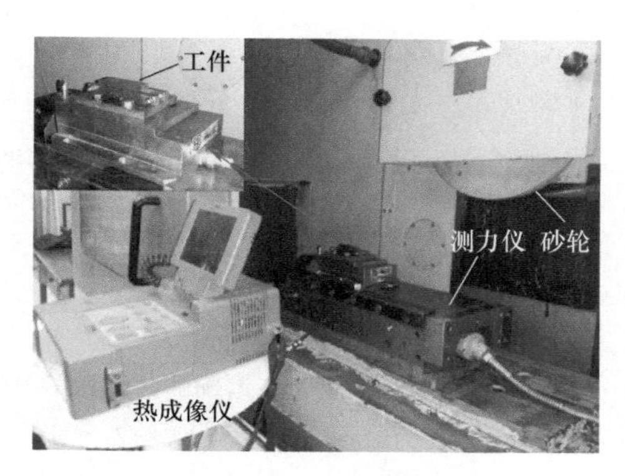

图 3-20　磨削温度测量现场

软件绘制，但是热成像仪图像通过自带软件输出温度数据，有限元模型通过 ANSYS 软件输出温度数据。

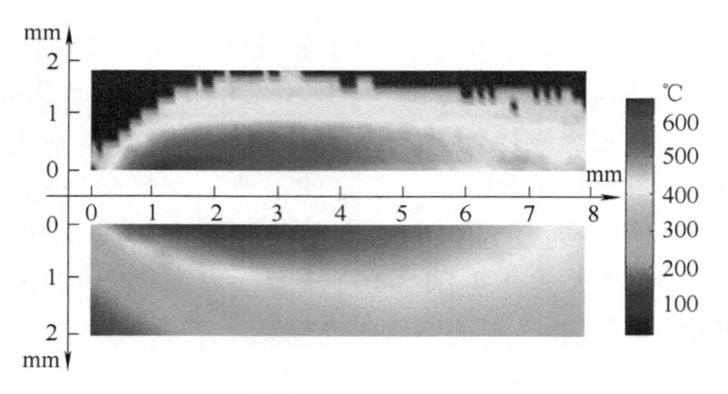

图 3-21　热像仪图像（上）与有限元计算结果（下）

（$v_s=20\text{m/s}$，$v_w=1500\text{mm/min}$，$a_e=30\mu\text{m}$）

图 3-22 所示为在磨削温度场有限元模型中，分别施加四次函数曲线热源和直角三角形热源，得到的磨削弧区已加工表面温度与试验温度的对比。分析发现，直角三角形热源产生更高的磨削弧区最高温度，四次函数曲线热源产生的最高温度更加靠近磨削弧区前端，并且四次函数曲线热源获得的温度分布与热成像仪测得的温度分布更加一致。

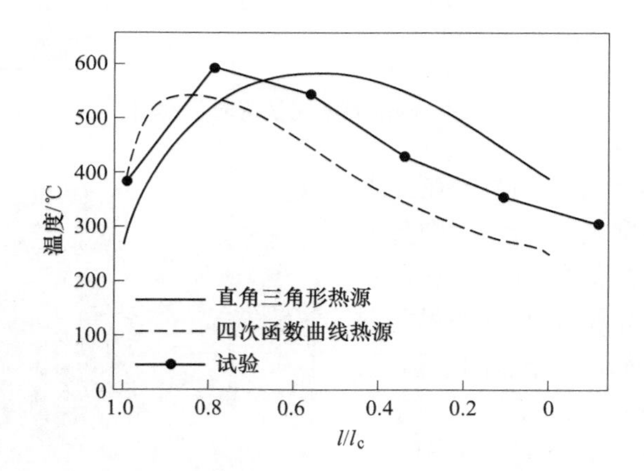

图 3-22　磨削弧区已加工表面温度与试验温度的对比

（$v_s=20\text{m/s}$，$v_w=1500\text{mm/min}$，$a_e=30\mu\text{m}$）

图 3-23 所示为加载四次函数曲线热源得到的磨削弧区最高温度，与试验测得的磨削弧区最高温度之间的相对误差。由图 3-23 可得，有限元模型预测的磨削弧区最高温度的最大误差为 15. 3%，最小误差为 2. 24%。

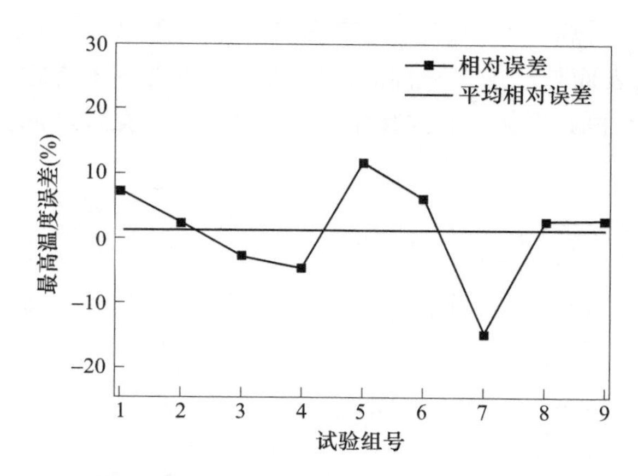

图 3-23　磨削弧区最高温度的相对误差

3.7　磨削区已加工表面热源分布形状

随着计算机技术的快速发展，数值模拟技术成为研究磨削温度场的重要方法。利用计算机进行磨削温度场的数值模拟，需要建立磨削温度场的数值仿真模型。磨削温度场的数值仿真模型可以分为浅磨模型和深磨模型。浅磨模型不需要建立砂轮/工件接触表面与工件已加工表面之间楔形区域的几何模型，直接将热源施加到已加工表面上。深磨模型需要建立楔形区域的几何模型，并且需要划分极为精细的网格，而楔形区域内的网格一般具有较大的长宽比，容易导致计算结果不准确。因此，浅磨模型更加方便，常用于磨削温度场的数值模拟。已加工表面热源的分布形状是进入工件已加工表面的热流密度分布，是利用浅磨模型研究磨削温度场的重要基础。目前，在利用浅磨模型进行磨削温度场的数值模拟时，一般把已加工表面热源的分布形状假设为直角三角形、三角形、抛物线和椭圆形等。但是，已加工表面热源的分布形状会随着磨削工艺条件改变，上述假设都是基于特定的磨削工艺条件，不能普遍适用于所有的磨削工况。因此，建立工件已加工热源分布形状的计算方法对磨削温度场的研究具有重要意义。

3.7.1　已加工表面热源分布形状的计算方法

利用圆弧热源模型和砂轮/工件接触表面直角三角形热源，基于磨削区逆传热分析，建立已加工表面热源分布形状的计算方法，具体步骤如下：

1. 定义计算所需的关键参数

接触角 φ 和 Pe 数（佩克莱数）能综合反映砂轮磨削深度、工件进给速度、砂轮直径和工件材料热物性对已加工表面热源分布形状的影响，对于揭示磨削区砂轮/工件接触表面与已加工表面之间的热传递机理有重要意义。

接触角 φ 是磨削区砂轮/工件接触表面与已加工表面之间的夹角，可采用式（3-35）计算

$$\sin\varphi = \frac{a_e}{l_c} \tag{3-35}$$

式中，a_e 是磨削深度；l_c 是磨削区长度，并且 $l_c=(a_e d_s)^{1/2}$，d_s 是砂轮直径。

Pe 数由式（3-36）定义

$$Pe = \frac{v_w l_c}{4\alpha} \tag{3-36}$$

式中，v_w 是工件进给速度；α 是工件材料的热扩散率，并且 $\alpha=k/(\rho c)$，k、ρ 和 c 分别是热导率、密度和比热容。

2. 计算磨削温度场

利用圆弧热源模型和砂轮/工件接触表面直角三角形热源，计算工件的磨削温度场，磨削区热源分布如图 3-24 所示，工件的磨削温度场可采用式（3-37）计算。

$$T(x,z) = \frac{q_w}{\pi k}\int_{-l_c}^{0} f(\xi)\exp\left[\frac{v_w(x-\xi\cos\varphi_i)}{2\alpha}\right] K_0\left\{\frac{v_w[(x-\xi\cos\varphi_i)^2+(z-\xi\sin\varphi_i)^2]^{1/2}}{2\alpha}\right\}\mathrm{d}\xi \tag{3-37}$$

式中，q_w 是砂轮/工件接触表面上传入工件的平均热流密度；$f(\xi)$ 是描述砂轮/工件接触表面热源分布形状的形函数；ξ 是积分变量，同时描述接触表面上的任意位置；$K_0[u]$ 是参数 u 的零阶二类修正贝塞尔函数；φ_i 是接触表面上任意点处的接触角，并且 $\xi=d_s\varphi_i$。

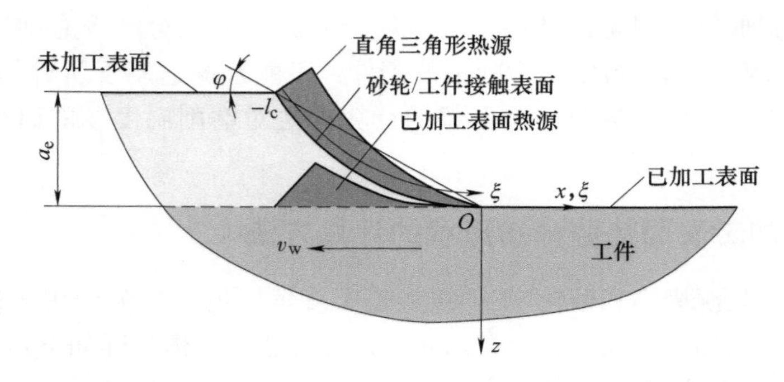

图 3-24　磨削区热源分布

3. 计算已加工表面热源分布形状

假设第二步计算得到的磨削温度场是由已加工表面热源形成的，并且已加工表面热源的分布区域是 $[x_b, x_a]$，采用温度匹配法（temperature matching method）对磨削区进行反传热分析，得到已加工表面热源的分布形状。在计算已加工表面热源分布形状的形函数时，首先将已加工表面热源的分布区域等分为 m 个区间，然后利用温度匹配法进行反传热分析，可得以下方程组

$$q_w \cdot \vec{O} \cdot \vec{F} = \vec{T} \tag{3-38}$$

其中

$$\vec{O} = \begin{bmatrix} c_{11} & \cdots & c_{1i} & \cdots & c_{1m} \\ \vdots & & \vdots & & \vdots \\ c_{j1} & \cdots & c_{ji} & \cdots & c_{jm} \\ \vdots & & \vdots & & \vdots \\ c_{m1} & \cdots & c_{mi} & \cdots & c_{mm} \end{bmatrix}, \quad \vec{F} = \begin{bmatrix} f_1 \\ \vdots \\ f_i \\ \vdots \\ f_m \end{bmatrix}, \quad \vec{T} = \begin{bmatrix} T(x_1, z_e) \\ \vdots \\ T(x_j, z_e) \\ \vdots \\ T(x_m, z_e) \end{bmatrix}$$

式中，$f_i(i=1, 2, \cdots, m)$ 是第 i 个区间内的未知形函数值；$T(x_j, z_e)$ 是 m 个等距点 $x_j(j=1, 2, \cdots, m)$ 处的磨削温度值，当点在已加工表面上时，$z_e=0$，当点位于已加工表面以下时，$z_e>0$；c_{ji}是系数，定义为

$$c_{ji} = \frac{1}{\pi k}\int_{\zeta_i}^{\zeta_{i+1}} \exp\left[\frac{v_w(x_j-\zeta)}{2\alpha}\right] K_0\left\{\frac{v_w[(x_j-\zeta)^2+z_e^2]^{1/2}}{2\alpha}\right\} d\zeta \tag{3-39}$$

其中，$[\zeta_i, \zeta_{i+1}]$ 是第 i 个区间的积分下限和积分上限，表述为

$$\begin{cases} \zeta_i = x_b + \dfrac{x_a - x_b}{m}(i-1) \\ \zeta_{i+1} = x_b + \dfrac{x_a - x_b}{m}i \end{cases} \tag{3-40}$$

3.7.2　接触角和 *Pe* 数已加工表面热源分布形状的影响机理

在 $Pe=5$ 时，已加工表面热源的分布形状如图 3-25a 中的实线所示。由图 3-25a 可得，随着接触角的增大，传入工件已加工表面的热量逐渐减小。当接触角 $\varphi=0.1°$时，已加工表面热源的分布形状几乎与接触表面热源的分布形状完全一致，接触表面热源的分布形状如图 3-25a 中的双点画线所示。当接触角 $\varphi=40°$时，已加工表面热源形函数 $f(\zeta)$ 的极值相比于接触角 $\varphi=0.1°$时减小了 58%。由图 3-25a 还可以发现，随着接触角的增大，已加工表面热源形函数 $f(\zeta)$ 的极值逐渐由磨削区的前端移向后端。这表明随着接触角的增大，已加工表面最大热流密度逐渐由磨削区的前端移向后端。已加工表面的无量纲温度分布如图3-25b 中的虚线所示。无量纲温度由式（3-41）计算。由图 3-25b 可得，随着

接触角的增大，已加工表面的最大无量纲温度逐渐减小，这是因为进入已加工表面的热量随着接触角的增大而逐渐减小。当接触角 $\varphi=0.1°$时，已加工表面的无量纲温度分布几乎与接触表面的无量纲温度分布完全相同。砂轮/工件接触表面的无量纲温度分布如图 3-25b 中的实线所示。当接触角 $\varphi=40°$时，已加工表面的最大无量纲温度比接触角 $\varphi=0.1°$时减小了 55%。

$$\overline{T}=\frac{\pi k v_{\mathrm{w}}}{2\alpha q_{\mathrm{w}}}T \tag{3-41}$$

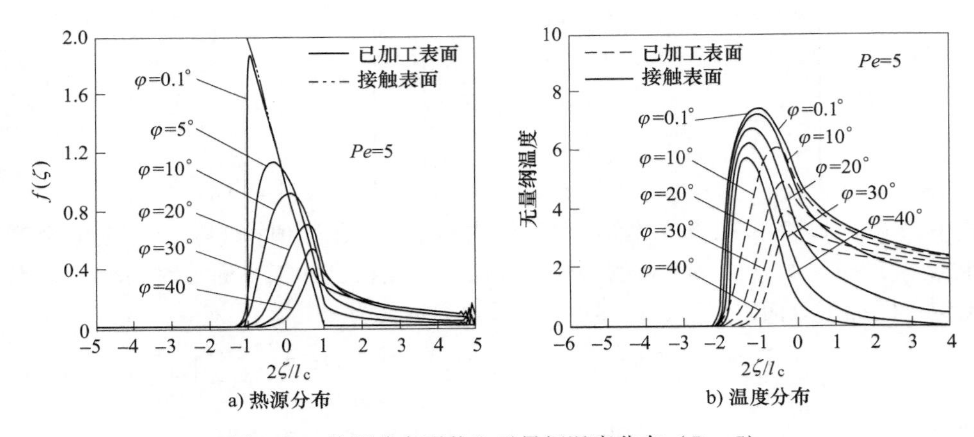

图 3-25　热源分布形状和无量纲温度分布（$Pe=5$）

当 Pe 数很大或很小时，已加工表面热源分布形状的变化趋势与 $Pe=5$ 时很接近，如图 3-26a 和图 3-27a 所示。由图 3-26a 可得，当 Pe 数很大（$Pe=50$）并且接触角 $\varphi=0.1°$时，已加工表面热源的分布形状仍然几乎与接触表面热源的分布形状相同。但是，当接触角 $\varphi=40°$时，已加工表面热源形函数 $f(\zeta)$ 的极值接近于 0，这意味着进入已加工表面的热量几乎可以忽略。即使当接触角 $\varphi=20°$时，已加工表面热源形函数 $f(\zeta)$ 的极值仅为接触角 $\varphi=0.1°$时的 3/10。由图 3-26b 可得，当 Pe 数很大（$Pe=50$）时，接触角 φ 对已加工表面无量纲温度分布的影响得到了极大的增强。虽然当接触角 $\varphi=0.1°$时，已加工表面的无量纲温度分布与接触表面的无量纲温度分布非常接近，但是当接触角 $\varphi=40°$时，已加工表面的无量纲温度几乎可以忽略。

由图 3-27a 可得，当 Pe 数很小（$Pe=0.1$）时，已加工表面热源形函数 $f(\zeta)$ 的极值和极值所在位置与 $Pe=50$ 时相比，变化较慢。由图 3-27b 可得，已加工表面无量纲温度分布的变化也比 $Pe=50$ 时的变化慢。这意味着，随着 Pe 数的增大，接触角对已加工表面热源分布形状的影响是逐渐加强的。

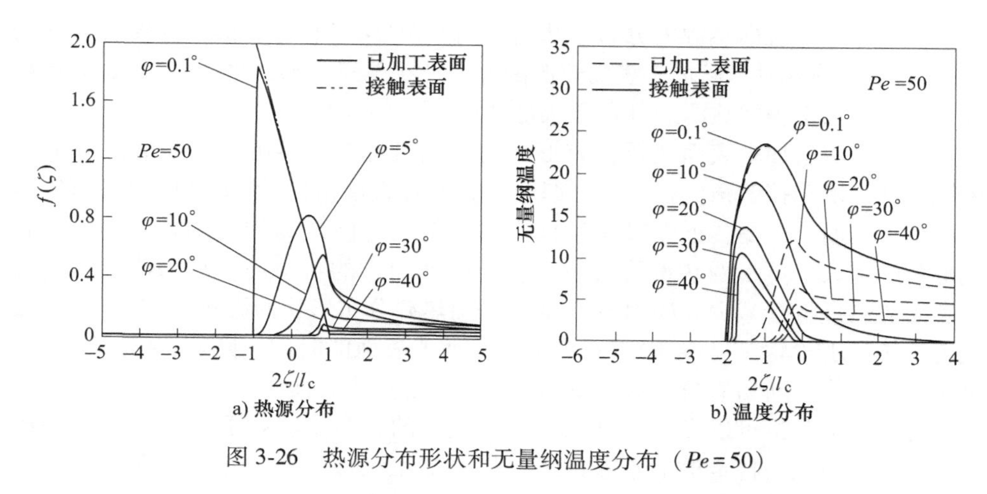

a) 热源分布　　b) 温度分布

图 3-26　热源分布形状和无量纲温度分布（$Pe=50$）

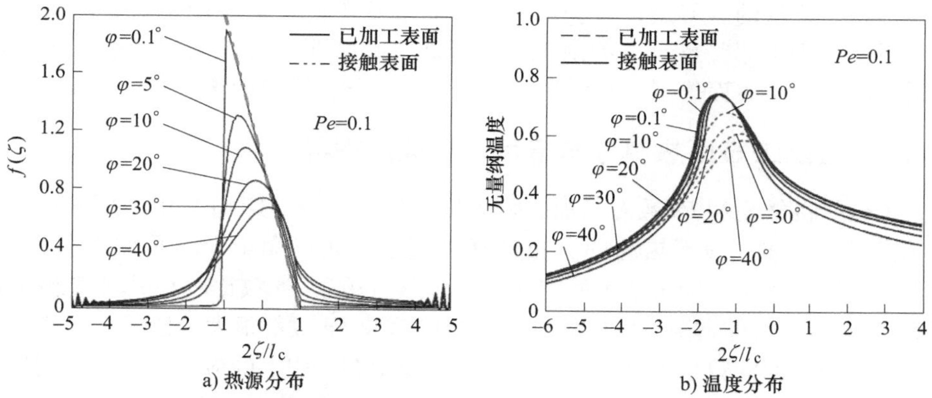

a) 热源分布　　b) 温度分布

图 3-27　热源分布形状和无量纲温度分布（$Pe=0.1$）

由图 3-25～图 3-27 可得，已加工表面热源的分布形状随着接触角和 Pe 数的变化而相应变化。当接触角 $\varphi=0.1°$时，已加工表面热源的分布形状是直角三角形，与砂轮/工件接触表面热源的分布形状几乎完全一致。当接触角 φ 处于 5°～10°范围内时，已加工表面热源的分布形状随着 Pe 数的变化而改变。当 Pe 数很小（$Pe=0.1$）时，已加工表面热源的分布形状接近于三角形，并且已加工表面热源形函数的极值接近于磨削区的前端。当 $Pe=5$ 时，已加工表面热源的分布形状接近于抛物线，并且已加工表面热源形函数的极值接近于磨削区的中间。当 Pe 数很大（$Pe=50$）时，已加工表面热源的分布形状也接近于抛物线，但是已加工表面热源形函数的极值接近于磨削区的后端。当接触角分别为 20°、30°和 40°时，已加工表面热源的分布形状也接近于抛物线。当 $Pe=0.1$ 时，已加工表面热源形函数的极值接近于磨削区的中间。当 $Pe=5$ 和 $Pe=50$ 时，已加工表面热源形函数的极值接近于磨削区的后端。因此，可以得到以下结论：当接触角很小时，已加工表面热源的分布形状是直角三角形，当 Pe 数很小且接触角 φ 处于5°~10°范围内时，已加工表面热源的分布形状是三角形，当接触角和 Pe 数都很大时，已加工表面热源的分布形状是抛物线。

接触角对已加工表面热源分布形状的影响机理在于接触角影响磨削区的热传递条件。由于接触角的存在，一部分热量没有直接由砂轮/工件接触表面传递至已加工表面，而是传递至磨削区前方后续会被去除成为切屑的材料内。随着接触角的增大，更多的热量将会传递至磨削区前方的材料内，从而传递至已加工表面的热量将会减少。Pe 数对已加工表面热源分布形状的影响机理在于 Pe 数决定了热量由砂轮/工件接触表面传递至已加工表面的时间。随着 Pe 数的增大，更多的热量将会随切屑被去除，而不是传递至已加工表面。

通过以上分析可以发现，已加工表面热源的分布形状随磨削工艺条件的改变而变化。在某些特定的磨削条件下，把已加工表面热源分布形状假设为某些特定形状是合理的。但是，这些特定的分布形状不能普遍适用于所有的磨削工况，只能适用于那些特定的磨削工况。因此，有必要针对不同的磨削工况提出相适应的已加工表面热源分布形状，并且为这些分布形状的选择提供指导。

3.7.3 已加工表面热源分布模型以及选择指导

由分析接触角和 Pe 数对已加工表面热源分布形状的影响可知，在不同的磨削工况下，已加工表面热源的分布形状可能是直角三角形、三角形和抛物线。直角三角形适用于接触角较小的情况，三角形适用于 Pe 数比较小并且接触角处于5°~10°范围内的情况，抛物线适用于接触角和 Pe 数都很大的情况。本节建立已加工表面热源的数学模型，并且为建立的模型在工程上的应用提供选择指导。

由于当接触角很小时，已加工表面热源的分布形状是直角三角形，并且与砂轮/工件接触表面热源的分布形状几乎一致，因此，直角三角形热源分布形状适用于浅磨工况，因为在浅磨工况下接触角一般小于1.25°。已加工表面直角三角形热源可以表达为

$$f(\zeta)=-\frac{2\zeta}{l_c}\quad -l_c\leqslant\zeta\leqslant 0 \tag{3-42}$$

例如，当接触角为0.25°时，已加工表面热源和砂轮/工件接触表面的分布形状如图3-28a所示。当 Pe 数分别是1、20和50时，已加工表面热源形函数的极值分别为1.85、1.76和1.69，与砂轮/工件接触表面热源形函数的极值2非常接近。利用已加工表面直角三角形热源、接触表面直角三角形热源与倾斜移动热源模型，以及接触表面直角三角形热源与圆弧移动热源模型，计算得到的已加工表面无量纲温度分布如图3-28b所示。由图3-28b可以发现，以上三种方法计算得到的无量纲温度分布几乎完全一致，并且利用已加工表面直角三角形热源计算得到的温度分布更加接近于利用接触表面直角三角形热源与圆弧移动热源

模型计算得到的温度分布。当 Pe 数分别是 1、20 和 50 时，已加工表面最大无量纲温度的误差分别是 0.6%、0.9% 和 1.4%。最大无量纲温度的误差通过式（3-43）计算获得。

$$\text{Error} = \text{abs}\left(\frac{\overline{T}_{\text{m}} - \overline{T}_{\text{mc}}}{\overline{T}_{\text{mc}}}\right) \tag{3-43}$$

式中，$\overline{T}_{\text{m}}$ 是利用已加工表面热源计算得到的已加工表面最大无量纲温度；$\overline{T}_{\text{mc}}$ 是利用接触表面直角三角形热源与圆弧移动热源模型计算得到的已加工表面最大无量纲温度。

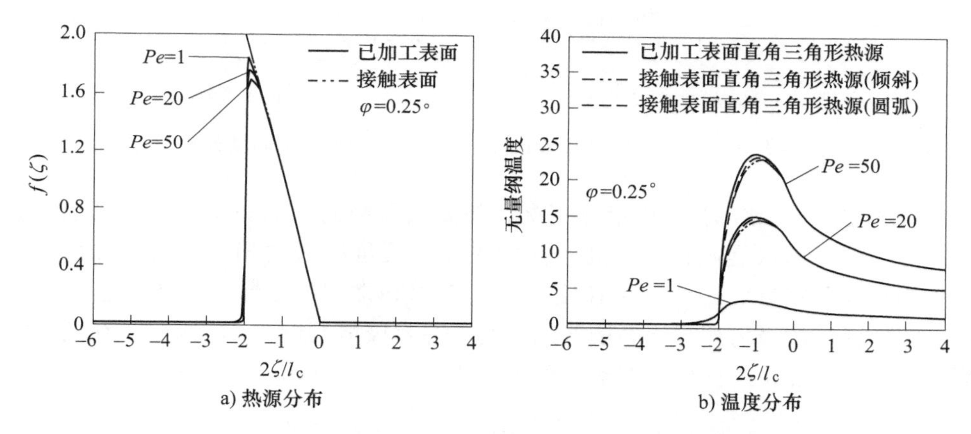

图 3-28　浅磨工况下热源分布形状和无量纲温度分布

Pe 数比较小并且接触角处于 5°~10°范围内的磨削工况，与缓进给磨削的工况条件相一致，此时已加工表面热源的分布形状是三角形。缓进给磨削的特征是非常低的工件进给速度与非常大的磨削深度，接触角一般在 5°~10°范围内，Pe 数一般为 0.5 左右。由于在缓进给磨削工况下，已加工表面热源形函数的极值靠近磨削区的前端，为了方便工程应用，也可将缓进给磨削工况下的已加工表面热源建立为式（3-42）所示的直角三角形热源。以 Pe=0.5 为例，已加工表面热源的分布形状是三角形，并且热源形函数的极值靠近磨削区的前端，如图 3-29a 所示。已加工表面无量纲温度分布如图 3-29b 所示。由图 3-29b 可得，计算得到的已加工表面无量纲温度分布具有较好的一致性，相比于接触表面直角三角形热源与倾斜移动热源模型计算得到的温度分布，利用已加工表面直角三角形热源计算得到的温度分布更加接近于利用接触表面直角三角形热源与圆弧移动热源模型计算得到的温度分布，尤其在磨削区内的温度分布。当接触角分别是 5°、7.5° 和 10° 时，已加工表面最大无量纲温度的误差分别是 5.9%、8.7% 和 11.4%，尽管误差大于浅磨工况下的误差，但是缓进给磨削工况下的误差仍在工程中许可的误差范围内。

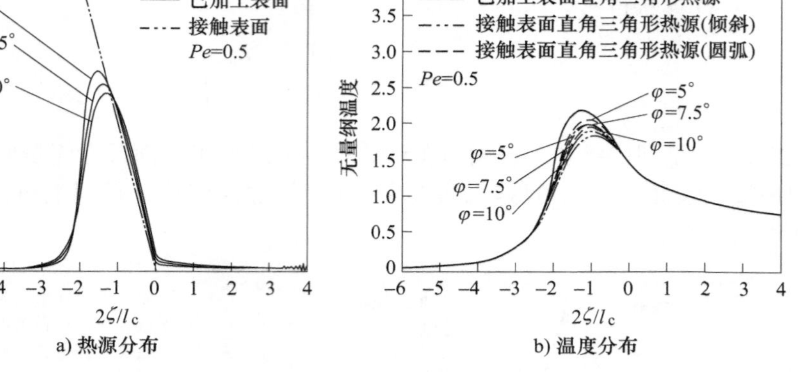
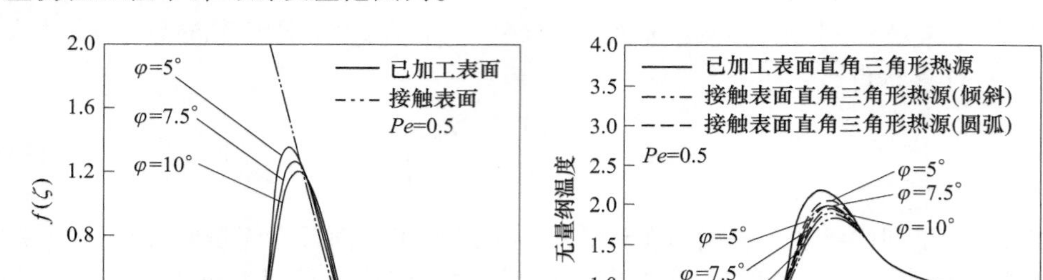

图 3-29　缓进给磨削工况下热源分布形状和无量纲温度分布

接触角和 Pe 数都很大的磨削工况，与高效深磨的工况一致，此时已加工表面热源的分布形状是抛物线。高效深磨采用与缓进给磨削相近的磨削深度，同时采用与浅磨相近的工件进给速度。在高效深磨常用的参数范围内，已加工表面热源形函数的极值接近于磨削区的中间，并且极值接近于 1。因此，在高效深磨工况下，已加工表面抛物线热源可表达为

$$f(\zeta)=-\frac{4}{l_c^2}\zeta^2-\frac{4}{l_c}\zeta\quad -l_c\leqslant\zeta\leqslant 0 \tag{3-44}$$

以 $Pe=15$，接触角为 6°为例，直接计算得到的已加工表面热源和抛物线热源的分布形状如图 3-30a 所示，已加工表面的无量纲温度分布如图 3-30b 所示。由图图 3-30 可知，已加工表面抛物线热源与直接计算的已加工表面热源的分布形状具有较好的一致性，并且相比于利用砂轮/工件接触表面直角三角形热源和倾斜移动热源计算得到的温度分布，利用抛物线热源计算得到的磨削区内已加工表面温度与利用砂轮/工件接触表面直角三角形热源和圆弧移动热源计算得到的磨削区内温度分布更为接近。利用抛物线热源计算得到的已加工表面最大无量纲温度的误差为 10.3%，而利用砂轮/工件接触表面直角三角形热源和倾斜移动热源计算得到的最大无量纲温度的误差为 13.8%。

之所以对比分析利用倾斜移动热源和圆弧移动热源计算得到的无量纲温度分布，是因为以上两种移动热源模型是两种公认的可以准确计算磨削温度场的移动热源模型，并且圆弧热源模型被公认为更加准确。之所以利用砂轮/工件接触表面直角三角形热源，是因为砂轮/工件接触表面直角三角形热源已被试验证实且被公认为与工程实际相吻合，因此，上面计算得到的无量纲温度分布的准确性是可以保证的。通过图 3-28b、图 3-29b 和图 3-30b 的对比分析，可得建立

的已加工表面直角三角形热源和抛物线热源可以准确地计算磨削温度场。

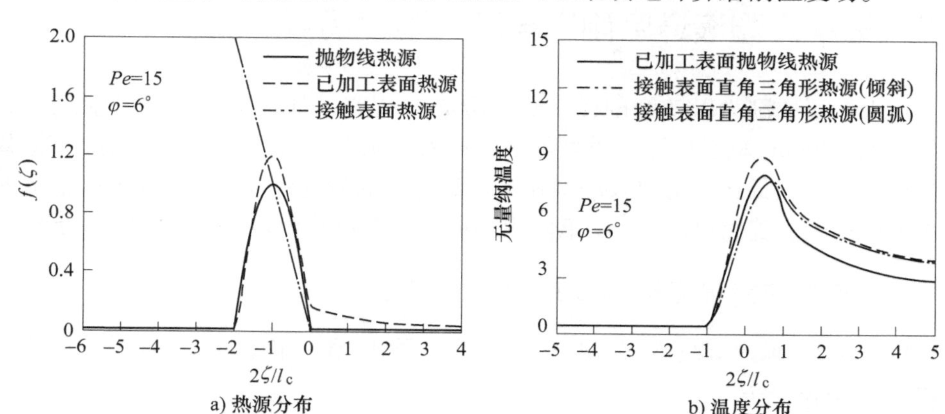

图 3-30 高效深磨工况下热源分布形状和无量纲温度分布

以已加工表面的最大无量纲温度的误差小于 15%作为工程上许可的误差范围，直角三角形热源和抛物线热源适用的参数范围如图 3-31 所示。图 3-31 几乎完全包含了工程中常用参数范围。由图 3-31 可得，当接触角小于 2.4°时，已加工表面直角三角形热源是普遍适用的，因此，已加工表面直角三角形热源普遍适用于浅磨工况。当 Pe 数小于 1.9 时，已加工表面直角三角形热源也是普遍适用的，这表明已加工表面直角三角形热源也普遍适用于缓进给磨削工况。抛物线热源适用于高效深磨工况下大部分的参数范围。图 3-31 可作为直角三角形热源和抛物线热源的选择依据，以方便工程中磨削温度场的计算。

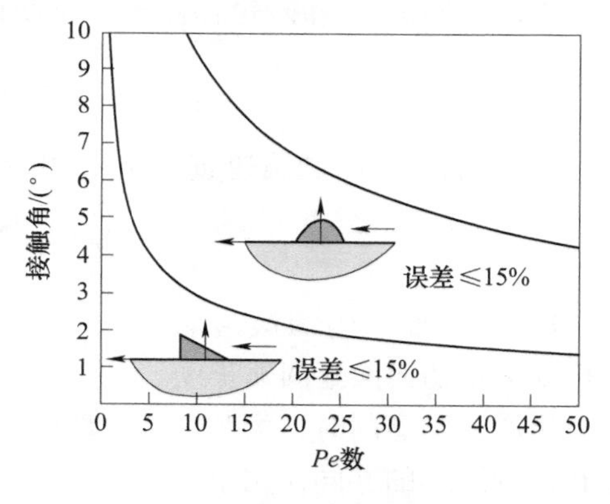

图 3-31 直角三角形热源和抛物线热源适用的参数范围

利用式（3-42）和式（3-44）计算工件的磨削温度场，不可避免地会引入计算误差，因为已加工表面热源的分布形状会随着磨削工况的改变而变化。为了进一步减小计算误差，可以直接利用 3.7.1 节计算得到的已加工表面热源分布形状来计算工件的磨削温度场，并且这样计算温度场在理论上是没有误差的。如果利用图 3-31 选择已加工表面热源模型来计算磨削温度场，好处是不必进行如 3.7.1 节所述的复杂计算，但是会不可避免地引入计算误差。

3.8 轴承内圈滚道磨削力与磨削温度场

前面关于磨削力以及磨削弧区热源分布的研究，都是基于平面磨削理论展开的，而 B7008C 轴承内圈滚道磨削采用切入式无心外圆磨削方式。因此，将基于平面磨削理论的磨削力以及磨削弧区热源分布的研究，应用于 B7008C 轴承内圈滚道磨削时，需将 B7008C 轴承内圈滚道磨削参数等价转化为平面磨削参数。

3.8.1 轴承内圈滚道磨削参数的等价转化

B7008C 轴承内圈滚道磨削时，由滚道直径 d_w 和砂轮直径 d_s 确定当量砂轮直径 d_e，表达式为

$$d_e = \frac{d_s}{1 + d_s/d_w} \tag{3-45}$$

由砂轮转速 n_s 和砂轮直径 d_s，可获得砂轮线速度 v_s，可表达为

$$v_s = \frac{n_s \pi d_s}{60} \tag{3-46}$$

由内圈转速 n_w 和滚道直径 d_w，可获得滚道线速度 v_w，可表达为

$$v_w = \frac{n_w \pi d_w}{60} \tag{3-47}$$

B7008C 轴承内圈滚道磨削宽度 b 为轴切面滚道圆弧长度。

定心外圆磨削时，磨削路径是在两种运动的共同作用下产生的。一种是工件绕自身轴线的旋转运动，角速度为 ω_w，并且 $\omega_w = \pi n_w/30$。另一种是砂轮的进给运动，进给速度为 v_f，如图 3-32 所示。两种运动的控制方程为

$$\begin{cases} \theta(t) = \omega_w t \\ r(t) = v_f t \end{cases} \tag{3-48}$$

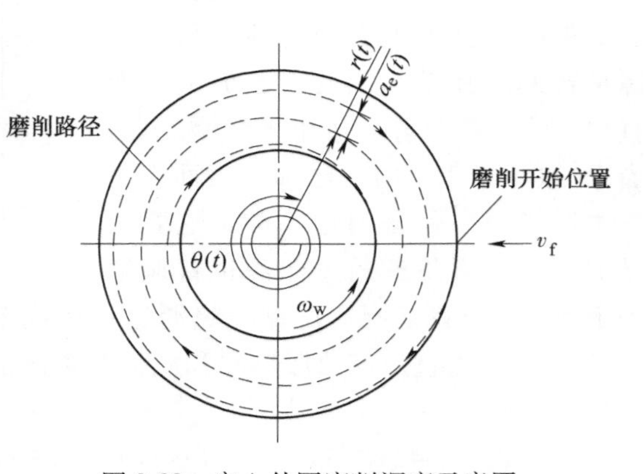

图 3-32 定心外圆磨削深度示意图

式中，$\theta(t)$ 是工件旋转角度；$r(t)$ 是砂轮进给量；t 是工件运动时间。

由图 3-32 可得，定心外圆磨削时，磨削深度 a_e 与角速度 ω_w 和进给速度 v_f 有关。那么，经过时间 t，定心外圆磨削深度为

$$\begin{cases} a_e(t) = r(t) = v_f t, & t \leqslant \dfrac{2\pi}{\omega_w} \\ a_e(t) = r(t) - r\left(t - \dfrac{2\pi}{\omega_w}\right) = v_f \dfrac{60}{n_w}, & t > \dfrac{2\pi}{\omega_w} \end{cases} \tag{3-49}$$

B7008C 轴承内圈滚道采用切入式无心外圆磨削方式，与定心外圆磨削方式相比，在无心外圆磨削时，工件中心并不与工件轴中心同心，而且工件中心在磨削过程中是变化的。在磨削 B7008C 轴承内圈滚道时，利用电磁无心夹具定位和夹紧工件（见图 3-33）。电磁无心夹具利用直流电磁线圈产生电磁吸力，将轴承内圈吸紧在磁极端面上，从而实现内圈轴向定位。通过两个支承，实现内圈径向定位。通过调节支承夹角 α 和 β，使内圈中心 O_1 与工件轴中心 O 之间具有一定的偏心量 e。偏心量 e 的存在，导致磁极端面与内圈端面产生一定的摩擦扭矩，从而驱动内圈随主轴一起旋转。

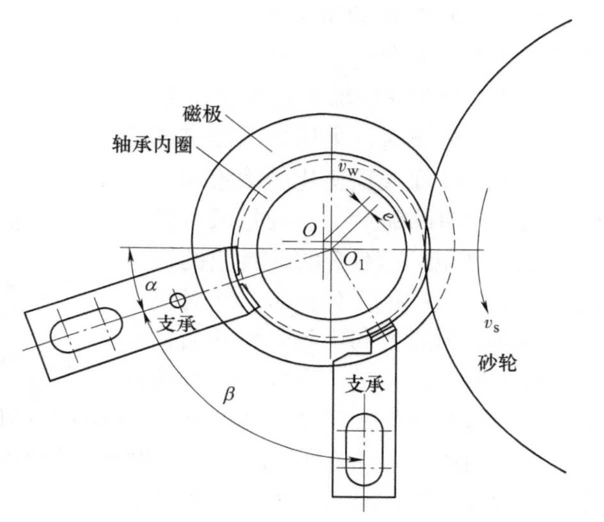

图 3-33　轴承内圈电磁无心装夹结构简图

定心外圆磨削时，砂轮进给量与工件半径变化量相等。而在无心外圆磨削时，砂轮进给量与工件直径变化量相等。因此，在相同的磨削工艺参数下，无心外圆磨削深度为定心外圆磨削深度的一半，即

$$\begin{cases} a_e(t) = \dfrac{1}{2} v_f t, & t \leqslant \dfrac{2\pi}{\omega_w} \\ a_e(t) = \dfrac{1}{2} v_f \dfrac{60}{n_w}, & t > \dfrac{2\pi}{\omega_w} \end{cases} \tag{3-50}$$

将 B7008C 轴承内圈滚道磨削参数等价转化为平面磨削参数后，即可将基于平面磨削理论的磨削力以及磨削弧区热源分布的研究，应用于 B7008C 轴承内圈滚道磨削。

3.8.2　轴承内圈滚道磨削力与热源分布

B7008C 轴承内圈外形尺寸如图 3-34 所示。由图 3-34 可得，B7008C 轴承内圈滚道是内凹的回转面，沿轴向滚道直径 d_w 是变化的。B7008C 轴承内圈滚道

磨削采用切入式无心外圆磨削方式，砂轮工作表面被修整成滚道形状。那么，砂轮直径 d_s 也是变化的。滚道直径的变化，会造成滚道线速度 v_w 的变化。砂轮工作表面直径的变化，会造成砂轮线速度 v_s 的变化。

在研究 B7008C 轴承内圈滚道磨削力和热源分布时，采用离散滚道圆弧的方式，处理直径变化的滚道和砂轮。离散滚道圆弧后，认为每段圆弧内滚道直径 d_w 是不变的，对应的砂轮直径 d_s 也认为是不变的。针对离散后的滚道圆弧，利用等价转化后的滚道磨削参数，将基于平面磨削理论的磨削力以及磨削弧区热源分布研究，应用于 B7008C 轴承内圈滚道磨削。

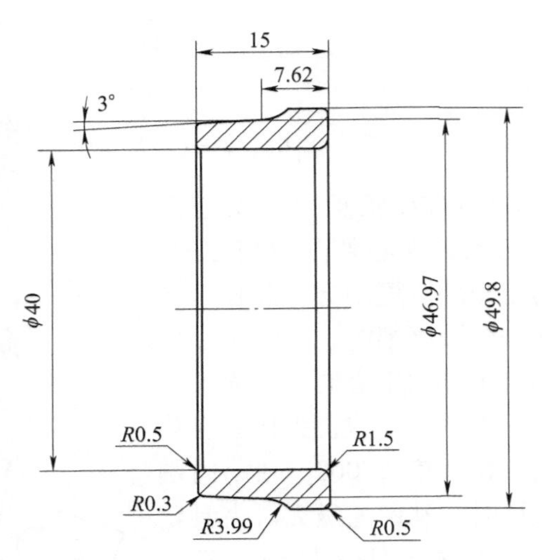

图 3-34 B7008C 轴承内圈外形尺寸

下面利用一个计算实例，简述 B7008C 轴承内圈滚道磨削力与磨削弧区热源分布的计算过程，磨削工艺参数见表 3-5。

表 3-5 磨削工艺参数

磨削参数	参数值
砂轮	A80L6V
砂轮直径 d_s/mm	497.17~500
滚道直径 d_w/mm	46.97~49.8
内圈材料	淬硬轴承钢 GCr15
砂轮转速 n_s/(r/min)	2300
工件转速 n_w/(r/min)	240
进给速度 v_f/(μm/s)	12
磨削宽度 b/mm	4.27
磨削环境	干磨

首先将滚道均匀离散成 10 段，计算每段滚道的直径和与之对应的砂轮直径。在磨削 B7008C 轴承内圈滚道时，砂轮直径与滚道直径之间的对应关系如图 3-35 所示。再利用 3.7.1 节的转化公式，将 B7008C 轴承内圈滚道磨削参数等价转化成平面磨削参数。然后，针对每段滚道，计算磨削力和磨削弧区热源分布。最后，将每段滚道的磨削力累加，即为总磨削力。热源分布不需累加，可将每段滚道的热源分布绘于同一图中，如图 3-36 所示。

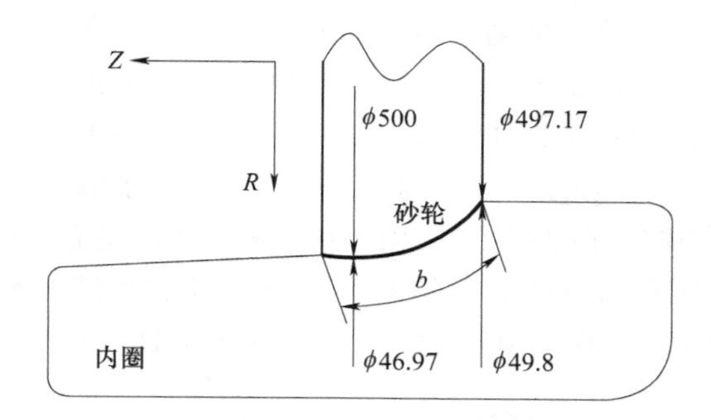

图 3-35　B7008C 轴承内圈滚道磨削示意图

注：Z 表示轴承内圈宽度方向；R 表示轴承半径方向。

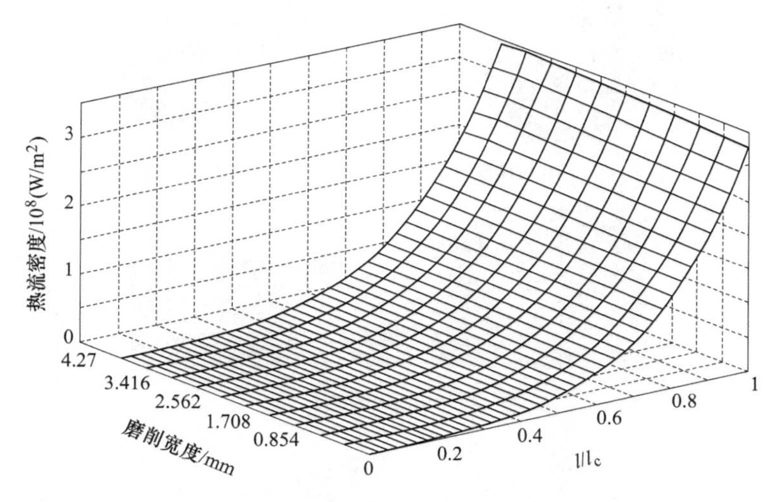

图 3-36　B7008C 轴承内圈滚道磨削热源分布

3. 8. 3　轴承内圈滚道磨削温度场

1. 轴承内圈滚道磨削温度场有限元模拟

B7008C 轴承内圈大端面、小端面与回转面之间为圆角连接，由于各圆角远离轴承滚道，因此，在建立 B7008C 轴承内圈几何模型时，将圆角按直角处理，如图 3-37a 所示。取 B7008C 轴承内圈的一部分进行重点研究，如图 3-37b 所示。此部分所对应的圆心角为 10 倍的平均磨削接触弧长与滚道平均半径之比。由于滚道是内凹的回转面，砂轮表面是外凸的回转面，导致在不同的轴向位置，磨削接触弧长不同。研究发现，磨削接触弧长相差不大，而且磨削弧长与滚道半径之比也相差不大，即磨削弧长所对应的圆心角相差不大。因此，认为在磨削加工区域不同的轴向位置，磨削接触弧长所对应的圆心角是恒定的。例如，在表 3-5 所示的磨削工艺参数下，在滚道直径为 46.97mm 的位置，磨削接触弧长是 0.344mm，对应的圆心角为 0.4196°；在滚道直径为 49.8mm 的位置，磨削接触弧长是 0.357mm，对应的圆心角为 0.4107°，磨削接触弧长仅相差 11.3μm，圆心角仅相差 0.0089°。在表 3-5 所示的磨削参数下，建立 B7008C 轴承内圈几何模型时，将重点研究部分所对应的圆心角统一设置为最大圆心角与最小圆心角之和的一半，即 $10\times(0.4196°+0.4107°)/2=4.1515°$。

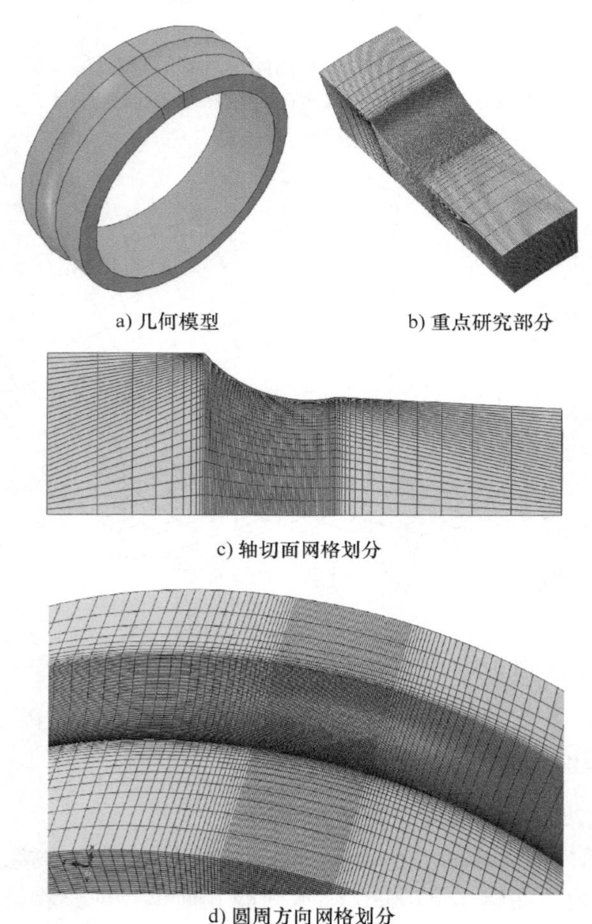

a) 几何模型　　b) 重点研究部分

c) 轴切面网格划分

d) 圆周方向网格划分

图 3-37　B7008C 轴承内圈几何建模与网格划分

在进行网格划分时，对于重点研究部分，沿内圈轴向，将滚道划分为 80 个网格，将大端划分为 10 个网格，将小端划分为 15 个网格。在大端和小端靠近滚道的位置，划分细密网格，使之与滚道网格长度接近，如图 3-37b 所示。沿内圈径向，将滚道以及大小端统一划分为30个网格。在靠近滚道表面的位置，划分细密网格，以捕捉滚道表层极高的温度梯度，如图3-37c所示。沿内圈圆周方向，滚道以及大小端统一划分为90个网格。对于内圈其他部分，沿内圈径向和轴向，网格划分与重点研究部分一致。沿圆周方向划分100个网格，在靠近滚道的位置，划分细密网格，使之与滚道网格长度接近，如图3-37d所示。

B7008C轴承内圈材料热物性参数见表3-4所示。一般将磨削弧区接触表面与已加工表面之间的夹角称为接触角。由于接触角的影响，造成工件接触表面温度比已加工表面温度高，并且随着接触角的增大，接触表面与已加工表面之间的温度差会增大。接触表面与已加工表面之间的温度差除了与接触角有关外，还与 *Pe* 数有关，*Pe* 数越大，接触表面与已加工表面之间的温度差越大。在文献［6］中，Rowe对浅磨、缓进给磨削和高效深磨条件下的磨削弧区接触表面温度与已加工表面温度进行了研究。研究发现，在浅磨时，磨削弧区接触表面温度和已加工表面温度几乎相等，见表3-6。表3-6中，T_{fin}表示已加工表面最高温度，T_{max}表示接触表面最高温度。在磨削B7008C轴承内圈滚道时，接触角的变化范围为0.2°~0.5°，*Pe* 数的变化范围为3~7。例如，在表3-5所示的磨削参数下，接触角为0.2464°，*Pe* 数为6.1451。根据文献［6］，可知磨削弧区接触表面温度与已加工表面温度之间相差极小，可以忽略。因此，在进行B7008C轴承内圈滚道磨削温度场有限元模拟时，将计算得到的磨削弧区热源分布直接加载到已加工表面，如图3-38所示。

表3-6　磨削弧区接触表面与已加工表面温度的对比[6]

参数	浅磨	缓进给磨削	高效深磨
砂轮直径/mm	200	200	200
工件速度/(m/s)	0.6	0.0003	0.05
磨削深度/mm	0.04	20	20
接触弧长/mm	5.6	63.2	63.2
接触角/(°)	0.41	18.4	18.4
Pe 数	96.9	0.55	91.1
T_{fin}/T_{max}	1	0.8	0.07

注：工件材料为AISI 52100，材料性能接近GCr15。

将内圈初始温度设置为20℃，将对流换热系数设置为15145W/(m²·℃)。下面简述对流换热系数的设置依据。由于不同种类的磨削液，不同的供液方式，都会造成对流换热系数的变化。因此，对流换热系数无法直接给定。本文通过在有限元模型中设置不同的对流换热系数，模拟磨削温度场。利用一组磨削温度测量试验结果，将磨削弧区最高温度模拟值与试验值进行匹配，获得对流换热系数。

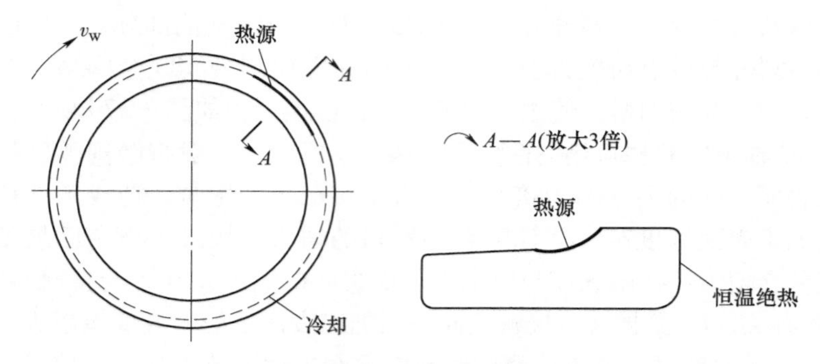

图 3-38　边界条件施加

2. 轴承内圈滚道磨削温度场试验研究

在 3MKS1310 型高速数控轴承内圈滚道磨床上，进行 7008C 轴承内圈滚道磨削试验，7008C 轴承内圈结构与 B7008C 轴承内圈稍有不同，如图 3-39 所示。在相同的磨削工艺参数下，分别磨削 B7008C 轴承内圈滚道与 7008C 轴承内圈滚道时，滚道最低点处产生的热流密度相同，而且滚道最低点处的磨削温度最高。因此，测量滚道最低点处的磨削温度，用于磨削温度场有限元模型验证。采用树脂结合剂砂轮（A80L6V）磨削轴承内圈滚道，轴承内圈材料为淬硬轴承钢 GCr15，硬度为 62HRC。每次磨削之前，进行砂轮修整。利用测量砂轮电动机功率变化的方法测量切向磨削力，利用热电偶法测量磨削温度。磨削力及磨削温度测量方案将在第 5 章详细描述，本章不再展开介绍。磨削试验参数见表 3-7。总共进行九组 7008C 轴承内圈滚道磨削试验，磨削试验工艺参数见表 3-8。

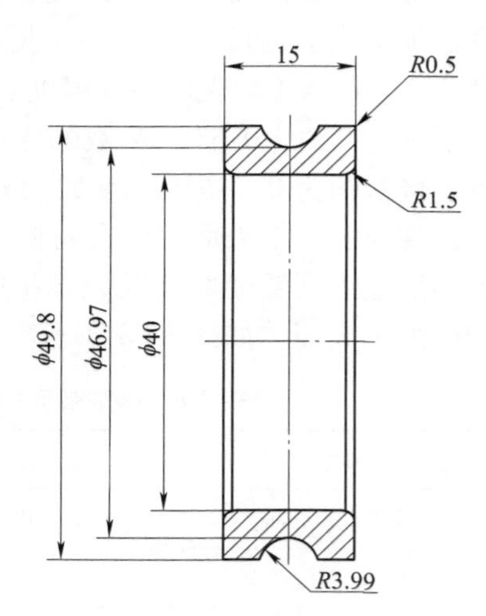

图 3-39　7008C 轴承内圈结构

表 3-7　7008C 轴承内圈滚道磨削试验参数

磨削参数	参数值
磨床	3MKS1310 型高速数控轴承内圈滚道磨床
砂轮	A80L6V
砂轮直径 d_s/mm	497. 17~500

（续）

磨削参数	参数值
内圈材料	淬硬轴承钢 GCr15，硬度为 62HRC
砂轮转速 n_s/(r/min)	2300
工件转速 n_w/(r/min)	120，180，240
进给速度 v_f/(μm/s)	4，6，8，9，12，16
磨削环境	湿磨
磨削液	PC-621F 型水溶性半合成磨削液，浓度为 5%
磨削方式	顺磨
修整器	单点金刚石磨粒修整器
修整深度 a_d/mm	0.01
修整速度 f_d/(mm/r)	0.0012

表 3-8　磨削试验工艺参数

组号	n_s/(r/min)	n_w/(r/min)	v_f/(μm/s)	a_e/μm
1	2300	120	4	1
2	2300	180	6	1
3	2300	240	8	1
4	2300	120	6	1.5
5	2300	180	9	1.5
6	2300	240	12	1.5
7	2300	120	8	2
8	2300	180	12	2
9	2300	240	16	2

3. 轴承内圈滚道磨削温度场仿真与试验结果分析

在表 3-8 所示的磨削试验工艺参数下，7008C 轴承内圈滚道切向磨削力测量结果与计算结果的对比见表 3-9。由表 3-9 可得，切向磨削力最大误差为 10.5%，最小误差为 1.4%。

表 3-9 磨削力试验结果与计算结果的对比

组号	n_s/(r/min)	n_w/(r/min)	v_f/(μm/s)	a_e/μm	单位宽度磨削力/(N/mm)		
					试验	计算	误差
1	2300	120	4	1	0.209	0.233	10.3%
2	2300	180	6	1	0.282	0.315	10.5%
3	2300	240	8	1	0.363	0.393	7.8%
4	2300	120	6	1.5	0.310	0.327	5.3%
5	2300	180	9	1.5	0.451	0.445	1.4%
6	2300	240	12	1.5	0.581	0.556	4.5%
7	2300	120	8	2	0.431	0.393	8.6%
8	2300	180	12	2	0.579	0.556	4.0%
9	2300	240	16	2	0.747	0.711	4.8%

在第 7 组磨削试验参数下，进行滚道表面磨削温度的有限元模拟结果与试验结果之间的对比，磨削温度随时间的变化历程如图 3-40 所示。距滚道表面不同深度下，最高磨削温度的有限元模拟结果与试验结果之间的对比如图 3-41 所示。由图 3-40 和图 3-41 可得，磨削温度场有限元模拟结果与试验测量结果之间具有很好的一致性。

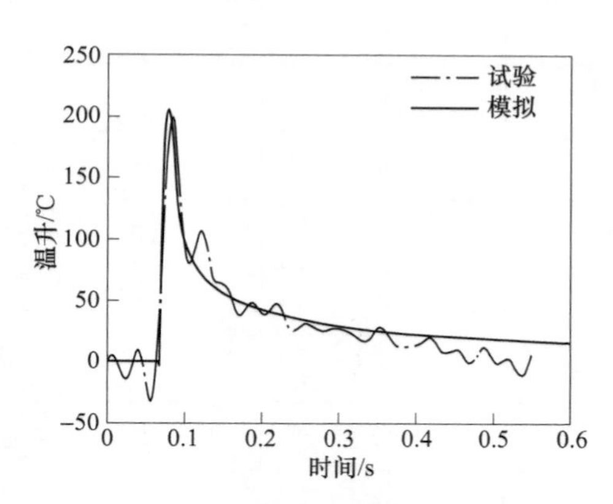

图 3-40 磨削温度随时间变化历程

注：纵轴为磨削温度减去环境温度。

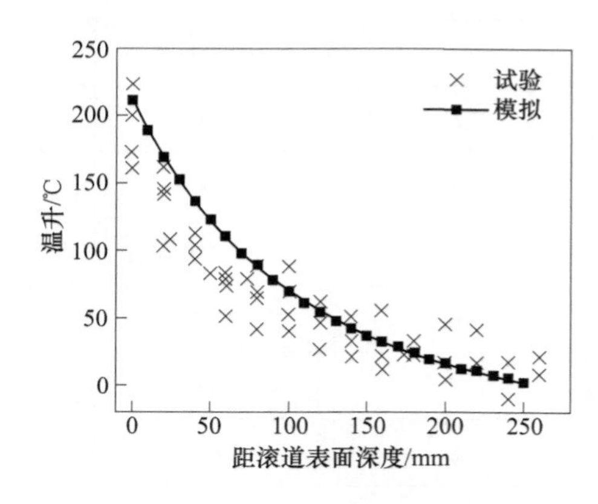

图 3-41 不同深度下的最高磨削温度

注：纵轴为磨削温度减去环境温度。

表 3-10 所示为磨削温度场有限元模型预测的磨削弧区最高温升，与试验测得的最高温升之间的对比。由表 3-10 可得，有限元模型预测的最高温升最大误差为 14.8%，最小误差为 3.5%。

表 3-10　最高温升试验结果与计算结果的对比

组号	n_s/(r/min)	n_w/(r/min)	v_f/(μm/s)	a_e/μm	最高温升/℃		
					试验	模拟	误差
1	2300	120	4	1	118.2	124.0	4.9%
2	2300	180	6	1	132.8	137.5	3.5%
3	2300	240	8	1	147.3	153.7	6.5%
4	2300	120	6	1.5	167.4	161.3	4.8%
5	2300	180	9	1.5	200.5	178.6	10.9%
6	2300	240	12	1.5	232.1	247.5	6.5%
7	2300	120	8	2	217.5	208.2	4.3%
8	2300	180	12	2	263.1	223.9	14.8%
9	2300	240	16	2	315.8	329.4	4.3%

3.9　小结

本章基于磨粒轨迹分析和磨粒接触分析，建立了磨削力模型。在磨粒轨迹分析和磨粒接触分析的基础上，分析了磨削弧区热量分配关系，研究了磨削弧区热源分布。将 B7008C 轴承内圈滚道磨削参数等价转化为平面磨削参数后，即可将基于平面磨削理论的磨削力及磨削弧区热源分布的研究，应用于 B7008C 轴承内圈滚道磨削。建立了 B7008C 轴承内圈滚道磨削温度场有限元模型，仿真分析了 B7008C 轴承内圈滚道磨削温度场，并进行了试验验证。主要结论如下：

1）基于磨粒轨迹分析和磨粒接触分析，建立了包含滑擦力分量、耕犁力分量和切削力分量的磨削力模型。

2）分析了磨削工艺参数对磨削力以及磨削力各分量的影响，分析发现，磨削力及磨削力分量随工件速度和磨削深度的增大而增大，随砂轮速度的增大而减小。滑擦力分量和耕犁力分量对磨削力的贡献，随工件速度和磨削深度的增大而减小，随砂轮速度的增大而增大，切削力分量对磨削力的贡献的变化规律与之相反。

3）在磨粒轨迹分析和磨粒接触分析的基础上，得到了磨削弧区任意点的热量分配比，不需预先假设沿磨削弧总热源分布形状及热量分配比一致，即可得到描述磨削弧区热源分布的四次函数曲线热源。由该热源计算的温度分布与试验结果更加一致。

4）建立了 B7008C 轴承内圈滚道磨削温度场有限元模型，仿真分析了 B7008C 轴承内圈滚道磨削温度场，并试验验证了有限元模型的准确性。

参 考 文 献

[1] ROWE W B, MORGAN M N, QI H S, et al. The effect of deformation on the contact area in grinding [J]. CIRP Annals-Manufacturing Technology, 1993, 42 (1): 409-412.

[2] XIE Y, WILLIAMS J A. The prediction of friction and wear when a soft surface slides against a harder rough surface [J]. Wear, 1996, 196 (1): 21-34.

[3] HECKER R L, LIANG S Y, WU X J, et al. Grinding force and power modeling based on chip thickness analysis [J]. The International Journal of Advanced Manufacturing Technology, 2007, 33 (5-6): 449-459.

[4] PARK H W, LIANG S Y. Force modeling of micro-grinding incorporating crystallographic effects [J]. International Journal of Machine Tools and Manufacture, 2008, 48 (15): 1658-1667.

[5] WANG D, GE P, BI W, et al. Grain trajectory and grain workpiece contact analyses for modeling of grinding force and energy partition [J]. The International Journal of Advanced Manufacturing Technology, 2014, 70 (9-12): 2111-2123.

[6] ROWE W B. Thermal analysis of high efficiency deep grinding [J]. International Journal of Machine Tools and Manufacture, 2001, 41 (1): 1-19.

[7] HADAD M, SADEGHI B. Thermal analysis of minimum quantity lubrication-MQL grinding process [J]. International Journal of Machine Tools and Manufacture, 2012, 63: 1-15.

[8] ANSYS Inc. Advanced Analysis Techniques Guide [R]. ANSYS Release 14.0, 2011.

[9] SHAH S M A. Prediction of residual stresses due to grinding with phase transformation [D]. Lyon: INSA de Lyon, 2011.

第 4 章 轴承内圈滚道磨削残余应力场

4.1 引言

磨削力导致的塑性变形与磨削热导致的塑性变形，是轴承内圈滚道表层产生残余应力的主要原因。因此，需要研究单独在磨削力的作用下及单独在磨削热的作用下，轴承内圈滚道表层残余应力分布状态的产生机理，以及磨削力与磨削热耦合作用的轴承内圈滚道表层残余应力分布状态的产生机理。本章利用有限元软件 Abaqus 建立轴承内圈滚道磨削残余应力场有限元模型，仿真分析了 B7008C 轴承内圈滚道磨削残余应力场。分别研究了在磨削力的作用下、在磨削热的作用下，以及在磨削力与磨削热的耦合作用下轴承内圈滚道表层残余应力的产生机理，并分析了磨削工艺参数和磨削液对轴承内圈滚道表层残余应力分布状态的影响机理。

4.2 轴承内圈滚道磨削残余应力场有限元模型

4.2.1 几何建模及网格划分

利用有限元软件 Abaqus 建立 B7008C 轴承内圈滚道磨削残余应力场有限元模型。在建立磨削残余应力场有限元模型时，几何模型和网格划分与第 3 章建立的 B7008C 轴承内圈滚道磨削温度场有限元模型一致，本章只做简单介绍。建立几何模型时，将圆角按直角处理，重点研究部分对应的圆心角为 10 倍的平均磨削接触弧长与滚道平均半径之比。在进行网格划分时，将重点研究部分划分成细密网格，将其他部分划分成相对稀疏的网格。利用过渡网格，使重点研究部分与其他部分的连接处网格密度平缓变化。几何模型与网格划分结果如图 3-37

所示。

4.2.2 材料性能

B7008C 轴承内圈材料为淬硬轴承钢 GCr15，热物性参数见表 3-4，其他力学性能参数见表 4-1。淬硬轴承钢 GCr15 的应力应变曲线如图 4-1 所示，图中数据来源于文献［1］。在文献［1］中，Guo 和 Liu 进行了材料拉伸试验，在不同的环境温度下，测量了淬硬轴承钢 AISI 521000 的力学性能。由于淬硬轴承钢 GCr15 与淬硬轴承钢 AISI 521000 的力学性能接近，因此，本文利用文献［1］中的试验数据，进行 B7008C 轴承内圈滚道磨削残余应力场的研究。

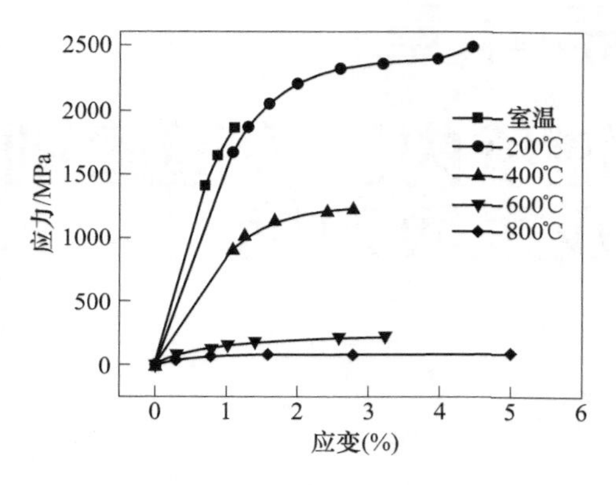

图 4-1 淬硬轴承钢 GCr15 的应力应变曲线

表 4-1 GCr15 力学性能参数

温度/℃	20	200	400	600	800
弹性模量/GPa	201. 33	178. 58	162. 72	103. 42	86. 87
泊松比	0. 277	0. 269	0. 255	0. 342	0. 396
屈服强度/MPa	1410. 17	1672. 26	915. 94	80. 91	40. 80
线膨胀系数/(10^{-6}/℃)	11. 5	12. 6	13. 7	14. 9	15. 3

4.2.3 边界条件

磨削残余应力是在磨削力、磨削热及金相组织转变的耦合作用下产生的。在磨削轴承内圈滚道时，应保证滚道表层不产生磨削变质层。因此，本文不考虑金相组织转变的影响。

在一定的磨削工艺条件下，工件表层会产生残余压应力[2]。既然工件表层会产生残余压应力，那么砂轮磨粒与工件之间的接触应力应超过工件材料的屈服强度。接触应力通过磨削力与磨粒接触面积获得。磨削热源分布与接触应力分布是分析磨削力与磨削热耦合残余应力场的重要依据。在第 3 章中，已经获得了轴承内圈滚道磨削热源分布，本节重点研究轴承内圈滚道磨削接触应力分布。

在第 3 章中，在建立磨削力模型时，获得了磨削弧区任意位置 l 处的磨削弧区子区域的磨削力 F_l，法向分量和切向分量分别为 F_{nl} 和 F_{tl}。在进行磨削弧区热源分布研究时，获得了磨削弧区任意位置 l 处的磨粒半径 r_{ol}，见式（3-30）。

利用式（3-30），即可获得磨削弧区任意位置 l 处的磨粒接触面积 A_l

$$A_l = N_\Delta \int_{h_0}^{h_{\max}} \int_{x_{\min}}^{x_{\max}} f(x) P(h) \pi r_{ol}^2 \mathrm{d}x \mathrm{d}h \tag{4-1}$$

那么，磨削弧区任意位置 l 处的接触应力 P_l 为

$$P_l = F_l / A_l \tag{4-2}$$

其中，切向接触应力 $P_{tl} = F_{tl}/A_l$，法向接触应力 $P_{nl} = F_{nl}/A_l$。

在第 3 章中，在进行 B7008C 轴承内圈滚道磨削热源分布研究时，利用一个计算实例，描述了轴承内圈滚道磨削热源分布的计算过程，并在表 3-5 所示的磨削工艺参数下，获得了磨削热源分布，如图 3-28 所示。同样，在表 3-5 所示的磨削工艺参数下，得到的接触应力分布如图 4-2 所示。

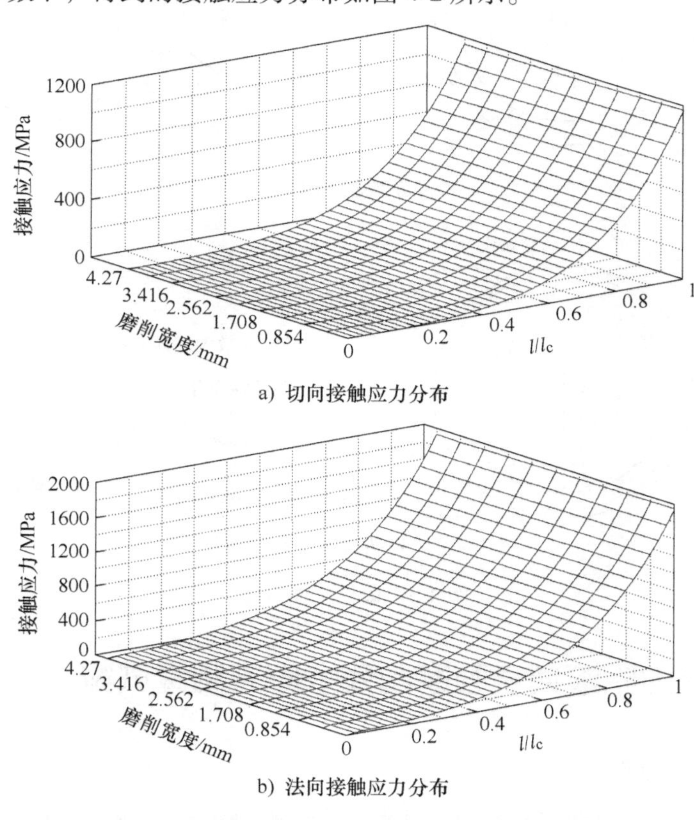

a）切向接触应力分布

b）法向接触应力分布

图 4-2　B7008C 轴承内圈滚道接触应力分布

获得磨削热源分布与接触应力分布之后，将其加载到 B7008C 轴承内圈滚道表面，即可仿真分析 B7008C 轴承内圈滚道磨削残余应力场。在轴承内圈滚道表面施加磨削热源，可进行磨削热导致的残余应力场分析；在滚道表面施加接触应力，可进行磨削力导致的残余应力场分析；在滚道表面同时施加磨削热源与

接触应力，可进行磨削力与磨削热耦合导致的残余应力场分析。在磨削 B7008C 轴承内圈滚道时，内圈大端面被吸紧在电磁无心夹具的磁极端面上，随工件轴一起转动，并且通过两支承限制内圈的径向移动。在仿真分析 B7008C 轴承内圈磨削残余应力场时，通过磨削热源和接触应力的移动模拟内圈的转动（见图 4-3）。因此，对内圈大端面施加固定约束，如图 4-3b 所示。内圈初始温度设置为 20℃。

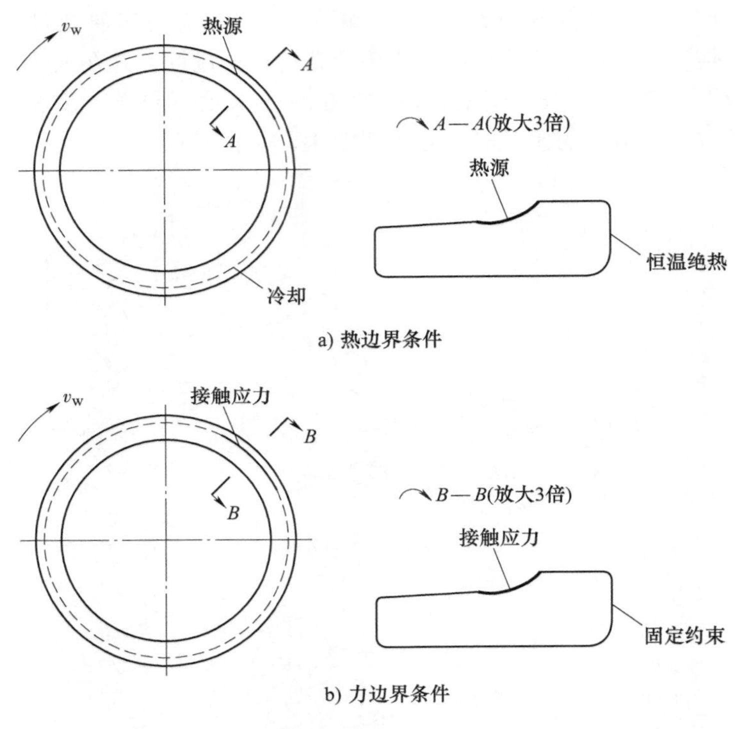

图 4-3　边界条件施加

4.3　轴承内圈滚道表面磨削残余应力测量试验

4.3.1　试验方案

采用 7008C 轴承内圈进行轴承内圈滚道表面残余应力测量试验。7008C 轴承内圈结构与 B7008C 轴承内圈结构稍有不同，这会影响轴承内圈滚道表层残余应力分布状态。但是，在相同的磨削工艺参数下，磨削 B7008C 轴承内圈滚道与 7008C 轴承内圈滚道时，滚道最低点处产生的热流密度与接触应力相同，那么滚道最低点处产生的残余应力应当是相近的。因此，通过对比分析两种轴承内圈滚道最低点处的表面残余应力测量结果与仿真分析结果，检验 4.2 节中的轴承内圈滚道磨削残余应力场有限元模型的建模方法是否正确。磨削工艺参数见表 4-2。

表 4-2 7008C 轴承内圈滚道磨削工艺参数

磨削参数	参数值
磨床	3MKS1310 型高速数控轴承内圈滚道磨床
砂轮	A80L6V，砂轮尺寸为 500mm×40mm×203mm
内圈材料	淬硬轴承钢 GCr15，硬度为 62HRC
砂轮转速 n_s/(r/min)	2300
工件转速 n_w/(r/min)	240
进给速度 v_f/(μm/s)	5，8，12，16
磨削环境	湿磨
磨削液	PC-621F 型水溶性半合成磨削液，浓度为 5%
磨削方式	顺磨
修整器	单点金刚石磨粒修整器
修整深度 a_d/(mm)	0.01
修整速度 f_d/(mm/r)	0.0012

在每组磨削工艺参数下，磨削 3 件 7008C 轴承内圈。对每件 7008C 轴承内圈，沿周向测量 3 个位置（见图 4-4a），沿轴向测量滚道最低点（见图 4-4b）。如此，每个轴承内圈有 3 个测量点。对每个测量点，测量周向应力和切向应力（见图 4-4c）。

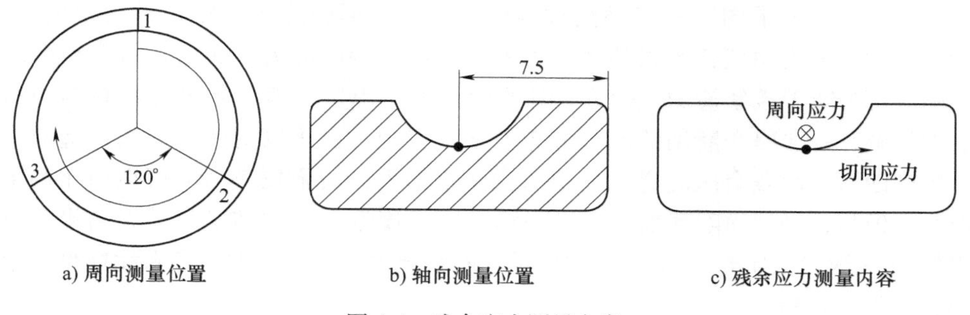

a) 周向测量位置 b) 轴向测量位置 c) 残余应力测量内容

图 4-4 残余应力测量方案

4.3.2 试验结果

采用 X 射线应力分析仪（XSTRESS 3000）测量轴承内圈滚道表面残余应力，具体测量参数及测量方法详见第 6 章。对每个测量点，周向残余应力和切向残余应力分别测量 3 次，测量结果取平均值。对每个轴承内圈，测量结果取 3

个测量点的平均值。在表 4-2 所示的磨削工艺参数下，7008C 轴承内圈滚道表面残余应力测量结果与模拟结果之间的对比如图 4-5 所示。

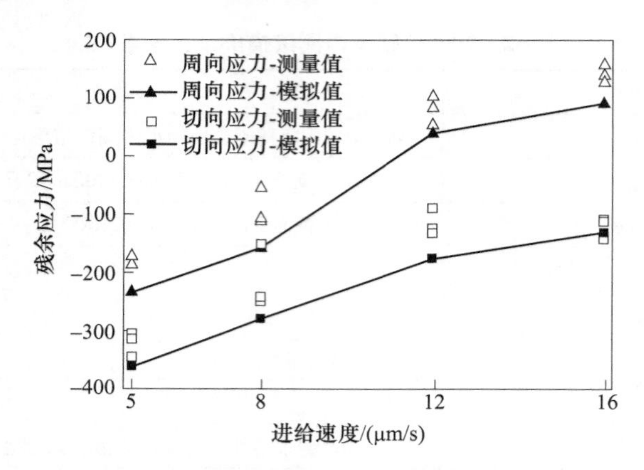

图 4-5　轴承内圈滚道表面残余应力测量值与模拟值的对比

由图 4-5 可得，轴承内圈滚道表面周向残余压应力随着进给速度的增大而减小，随着进给速度的继续增大，开始产生残余拉应力。轴承内圈滚道表面切向残余压应力也随着进给速度的增大而减小。这是因为在工件转速不变的情况下，随着进给速度的增大，磨削深度增大，从而产生更多的磨削热，导致轴承内圈滚道表面残余压应力减小，甚至产生残余拉应力。

由图 4-5 也可以发现，轴承内圈滚道表面残余压应力的模拟值比测量值大，残余拉应力的模拟值比测量值小。这是因为在计算接触应力分布时，没有考虑砂轮磨损。在轴承内圈滚道磨削过程中，砂轮磨损会造成磨粒接触面积增大，导致接触应力模拟值比测量值大。另外，在计算接触应力分布时，认为整个磨削弧区都分布着接触应力。但是，任意时刻磨削弧区只有少数砂轮磨粒与滚道表面接触，并非整个磨削弧区都分布着接触应力。由于以上两个原因，造成轴承内圈滚道表面残余压应力的模拟值比测量值大，残余拉应力的模拟值比测量值小。但是，轴承内圈磨削残余应力场有限元模型获得的结果与试验结果具有很好的一致性。因此，4.2 节中的轴承内圈滚道磨削残余应力场有限元模型的建模方法是正确的。

4.4　磨削力导致的残余应力场

4.4.1　轴承内圈滚道表层残余应力的产生机理

在磨削力的作用下，研究 B7008C 轴承内圈滚道表层应力分布状态的变化历程，有助于揭示轴承内圈滚道表层残余应力的产生机理。为此，建立了如图 4-6 所示的 B7008C 轴承内圈柱坐标系，用于定位接触应力的移动位置以及轴承内圈滚道表层应力分布状态观测点的位置。在图 4-6 中。R、Φ、Z 分别表示轴承内圈径向、周向、轴向，O 为坐标原点，R_c 为滚道最小半径，v_w 为接触应力移动速度，接触应力移动起点的坐标为（R_c,0,0），轴承内圈滚道表层应力分布状态观测点的坐标为（R_c,$5l_c/R_c$,0），接触应力移动起点和观测点距轴承内圈大端面的轴向距离为 7.62mm。分析观测点处的周向应力与切向应力，研究轴承内圈滚道表层应力分布状态的变化历程（见图 4-7）。

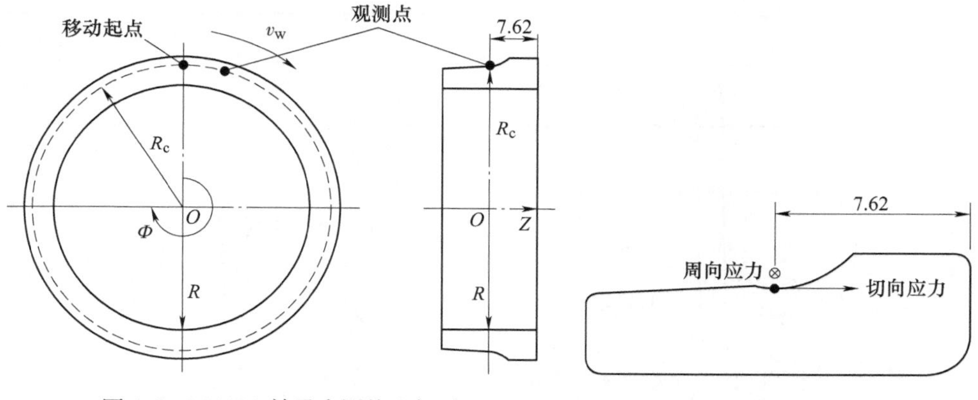

图 4-6　B7008C 轴承内圈柱坐标系　　　图 4-7　残余应力分析内容

在表 4-3 所示的 B7008C 轴承内圈滚道磨削工艺参数下，轴承内圈滚道表面及表层应力分布状态的变化历程如图 4-8 所示。其中图 4-8a 和 b 为轴承内圈滚道表面应力的变化历程，图 4-8c 和 d 为轴承内圈滚道表层应力分布状态的变化历程。接触应力的移动起点坐标为（R_c，0，0），并将起点标记为“位置 1”；当接触应力移动到坐标为（R_c，$4l_c/R_c$，0）的位置时，将此位置标记为“位置 2”。同理，“位置 3”所在位置的坐标为（R_c，$4.5l_c/R_c$，0），“位置 4”所在位置的坐标为（R_c，$9l_c/R_c$，0）。观测点与接触应力之间的周向位置关系如图 4-9 所示。图 4-9 中的横坐标是无量纲量，坐标值等于接触应力所在位置的周向坐标值 Φ 与 l_c/R_c 之间的比值。

表 4-3　B7008C 轴承内圈滚道磨削工艺参数

磨削参数	参数值
砂轮	A80L6V
砂轮直径 d_s/mm	497.17~500
滚道直径 d_w/mm	46.97~49.8

（续）

磨削参数	参数值
内圈材料	淬硬轴承钢 GCr15
砂轮转速 n_s/(r/min)	2300
工件转速 n_w/(r/min)	240
进给速度 v_f/(μm/s)	16
磨削宽度 b/mm	4.27
磨削环境	湿磨
环境温度/℃	20

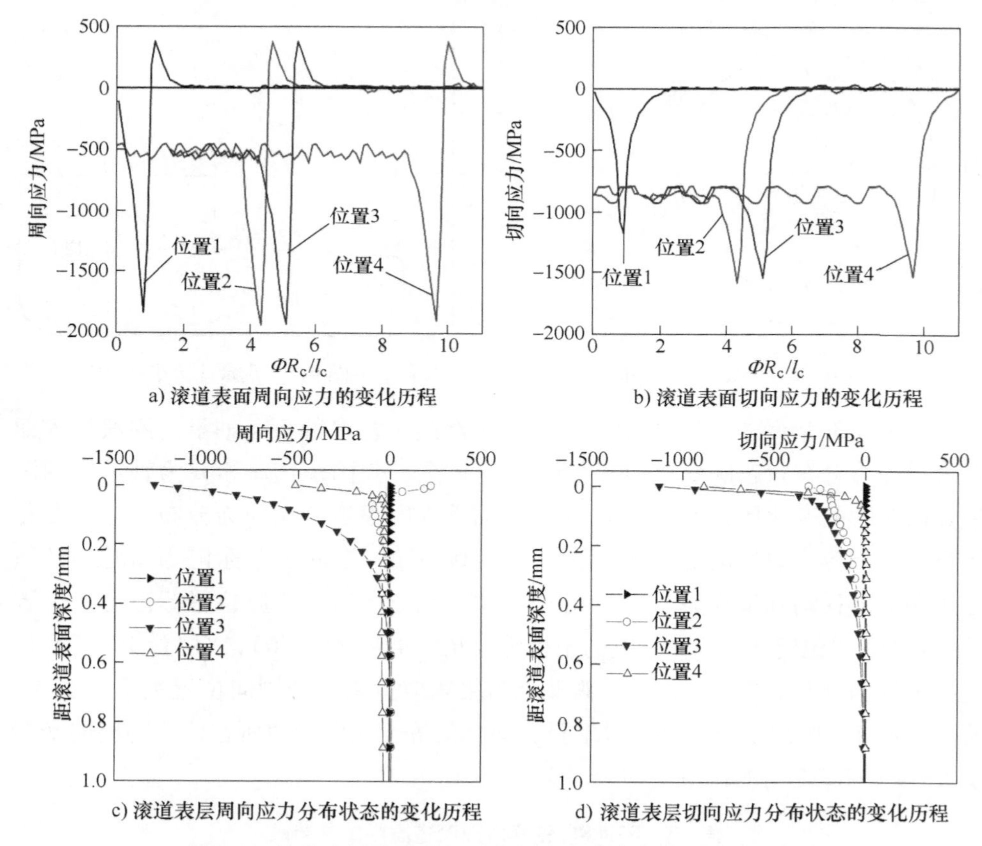

图 4-8　轴承内圈滚道表面及表层应力分布状态的变化历程

由图 4-8a 和 b 可得，在接触应力作用的位置，轴承内圈滚道表面材料受压，从而产生压应力。当范式等效应力超过内圈材料的屈服强度时，轴承内圈滚道表面材料产生塑性变形。当接触应力离开后，弹性变形恢复，塑性变形无法恢复，从而在轴承内圈滚道表面产生了残余压应力。由图 4-8c 和 d 可得，当接触应力位于位置 1 时，接触应力远离观测点，观测点处的轴承内圈滚道表层应力分布状态不受接触应力影响。当接触应力到达位置 2 时，由于受到切向接触应力的剪切作用，观测点处的轴承内圈滚道表层材料沿周向受拉，产生了周向拉应力。由于同时受到法向接触应力的压缩作用，观测点处的轴承内圈滚道表层材料沿轴向受压，产生了切向压应力。当接触应力到达位置 3 时，在法向接触应力与切向接触应力的共同作用下，观测点处的轴承内圈滚道表层材料受压，产生了压应力。当范式等效应力超过内圈材料的屈服强度时，轴承内圈滚道表层材料产生塑性变形。当接触应力达位置 4 后，观测点处的轴承内圈滚道表层材料产生的弹性变形恢复，塑性变形无法恢复，从而轴承内圈滚道表层产生了残余压应力。

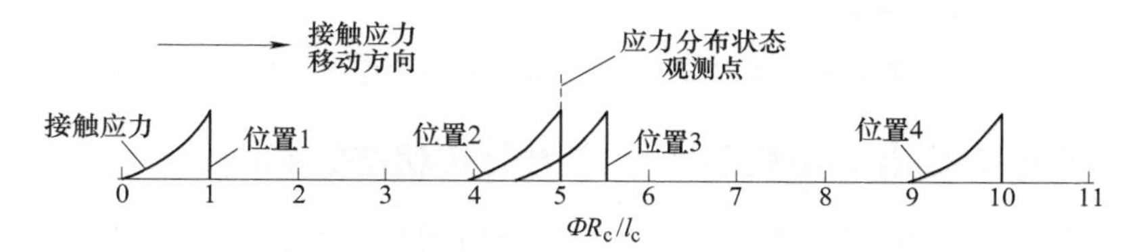

图 4-9　观测点与接触应力之间的周向位置关系

4.4.2　接触应力大小对滚道表层残余应力分布状态的影响

根据表 4-3 中的磨削工艺参数，计算接触应力分布 P_l。在接触应力分布 P_l 的基础上分别乘以因子 0.8 和 0.6，将接触应力分布 P_l、$0.8P_l$ 和 $0.6P_l$ 分别加载到轴承内圈滚道残余应力场有限元模型中，仿真分析 B7008C 轴承内圈滚道磨削残余应力场，研究接触应力大小对轴承内圈滚道表层残余应力分布状态的影响。

接触应力大小对轴承内圈滚道表层残余应力分布状态的影响如图 4-10 所示。由图 4-10 可得如下结论：

1）接触应力增大，会导致轴承内圈滚道表面残余压应力增大。当接触应力分布分别为 P_l、$0.8P_l$ 和 $0.6P_l$ 时，滚道表面周向残余压应力分别为 517MPa、419MPa 和 164MPa，滚道表面切向残余压应力分别为 884MPa、218MPa 和 81MPa。

2）接触应力增大，会导致轴承内圈滚道表层残余压应力层深度增大。当接触应力分布分别为 P_l、$0.8P_l$ 和 $0.6P_l$ 时，滚道表层残余压应力层深度大约为 47.6μm、33.3μm 和 20.7μm。

3）接触应力增大，会导致轴承内圈滚道表层残余压应力增大。在残余压应力层内，随着接触应力的增大，周向和切向残余压应力都会随之增大。

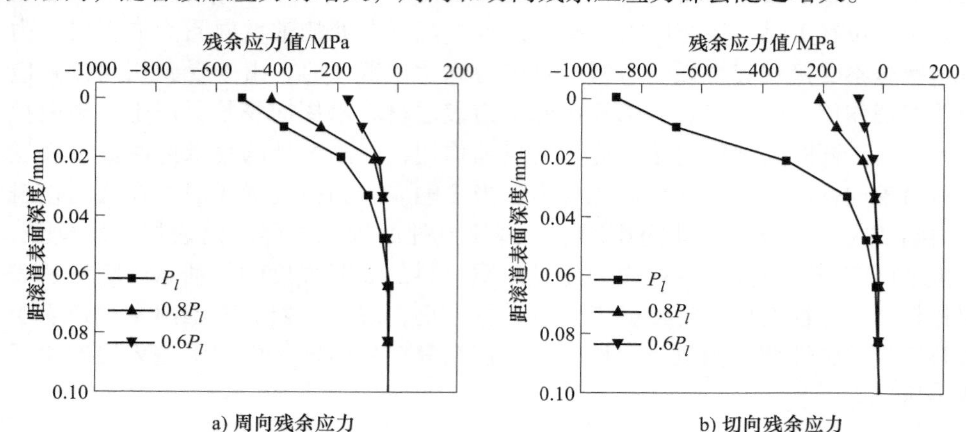

a) 周向残余应力　　b) 切向残余应力

图 4-10　接触应力大小对轴承内圈滚道表层残余应力分布状态的影响

4.4.3　磨削力比对滚道表层残余应力分布状态的影响

根据表 4-3 中的磨削工艺参数，计算接触应力分布 P_l，法向分量和切向分量分别为 P_{nl}和 P_{tl}，磨削力比 $\sum P_{tl}/\sum P_{nl}=0.5$。保持法向接触应力分布 P_{nl}不变，在切向接触应力分布 P_{tl}的基础上分别乘以因子 0.8 和 0.6，磨削力比分别为 0.4 和 0.3。将磨削力比为 0.5、0.4 和 0.3 的接触应力分布分别加载到轴承内圈滚道磨削残余应力场有限元模型中，仿真分析 B7008C 轴承内圈滚道磨削残余应力场，研究磨削力比对轴承内圈滚道表层残余应力分布状态的影响。

磨削力比对轴承内圈滚道表层残余应力分布状态的影响如图 4-11 所示。由图 4-11 可得如下结论：

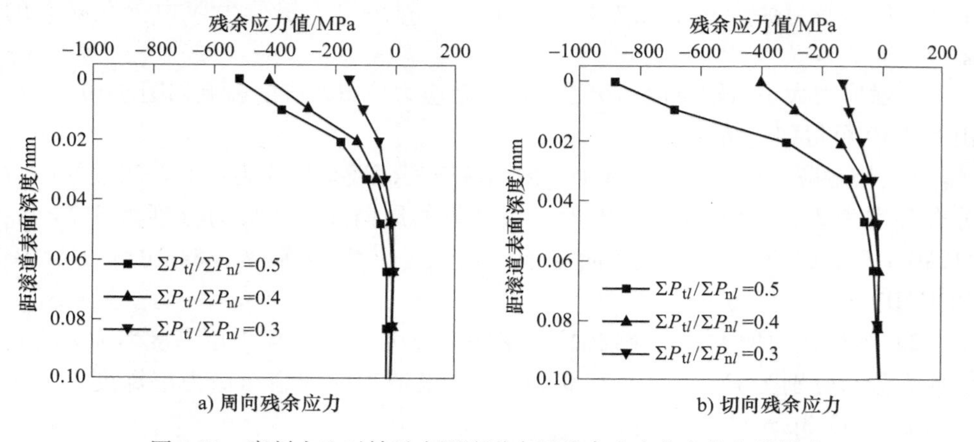

a) 周向残余应力　　b) 切向残余应力

图 4-11　磨削力比对轴承内圈滚道表层残余应力分布状态的影响

1）磨削力比增大，会导致滚道表面残余压应力增大。当磨削力比分别为 0.5、0.4 和 0.3 时，滚道表面周向残余压应力分别为 517MPa、417MPa 和 147MPa，滚道表面切向残余压应力分别为 884MPa、403MPa 和 131MPa。

2）磨削力比对轴承内圈滚道表层残余压应力层深度影响很小。当磨削力比分别为 0.5、0.4 和 0.3 时，滚道表层残余压应力层深度均为 64μm 左右。

3）磨削力比增大，会导致轴承内圈滚道表层残余压应力增大。在残余压应力层内，随着磨削力比的增大，周向和切向残余压应力都会随之增大。

4.4.4　接触应力移动速度对滚道表层残余应力分布状态的影响

根据表 4-3 中的磨削工艺参数，计算接触应力分布 P_l。在轴承内圈滚道磨削残余应力场有限元模型中，将接触应力移动速度分别设置为 240r/min、180r/min 和 120r/min，仿真分析 B7008C 轴承内圈滚道磨削残余应力场，研究接触应力移动速度对轴承内圈滚道表层残余应力分布状态的影响。

接触应力移动速度对轴承内圈滚道表层残余应力分布状态的影响如图 4-12 所示。由图 4-12 可得，接触应力移动速度对滚道表层残余应力分布状态没有影响。

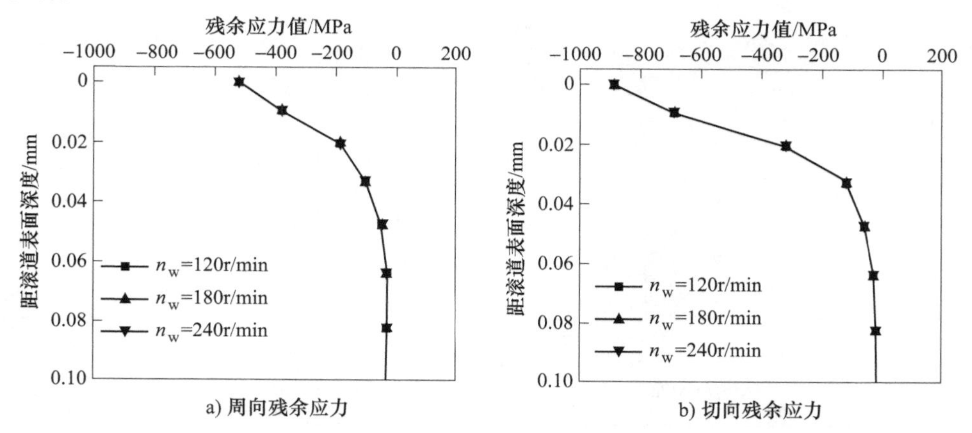

图 4-12　接触应力移动速度对轴承内圈滚道表层残余应力分布状态的影响

4.5　磨削热导致的残余应力场

4.5.1　轴承内圈滚道表层残余应力的产生机理

选取如图 4-6 所示的观测点，分析在磨削热的作用下 B7008C 轴承内圈滚道表层应力分布状态的变化历程，研究轴承内圈滚道表层残余应力的产生机理。磨削热源的周向移动位置如图 4-9 所示。在表 4-4 所示的磨削工艺参数下，计算磨削热源分布。将求得的磨削热源加载到轴承内圈滚道有限元模型中，仿真分析 B7008C 轴承内圈滚道磨削残余应力场。轴承内圈滚道表层磨削温度分布状态的变化历程如图 4-13a 所示，应力分布状态的变化历程如图 4-13b 和 c 所示。

表 4-4　B7008C 轴承内圈滚道磨削工艺参数

磨削参数	参数值
砂轮	A80L6V
砂轮直径 d_s/mm	497.17～500
滚道直径 d_w/mm	46.97～49.8
内圈材料	淬硬轴承钢 GCr15
砂轮转速 n_s/(r/min)	2300
工件转速 n_w/(r/min)	240
进给速度 v_f/(μm/s)	32
磨削宽度 b/mm	4.27
磨削环境	湿磨
环境温度/℃	20

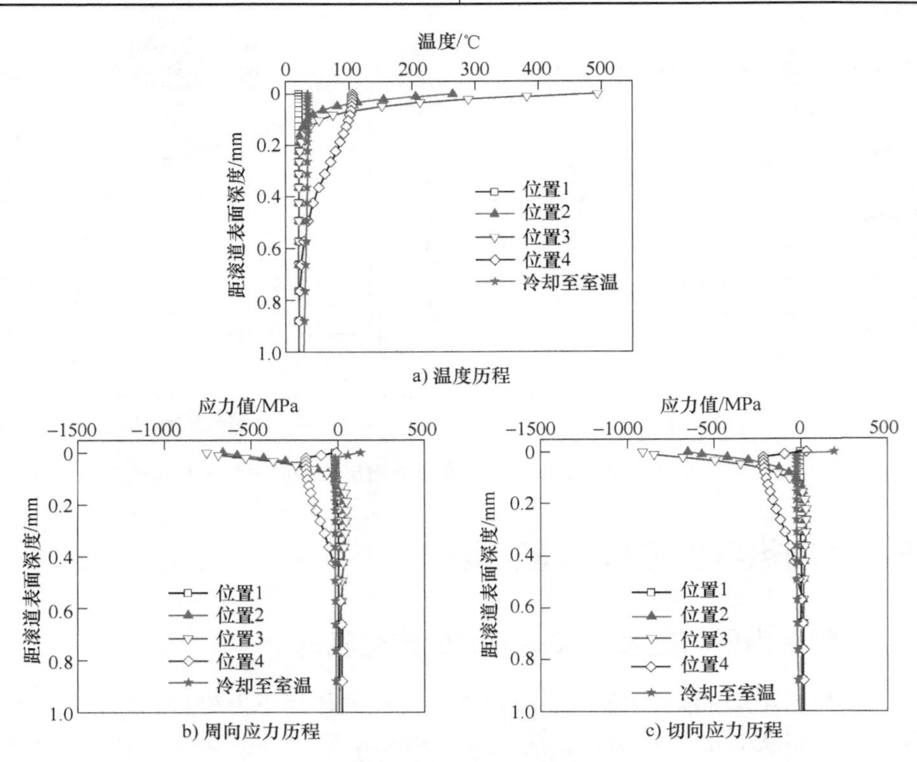

图 4-13　轴承内圈滚道表层温度和应力分布状态的变化历程

由图 4-13 可得，当磨削热源位于位置 1 时，磨削热源远离观测点，观测点处的轴承内圈滚道表层温度分布状态和应力分布状态不受磨削热源的影响。当磨削热源到达位置 2 时，观测点处的轴承内圈滚道表层材料温度升高，开始产生热膨胀。升温材料的热膨胀会受到周围材料的阻碍，从而产生压应力。当磨削热源到达位置 3 时，观测点处的轴承内圈滚道表层材料温度继续升高，热膨胀增大，导致轴承内圈滚道表层压应力以及压应力层深度随之增大。当范式等效应力超过内圈材料的屈服强度时，就会产生塑性变形。当磨削热源到达位置 4 时，靠近轴承内圈滚道表面的材料，温度开始下降，弹性变形恢复，压应力减小。远离轴承内圈滚道表面的材料，温度还在升高，热膨胀继续增大，导致压应力继续增大。将轴承内圈整体冷却到室温后，弹性变形完全恢复，塑性变形无法恢复，导致轴承内圈滚道表层产生了残余拉应力。

磨削热只会导致轴承内圈滚道表层产生残余拉应力，并且存在产生残余拉应力的临界磨削温度。当磨削温度超过临界值时，轴承内圈滚道表层会产生残余拉应力。当磨削温度低于临界值时，轴承内圈滚道表层不会产生残余拉应力。临界磨削温度主要取决于工件材料特性，尤其是屈服强度、弹性模量与热膨胀系数。Mahdi[3] 将产生残余拉应力的临界磨削温度 T_t 表示为

$$T_t = \sigma_s/(\alpha E) \tag{4-3}$$

式中，σ_s 是常温下的工件材料屈服强度；α 是常温下的工件材料热膨胀系数；E 是常温下的工件材料弹性模量。

当室温为 20℃时，利用式（4-3）可求得 B7008C 轴承内圈滚道表层产生残余拉应力的临界磨削温度为 609℃。但是式（4-3）只考虑了常温下的材料特性，这会高估临界磨削温度。有限元法可以处理随温度变化的材料特性，因此利用 B7008C 轴承内圈滚道磨削残余应力场有限元模型，可以获得更加准确的临界磨削温度。图 4-14 所示为 B7008C 轴承内圈滚道表面残余拉应力与磨削弧区最高

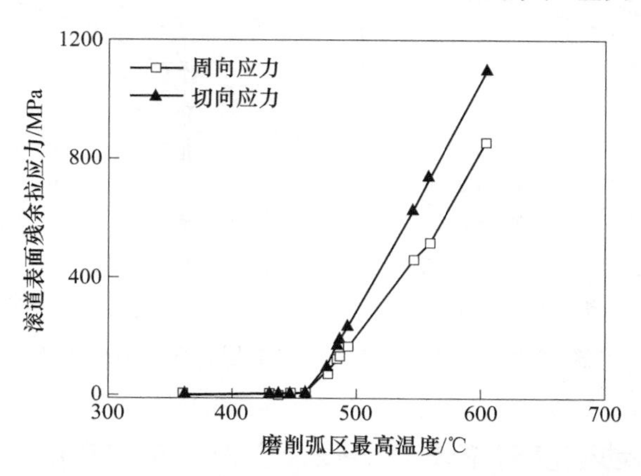

图 4-14 B7008C 轴承内圈滚道表面残余拉应力与磨削弧区最高温度之间的关系

温度之间的关系。由图 4-14 可得，当室温为 20℃时，B7008C 轴承内圈滚道表面产生残余拉应力的临界磨削温度为 460℃左右。

4.5.2 热流密度大小对滚道表层残余应力分布状态的影响

按表 4-4 中的磨削工艺参数，计算磨削热源分布 q_{wl}。在磨削热源分布 q_{wl}的基础上分别乘以因子 1.25 和 1.5，将磨削热源分布 q_{wl}、$1.25q_{wl}$和 $1.5q_{wl}$分别加载到轴承内圈滚道磨削残余应力场有限元模型中，仿真分析 B7008C 轴承内圈滚道磨削残余应力场，研究热流密度大小对轴承内圈滚道表层残余应力分布状态的影响。

热流密度大小对轴承内圈滚道表层残余应力分布状态的影响如图 4-15 所示。由图 4-15 可得如下结论：

1）热流密度增大，会导致轴承内圈滚道表面残余拉应力增大。当磨削热源分布分别为 q_{wl}、$1.25q_{wl}$和 $1.5q_{wl}$时，滚道表面周向残余拉应力分别为 132MPa、427MPa 和 844MPa，滚道表面切向残余拉应力分别为 194MPa、548MPa 和 1003MPa。

2）热流密度增大，会导致轴承内圈滚道表层残余拉应力层深度增大。当磨削热源分布分别为 q_{wl}、$1.25q_{wl}$和 $1.5q_{wl}$时，滚道表层残余拉应力层深度大约为 20.67μm、33.26μm 和 47.66μm。

3）热流密度增大，会导致轴承内圈滚道表层残余拉应力增大。在残余拉应力层内，随着热流密度的增大，周向和切向残余拉应力都会随之增大。

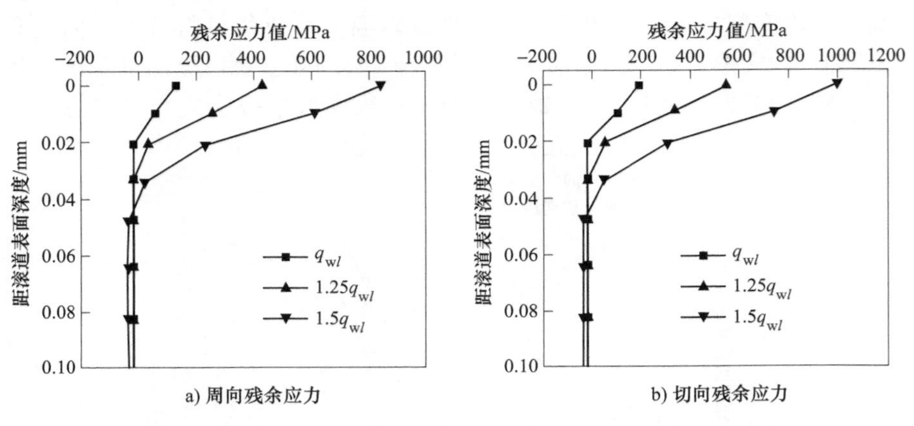

图 4-15 热流密度大小对轴承内圈滚道表层残余应力分布状态的影响

4.5.3 热源移动速度对滚道表层残余应力分布状态的影响

按表 4-4 中的磨削工艺参数，计算磨削热源分布 q_{wl}。在轴承内圈滚道磨削残余应力场有限元模型中，将热源移动速度分别设置为 180r/min、240r/min 和 300r/min，仿真分析 B7008C 轴承内圈滚道磨削残余应力场，研究热源移动速度对轴承内圈滚道表层残余应力分布状态的影响。

热源移动速度对轴承内圈滚道表层残余应力分布状态的影响如图 4-16 所示。由图 4-16 可得如下结论：

1）热源移动速度增大，会导致轴承内圈滚道表面残余拉应力减小。当热源移动速度分别为 180r/min、240r/min 和 300r/min 时，滚道表面周向残余拉应力分别为 522MPa、132MPa 和 0MPa，滚道表面切向残余拉应力分别为 739MPa、194MPa 和 0MPa。

2）热源移动速度增大，会导致轴承内圈滚道表层残余拉应力层深度减小。当热源移动速度分别为 180r/min、240r/min 和 300r/min 时，滚道表层残余拉应力层深度大约为 33.24μm、20.67μm 和 0μm。

3）热源移动速度增大，会导致轴承内圈滚道表层残余拉应力减小。在残余拉应力层内，随着热源移动速度的增大，周向和切向残余拉应力都会随之减小。

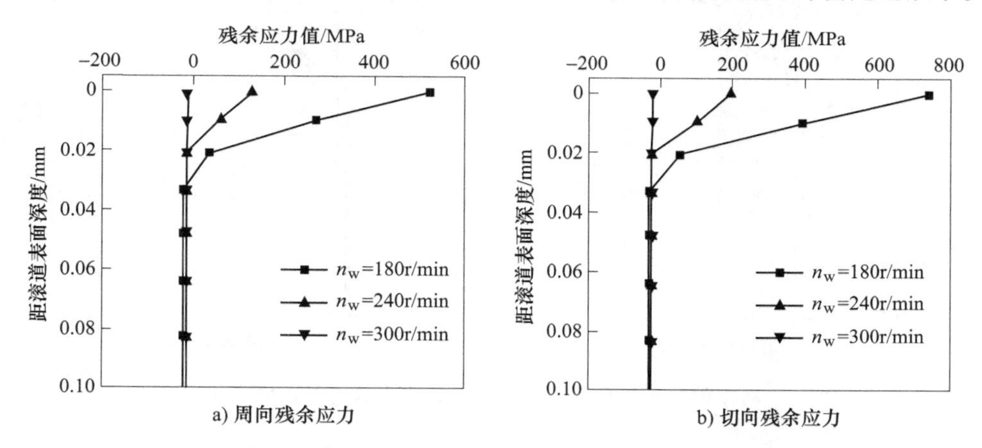

图 4-16　热源移动速度对轴承内圈滚道表层残余应力分布状态的影响

4.5.4　冷却条件对滚道表层残余应力分布状态的影响

磨削液在磨削过程中主要起冷却和润滑作用。增大对流换热系数和降低磨削液初始温度，都可以增强磨削液的冷却性能。本节主要研究对流换热系数和磨削液初始温度对滚道表层残余应力分布状态的影响。

按表 4-4 中的磨削工艺参数，计算磨削热源分布 q_{wl}。在轴承内圈滚道磨削残余应力场有限元模型中，将对流换热系数分别设置为 1514.5W/(m^2·℃)、15145W/(m^2·℃) 和 151450W/(m^2·℃)，仿真分析 B7008C 轴承内圈滚道磨削残余应力场，研究对流换热系数对轴承内圈滚道表层残余应力分布状态的影响。

对流换热系数对轴承内圈滚道表层残余应力分布状态的影响如图 4-17 所示。由图 4-17 可得如下结论：

1）对流换热系数增大，会导致轴承内圈滚道表层残余拉应力减小。当对流换热系数分别为 1514.5W/(m² · ℃)、15145W/(m² · ℃) 和 151450W/(m² · ℃) 时，滚道表层周向残余拉应力分别为 165MPa、132MPa 和 0MPa，滚道表层切向残余拉应力分别为 239MPa、194MPa 和 0MPa。

2）对流换热系数增大，会导致轴承内圈滚道表层残余拉应力层深度减小。当对流换热系数分别为 1514.5W/(m² · ℃)、15145W/(m² · ℃) 和 151450W/(m² · ℃) 时，滚道表层残余拉应力层深度大约为 25μm、19μm 和 0μm。

3）对流换热系数增大，会导致轴承内圈滚道表层残余拉应力减小。在残余拉应力层内，随着对流换热系数的增大，周向和切向残余拉应力都会随之减小。

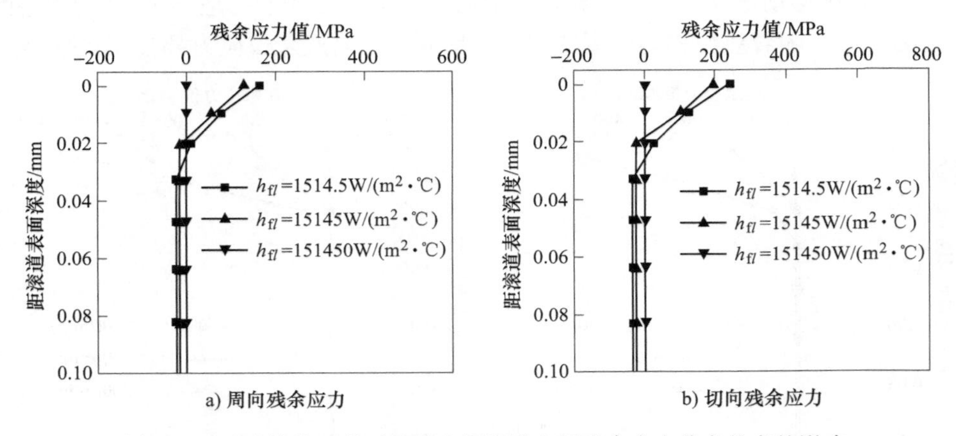

图 4-17　对流换热系数对轴承内圈滚道表层残余应力分布状态的影响

按表 4-4 中的磨削工艺参数，计算磨削热源分布 q_{wl}。在轴承内圈滚道磨削残余应力场有限元模型中，将磨削液初始温度分别设置为 -40℃、-20℃ 和 20℃，仿真分析 B7008C 轴承内圈滚道磨削残余应力场，研究磨削液初始温度对轴承内圈滚道表层残余应力分布状态的影响。

磨削液初始温度对轴承内圈滚道表层残余应力分布状态的影响如图 4-18 所示。由图 4-18 可得如下结论：

1）磨削液初始温度降低，轴承内圈滚道表面残余拉应力减小。当磨削液初始温度分别为 -40℃、-20℃ 和 20℃ 时，滚道表面周向残余拉应力分别为 107MPa、117MPa 和 132MPa，滚道表面切向残余拉应力分别为 155MPa、171MPa 和 194MPa。

2）磨削液初始温度对轴承内圈滚道表层残余拉应力层深度几乎没有影响。当磨削液初始温度分别为-40℃、-20℃和 20℃时，滚道表层残余拉应力层深度均为 20. 67μm 左右。

3）磨削液初始温度降低，轴承内圈滚道表层残余拉应力减小。在残余拉应力层内，随着磨削液初始温度的降低，周向和切向残余拉应力值都会随之减小。

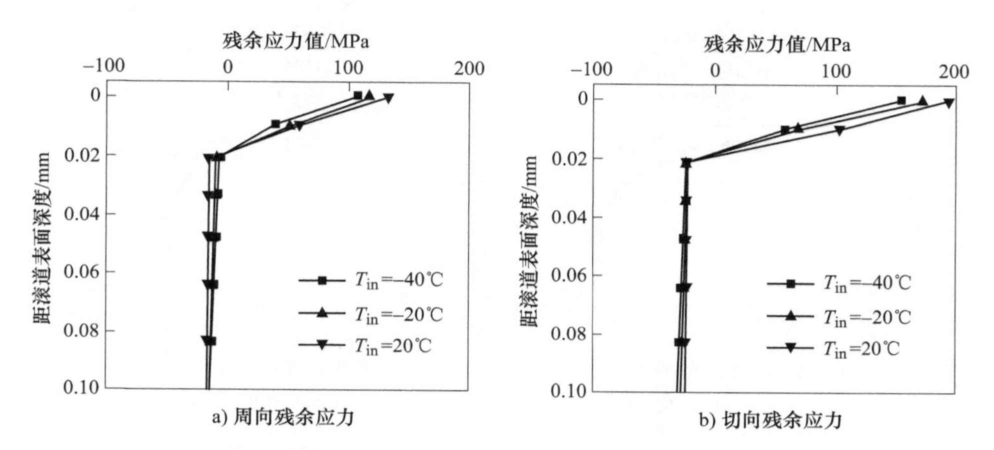

图 4-18　磨削液初始温度对轴承内圈滚道表层残余应力分布状态的影响

4.6　磨削力与磨削热耦合作用的残余应力场

4.6.1　轴承内圈滚道表层残余应力的产生机理

选取如图 4-6 所示的观测点，分析在磨削力与磨削热的耦合作用下 B7008C 轴承内圈滚道表层应力分布状态的变化历程，研究在磨削力与磨削热的耦合作用下轴承内圈滚道表层残余应力的产生机理。在表 4-3 所示的磨削工艺参数下，计算接触应力分布与磨削热源分布，接触应力与磨削热源的周向移动位置如图 4-9 所示。

在每个周向移动位置，记录观测点处的轴承内圈滚道表层应力分布状态。同时，分别记录在磨削力的作用下与在磨削热的作用下轴承内圈滚道表层应力分布状态，对比分析在磨削力的作用下、在磨削热的作用下、在磨削力与磨削热的耦合作用下轴承内圈滚道表层应力分布状态的变化历程（见图 4-19），研究在磨削力与磨削热的耦合作用下轴承内圈滚道表层残余应力分布的产生机理。

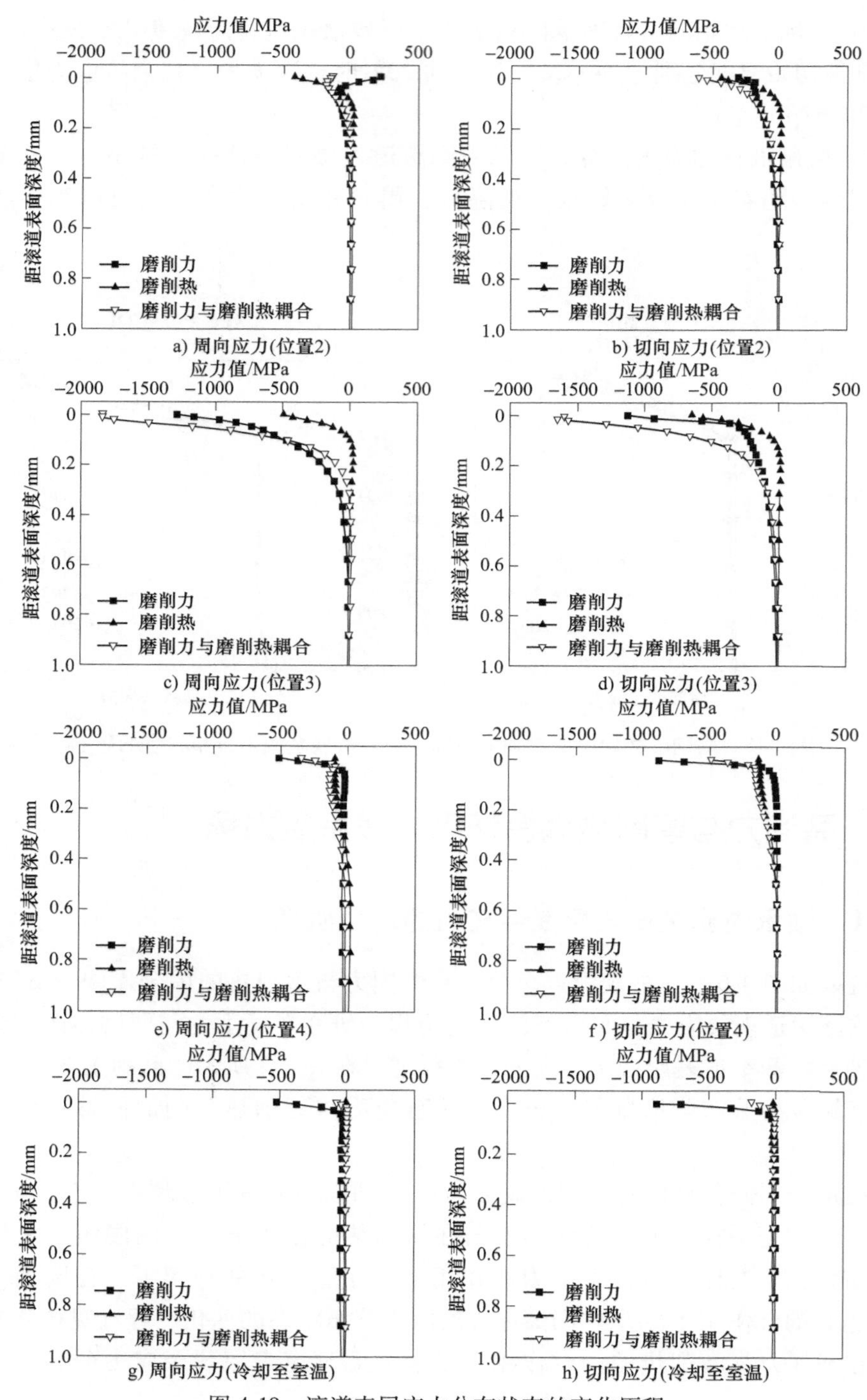

图 4-19　滚道表层应力分布状态的变化历程

当接触应力与磨削热源位于位置 1 时，观测点处的轴承内圈滚道表层材料不受接触应力与磨削热源的影响，轴承内圈滚道处于无应力状态。当接触应力与磨削热源移动到位置 2 时，观测点处的轴承内圈滚道表层材料主要受到磨削热的影响，开始产生热膨胀，从而产生压应力。由于受到切向接触应力的剪切作用，观测点处靠近轴承内圈滚道表面的材料沿周向受拉，从而会抵消一部分热应力。但是，磨削热仍起主导作用，如图 4-19a 和 b 所示。当接触应力与磨削热源移动到位置 3 时，磨削力起主导作用。磨削力与磨削热的耦合作用，导致轴承内圈滚道表层产生压应力，如图 4-19c 和 d 所示。当范式等效应力超过内圈材料的屈服强度时，就会产生塑性变形。当接触应力与磨削热源移动到位置 4 时，磨削力导致的弹性变形已经完全恢复，磨削热导致的弹性变形还未完全恢复，轴承内圈滚道表层仍然处于压应力状态，如图 4-19e 和 f 所示。将内圈整体冷却到室温后，磨削热造成的弹性变形也已经完全恢复。由于当接触应力与磨削热源位于位置 3 时，磨削力起主导作用，轴承内圈滚道表层材料的塑性变形主要由磨削力导致，因此轴承内圈滚道表层产生了残余压应力，如图 4-19g 和 h 所示。由图 4-19g 和 h 可得，与在磨削力的作用下轴承内圈滚道表层残余应力分布状态相比，在磨削力与磨削热的耦合作用下，轴承内圈滚道表面残余压应力、表层残余压应力及残余压应力层深度都会减小。因此，即使在磨削热的作用下轴承内圈滚道表层不会产生残余拉应力，但是在磨削力与磨削热的耦合作用下，从产生残余压应力的角度来看，磨削热是不利的。

在表 4-4 中的磨削工艺参数下，对比分析在磨削热的作用下、在磨削力与磨削热的耦合作用下轴承内圈滚道表层残余应力分布状态，如图 4-20 所示。由图 4-20 可得，在磨削力与磨削热的耦合作用下轴承内圈滚道表层周向残余拉应力，比在磨削热的作用下轴承内圈滚道表层周向残余拉应力大。在靠近轴承内

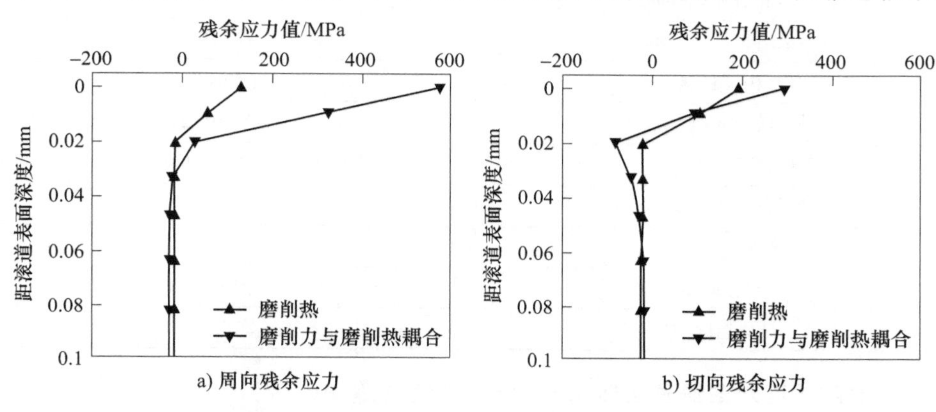

图 4-20　轴承内圈滚道表层残余应力分布状态的对比

圈滚道表面的近表层内，在磨削力与磨削热的耦合作用下产生的切向残余拉应力，比在磨削热的作用下产生的切向残余拉应力大。这是因为当接触应力与磨削热源移动到位置 3 时，磨削热起主导作用。此时，轴承内圈滚道表层材料的热膨胀，除了受到周围材料的阻碍之外，还受到切向接触应力的阻碍，导致在磨削力与磨削热的耦合作用下产生的残余拉应力，比在磨削热的作用下产生的残余拉应力大。由此可知，在磨削力与磨削热的耦合作用下，切向接触应力起到非常重要的作用。当磨削力起主导作用时，切向接触应力会促进残余压应力的产生；而当磨削热起主导作用时，切向接触应力会促进残余拉应力的产生。

4.6.2 磨削工艺参数对滚道表层残余应力分布状态的影响

在轴承内圈滚道磨削加工过程中，磨削工艺参数的变化会导致接触应力分布与磨削热源分布的变化。当磨削深度增大时，接触应力与热流密度都会增大。接触应力增大，有利于轴承内圈滚道表层产生残余压应力。而热流密度增大，不利于轴承内圈滚道表层产生残余压应力，甚至会导致轴承内圈滚道表层产生残余拉应力。当内圈转速增大时，同样会造成接触应力与热流密度增大。但是，内圈转速增大又会使磨削热源移动速度增大，这会减小磨削力与磨削热耦合作用时的热效应，有利于轴承内圈滚道表层产生残余压应力。当砂轮转速增大时，会导致接触应力减小，热流密度增大。接触应力减小与热流密度增大，都不利于轴承内圈滚道表层产生残余压应力。本节研究磨削工艺参数对轴承内圈滚道表层残余应力分布状态的影响，磨削工艺参数见表 4-5。

表 4-5　B7008C 轴承内圈滚道磨削工艺参数

磨削参数	参数值
砂轮	A80L6V
砂轮直径 d_s/mm	497.17~500
滚道直径 d_w/mm	46.97~49.8
内圈材料	淬硬轴承钢 GCr15
砂轮转速 n_s/(r/min)	1900，2300，2700
工件转速 n_w/(r/min)	240，360，480
进给速度 v_f/(μm/s)	8，16，24，32
磨削宽度 b/mm	4.27
磨削环境	湿磨
环境温度/℃	20

1. 磨削深度对滚道表层残余应力分布状态的影响

在磨削 B7008C 轴承内圈滚道时，磨削深度 a_e 由内圈转速 n_w 和进给速度 v_f

共同决定。因此，在研究磨削深度对滚道表层残余应力分布状态的影响规律时，保持内圈转速不变，只改变进给速度，见表 4-6。

表 4-6 B7008C 轴承内圈滚道磨削工艺参数

组号	砂轮转速 n_s/(r/min)	工件转速 n_w/(r/min)	进给速度 v_f/(μm/s)	磨削深度 a_e/μm
1	2300	240	8	1
2	2300	240	16	2
3	2300	240	32	4

磨削深度对轴承内圈滚道表层残余应力分布状态的影响如图 4-21 所示。由图 4-21 可得，增大磨削深度，会导致轴承内圈滚道表面残余压应力和表层残余压应力减小，甚至会产生残余拉应力。当磨削深度增大时，接触应力和热流密度都会增大。接触应力增大，会导致轴承内圈滚道表面残余压应力、表层残余压应力以及残余压应力层深度增大。而热流密度增大，会导致轴承内圈滚道表面残余拉应力、表层残余拉应力以及残余拉应力层深度增大。图 4-21 表明，当磨削深度增大时，热流密度的增大起主导作用。

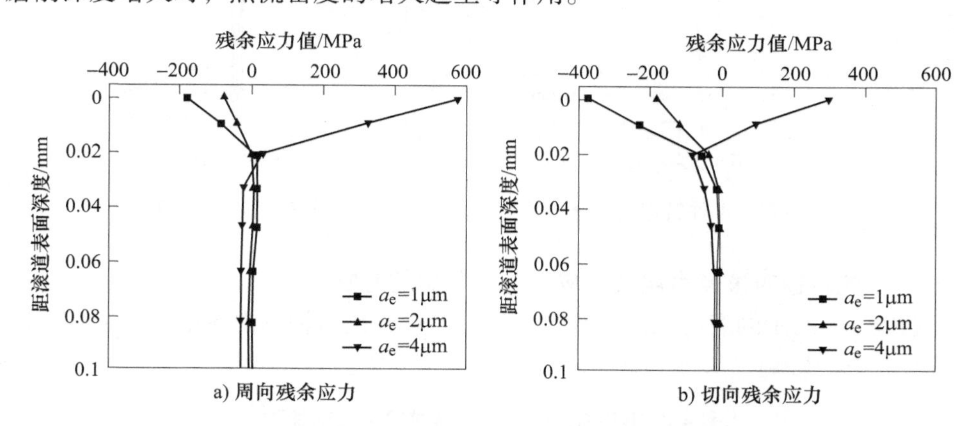

图 4-21 磨削深度对轴承内圈滚道表层残余应力分布状态的影响

2. 工件转速对滚道表层残余应力分布状态的影响

在表 4-7 所示的磨削工艺参数下，研究工件转速对轴承内圈滚道表层残余应力分布状态的影响。

表 4-7 B7008C 轴承内圈滚道磨削工艺参数

组号	砂轮转速 n_s/(r/min)	工件转速 n_w/(r/min)	进给速度 v_f/(μm/s)	磨削深度 a_e/μm
1	2300	240	16	2
2	2300	360	24	2
3	2300	480	32	2

工件转速对轴承内圈滚道表层残余应力分布状态的影响如图 4-22 所示。由图 4-22 可得，随着工件转速的增大，轴承内圈滚道表面周向残余应力和表层周向残余应力由压应力变为拉应力，表面切向残余压应力几乎没有变化，表层切向残余压应力略微增大。当工件转速增大时，会同时造成接触应力与热流密度增大。接触应力增大，有利于轴承内圈滚道表层产生残余压应力。热流密度增大，导致磨削温度升高，不利于轴承内圈滚道表层产生残余压应力。但是，当工件转速增大时，又会导致磨削温度降低，有利于轴承内圈滚道表层产生残余压应力。图 4-22 表明，当工件转速增大时，轴承内圈滚道表层周向残余应力的变化主要由热流密度增大所致，切向残余应力的变化主要由接触应力增大所致。

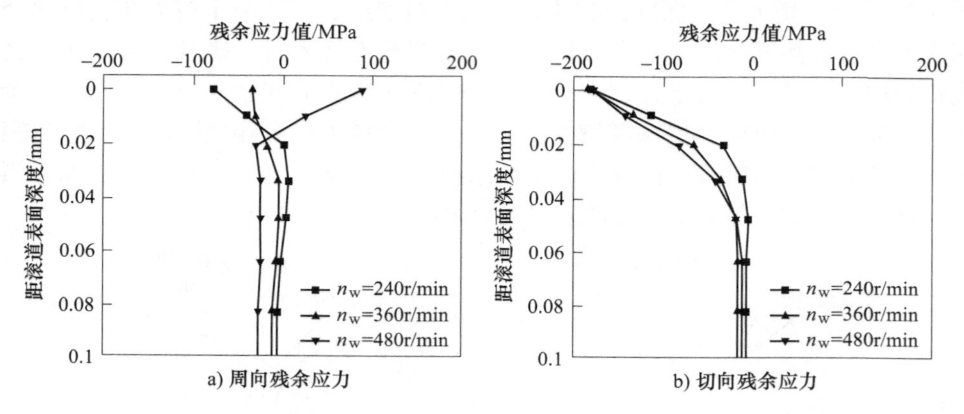

图 4-22　工件转速对轴承内圈滚道表层残余应力分布状态的影响

3. 砂轮转速对滚道表层残余应力分布状态的影响

在表 4-8 所示的磨削工艺参数下，研究砂轮转速对轴承内圈滚道表层残余应力分布状态的影响。

表 4-8　B7008C 轴承内圈滚道磨削工艺参数

组号	砂轮转速 n_s/(r/min)	工件转速 n_w/(r/min)	进给速度 v_f/(μm/s)	磨削深度 a_e/μm
1	1900	480	32	2
2	2300	480	32	2
3	2700	480	32	2

砂轮转速对轴承内圈滚道表层残余应力分布状态的影响如图 4-23 所示。由图 4-23 可得，随着砂轮转速的增大，轴承内圈滚道表面周向残余应力和表层周向残余应力由压应力变化为拉应力。轴承内圈滚道表面切向残余压应力和表层切向残余压应力随着砂轮转速的增大而减小。这是因为当砂轮转速增大时，接

触应力减小，热流密度增大。而接触应力的减小与热流密度的增大，都不利于轴承内圈滚道表层产生残余压应力。

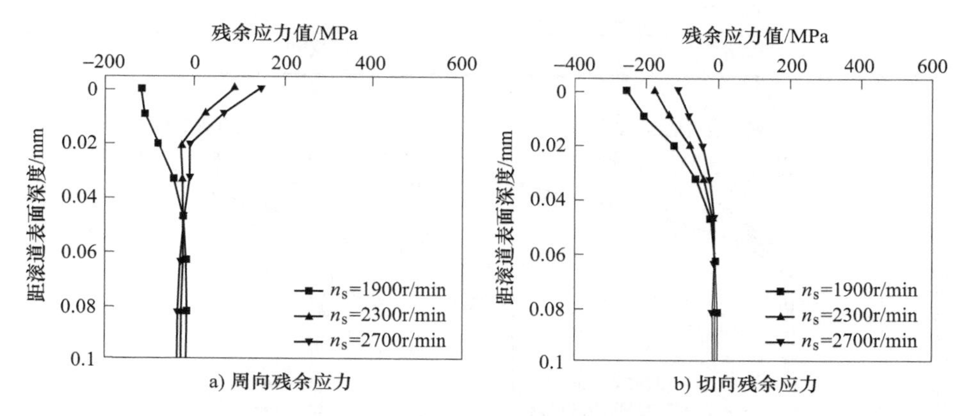

图 4-23　砂轮转速对轴承内圈滚道表层残余应力分布状态的影响

根据磨削工艺参数对轴承内圈滚道表层残余应力分布状态的影响可得，增大砂轮转速和磨削深度，会导致轴承内圈滚道表层残余压应力减小，甚至会产生残余拉应力。增大工件转速，会导致轴承内圈滚道表层周向残余压应力减小，切向残余压应力会略微增大。与砂轮转速和磨削深度相比，工件转速对轴承内圈滚道表层残余应力分布状态的影响较小。在磨削轴承内圈滚道时，磨削深度 a_e 由工件转速 n_w 和砂轮进给速度 v_f 共同决定，并且 $a_e=30v_f/n_w$。增大工件转速，会减小磨削深度。因此，在磨削轴承内圈滚道时，为了使轴承内圈滚道表层产生残余压应力，在兼顾表面粗糙度与磨削效率的前提下，应增大工件转速，减小砂轮转速与砂轮进给速度。

4.6.3　冷却润滑条件对滚道表层残余应力分布状态的影响

在轴承内圈滚道磨削过程中，磨削液主要起冷却和润滑作用。增大对流换热系数与降低磨削液初始温度，都可以增强磨削液的冷却性能。磨削液的润滑性能越好，磨削过程中磨削力比越小。本节通过分析对流换热系数、磨削液初始温度和磨削力比对轴承内圈滚道表层残余应力分布状态的影响，研究冷却润滑条件对轴承内圈滚道表层残余应力分布状态的影响。

在表 4-9 所示的磨削工艺参数下，研究对流换热系数对轴承内圈滚道表层残余应力分布状态的影响。在第 1 组磨削工艺参数下，对流换热系数对轴承内圈滚道表层残余应力分布状态的影响如图 4-24 所示。在第 2 组磨削工艺参数下，对流换热系数对轴承内圈滚道表层残余应力分布状态的影响如图 4-25 所示。

表 4-9 B7008C 轴承内圈滚道磨削工艺参数

组号	砂轮转速 n_s/(r/min)	工件转速 n_w/(r/min)	进给速度 v_f/(μm/s)	磨削深度 a_e/μm
1	2300	240	32	4
2	2300	240	16	2

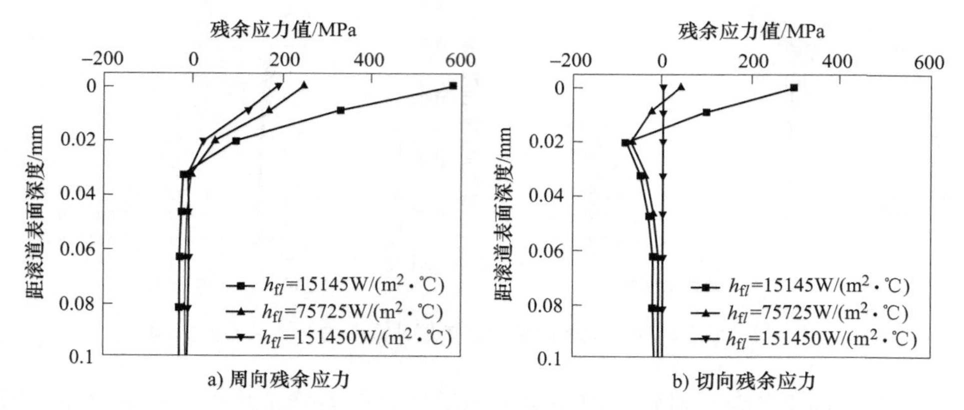

图 4-24 对流换热系数对轴承内圈滚道表层残余应力分布状态的影响（一）

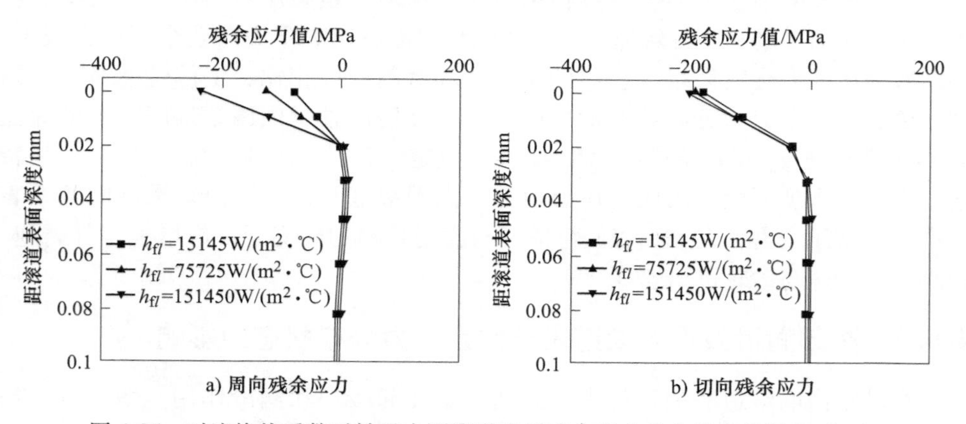

图 4-25 对流换热系数对轴承内圈滚道表层残余应力分布状态的影响（二）

由图 4-24 可得，增大对流换热系数，可以减小轴承内圈滚道表面残余拉应力和表层残余拉应力。由图 4-25 可得，增大对流换热系数，可以增大轴承内圈滚道表面残余压应力和表层残余压应力。对比分析图 4-24 和图 4-25 可得，当轴承内圈滚道表层处于压应力状态时，对流换热系数对周向残余应力的影响比较显著，对切向残余应力的影响较小。当轴承内圈滚道表层处于拉应力状态时，对流换热系数对周向残余应力和切向残余应力的影响都很显著。当对流换热系数从 15145W/(m^2·℃) 增大到 151450W/(m^2·℃)，在轴承内圈滚道表层处于残余压应力的状态时，轴承内圈滚道表面周向残余压应力由 78MPa 增大到 234MPa，表面切向残余压应力由 181MPa 增大到 208MPa。在轴承内圈滚道表层处于残余拉应力状态时，轴承内圈滚道表面周向残余拉应力由 578MPa 减小到 189MPa，表面切向残余拉应力由 296MPa 减小到 0MPa。由此可得，在磨削力与磨削热的耦合作用下，当磨削热起主导作用时，对流换热系数对轴承内圈滚道表层残余应力分布状态的影响更加显著。

在表 4-9 中的第 1 组磨削工艺参数下，研究磨削液初始温度对轴承内圈滚道表层残余应力分布状态的影响，如图 4-26 所示。由图 4-26 可得，降低磨削液初始温度可以减小轴承内圈滚道表面残余拉应力和表层残余拉应力。但是，与对流换热系数相比，磨削液初始温度对轴承内圈滚道表层残余应力分布状态的影响较小。

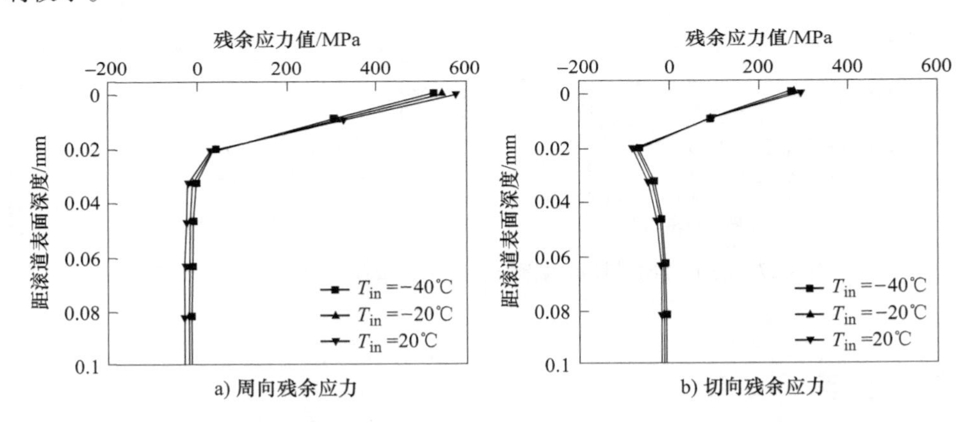

图 4-26 磨削液初始温度对轴承内圈滚道表层残余应力分布状态的影响

在表 4-9 中的第 2 组磨削工艺参数下，求得磨削力比 $\sum P_{tl}/\sum P_{nl}=0.5$。保持法向接触应力分布 P_{nl} 不变，在切向接触应力分布 P_{tl} 的基础上乘以因子 0.8，那么磨削力比等于 0.4。在轴承内圈滚道磨削过程中，切向磨削力减小同时会造成热流密度减小。因此，在磨削热源分布 q_{wl} 的基础上也乘以因子 0.8。对比分析当磨削力比分别为 0.5 与 0.4 时的轴承内圈滚道表层残余应力分布状态，研究磨削力比对轴承内圈滚道表层残余应力分布状态的影响，如图 4-27 所示。

由图 4-27 可得，磨削力比减小，会导致轴承内圈滚道表面残余压应力减小，以及在距滚道表面大约 5μm 的深度范围内的残余压应力减小。但是，磨削力比减小，会导致在距滚道表面大约 5μm 的深度范围以外的残余压应力增大，以及残余压应力层深度增大。在磨削力与磨削热的耦合作用下，当磨削力起主导作用时，磨削力比的减小，一方面会导致切向接触应力减小，不利于轴承内圈滚道表层产生残余压应力；另一方面，磨削力比的减小会导致热流密度减小，有利于轴承内圈滚道表层产生残余压应力。图 4-27 表明，轴承内圈滚道表面残余压应力与近表层残余压应力的减小，主要由切向接触应力的减小所致。轴承内圈滚道次表层残余压应力以及残余压应力层深度的增大，主要由热流密度的减小所致。在磨削力与磨削热的耦合作用下，当磨削热起主导作用时，切向接触应力与热流密度的减小，都不利于轴承内圈滚道表层产生残余拉应力。因此，可以合理地预测，磨削力比减小会导致轴承内圈滚道表面残余拉应力、表层残余拉应力及残余拉应力深度减小。

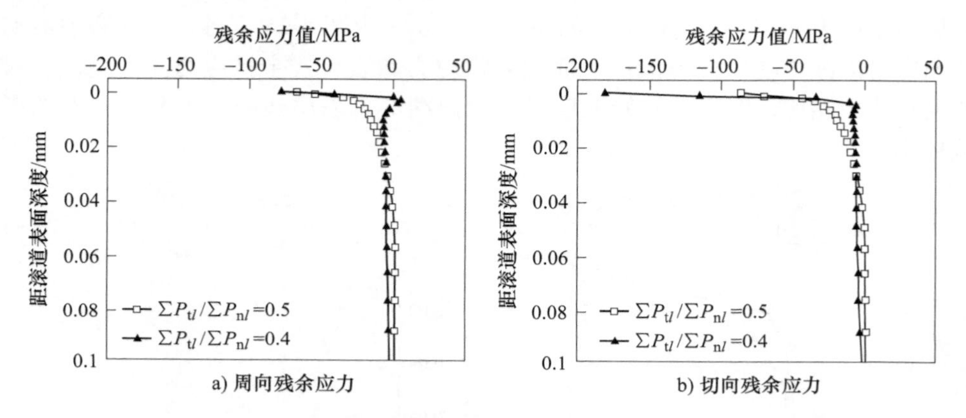

图 4-27　磨削力比对轴承内圈滚道表层残余应力分布状态的影响

4.7　小结

本章建立了 B7008C 轴承内圈滚道磨削残余应力场有限元模型，研究了在磨削力的作用下、在磨削热的作用下、在磨削力与磨削热的耦合作用下轴承内圈滚道磨削残余应力的产生机理，并分析了磨削工艺参数和冷却润滑条件对轴承内圈滚道表层磨削残余应力分布状态的影响。主要结论如下：

1）建立了轴承内圈滚道磨削残余应力场有限元模型，揭示了轴承内圈滚道表层磨削残余应力的产生机理，建立了轴承内圈滚道磨削残余应力场耦合分析方法。

2）磨削力导致轴承内圈滚道表层产生残余压应力。在磨削力的作用下，增大接触应力与减小磨削力比，会导致轴承内圈滚道表面残余压应力、表层残余压应力以及残余压应力层深度增大，接触应力移动速度对轴承内圈滚道表层残余应力分布状态没有影响。

3）磨削热导致轴承内圈滚道表层产生残余拉应力，产生残余拉应力的临界磨削温度为 460℃左右。在磨削热的作用下，减小热流密度、增大热源移动速度与增大对流换热系数，都有利于减小轴承内圈滚道表面残余拉应力、表层残余拉应力以及残余拉应力层深度。降低磨削液初始温度，会使轴承内圈滚道表面残余拉应力和表层残余拉应力减小，对残余拉应力层深度影响不大。

4）在磨削力与磨削热的耦合作用下，当磨削力起主导作用时，轴承内圈滚道表层产生残余压应力；当磨削热起主导作用时，轴承内圈滚道表层产生残余拉应力。当磨削力起主导作用时，切向接触应力会促进残余压应力的产生；当磨削热起主导作用时，切向接触应力会促进残余拉应力的产生。

5）增大砂轮转速与磨削深度，不利于轴承内圈表层产生残余压应力。相比于砂轮转速与磨削深度，工件转速对轴承内圈滚道表层残余应力分布状态的影响较小。

6）增大对流换热系数与降低磨削液初始温度，有利于轴承内圈滚道表层产生残余压应力。与对流换热系数相比，磨削液初始温度对轴承内圈滚道表层残余应力分布状态的影响较小。减小磨削力比，会使轴承内圈滚道表层残余压应力层深度增大。

7）为了使轴承内圈滚道表层产生残余压应力，在兼顾滚道表面粗糙度与磨削效率的前提下，应增大工件转速，减小砂轮转速与砂轮进给速度，增强磨削液的冷却与润滑性能。

参 考 文 献

[1] GUO Y B，LIU C R. Mechanical properties of hardened AISI 52100 steel in hard machining processes [J]. Journal of Manufacturing Science and Engineering，2002，124（1）：1-9.

[2] EL-HELIEBY S O A，ROWE G W. A quantitative comparison between residual stresses and fatigue properties of surface-ground bearing steel（En 31）[J]. Wear，1980，58（1）：155-172.

[3] MAHDI M. A numerical investigation into the mechanisms of residual stresses induced by surface grinding [D]. Sydney：University of Sydney，1998.

第5章 轴承内圈滚道磨削变质层

5.1 引言

磨削变质层分为白层和暗层，两种组织都会对轴承寿命产生不利影响，需在磨削阶段尽量避免、降低，或在研磨阶段去除。因此，需选择合理的磨削工艺参数，使磨削过程对工件材料组织产生的负面影响降至最低。磨削暗层与磨削温度场的分布密切相关，因此本章首先计算轴承滚道磨削温度场，并根据磨削温度场对磨削暗层厚度进行预测，得到了磨削参数与滚道表面暗层厚度的数值关系。轴承滚道磨削温度通常低于材料的奥氏体化温度，磨削白层主要是由磨粒的切削和冲击作用产生的，本章通过建立单颗磨粒切削的有限元模型，分析研究了单颗磨粒切削时在工件材料中产生的温度及应力对白层产生的影响。最后，本章提出了综合考虑磨削表面粗糙度、暗层厚度及加工效率的轴承滚道磨削工艺规划的方法。

5.2 轴承内圈滚道磨削暗层厚度预测

对于GCr15轴承钢材料，磨削温度超过150℃时发生回火，形成暗层组织。因此在获得磨削温度场后，可以根据不同深度下的温度确定磨削暗层厚度。获取有限元模型中各节点的温度值，按照节点的深度方向坐标降序排序并在坐标值相同的节点中按照温度降序排序，可得到距工件表面各深度下的磨削温度最高值，取温度为150℃附近的节点，对节点的坐标值进行线性插值，即可得到温度为150℃的深度，此深度即可认为是磨削暗层的厚度。

5.2.1 轴承内圈滚道磨削温度场

轴承滚道为内凹的回转面，滚道轴向截面各点处所对应的砂轮线速度、工件线速度各不相同。然而在轴承滚道磨削时，由于滚道最低点处散热困难，磨削温度最高，最容易产生磨削变质层，同时，轴承工作时，滚道最低点承受最大接触压力，因此可仅取内圈轴向截面且取内圈 1/4 圆周建立二维有限元模型，计算轴承滚道最低点处的磨削温度。轴承滚道磨削有限元模型如图 5-1 所示，图中 1/4 圆环外侧为内圈滚道最低点圆，直径为 46. 97mm，内侧为内圈内径，直径为 40mm。将图 3-36 中的磨削弧区传入工件的热流密度分布加载至有限元模型中计算轴承滚道磨削温度场，计算结果如图 5-2 所示。

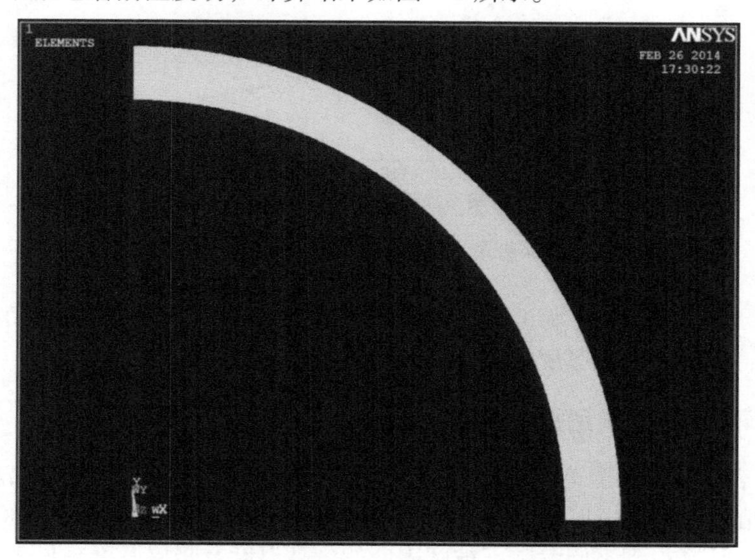

图 5-1　轴承滚道磨削有限元模型

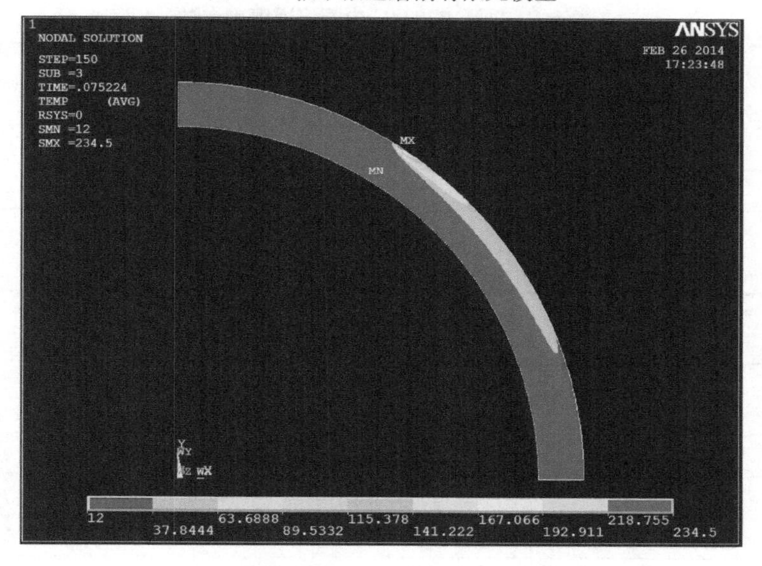

图 5-2　轴承滚道磨削温度场计算结果（$t=0.75224$s）

取距离被磨表面不同深度下各节点最高温度值，如图 5-3 所示。

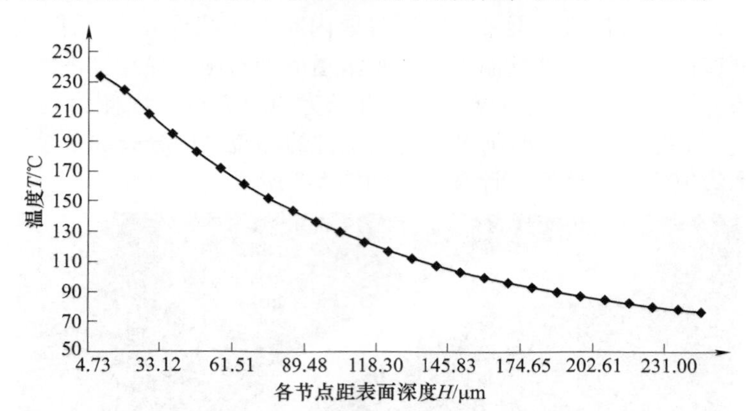

图 5-3　距离被磨表面不同深度下各节点最高温度值

由图 5-3 可知，最高温度为 234.5℃。温度为 150℃ 所对应的深度为 69.34μm，即磨削暗层厚度。

5.2.2　轴承内圈滚道磨削暗层厚度

按照表 5-1 中的磨削参数，计算各磨削参数对磨削温度场及暗层厚度的影响，令磨削深度为 1μm、1.5μm 和 2μm，工件转速为 120r/min、180r/min 和 240r/min，计算得到不同参数下被磨表面的最高温度及暗层厚度，见表 5-2。

表 5-1　轴承 B7008C 内圈滚道磨削参数

滚道磨削参数	数值
砂轮直径 d_s/mm	500
滚道直径 d_w/mm	47
砂轮转速 n_s/(r/min)	2300
工件转速 n_w/(r/min)	120
横向进给速度 v_f/(μm/s)	8

表 5-2　不同磨削参数下被磨表面的最高温度及暗层厚度

序号	磨削深度 a_e/μm	工件轴转速 n_w/(r/min)	最高温度 T_{max}/℃	暗层厚度 H/μm
1	1	120	135.2	0
2	1	180	149.8	0
3	1	240	164.3	8.3
4	1.5	120	184.4	32.4

（续）

序号	磨削深度 a_e/μm	工件轴转速 n_w/(r/min)	最高温度 T_{max}/℃	暗层厚度 H/μm
5	1.5	180	217.5	36.7
6	1.5	240	250.1	43.4
7	2	120	234.5	69.3
8	2	180	283.1	71.8
9	2	240	332.8	78.5

由表中数据可知，暗层厚度受磨削深度影响较大，磨削深度增加时，暗层厚度显著加大。工件轴转速对暗层厚度影响较小，虽然增大工件轴转速增加了磨削弧区的最高温度，但是由于工件转速加快时工件表层材料被加热的时间缩短，磨后随即被磨削液冷却，导致工件材料所吸收的热量未显著增加，因此工件轴转速对暗层厚度的影响较小。

5.3 基于单颗磨粒切削有限元模拟的磨削白层研究

磨削白层厚度一般在 10μm 以内，磨削白层产生的原因是多方面的。若磨削弧区温度高于奥氏体相变温度 Ac_1 时，工件表层材料会产生较厚的白层组织。若磨削弧区温度低于奥氏体相变温度 Ac_1 时也可能会产生白层组织，原因是磨削弧区内磨粒与工件材料接触点处形成很高的闪温，超过了钢材的熔化温度，同时单颗磨粒切削使材料表层发生了严重的塑性变形，使晶粒细化，降低了材料的相变温度。因此，这种情况下磨削白层是在闪温与塑性变形两种因素的共同作用下产生的。通过单颗磨粒切削模拟，可分析工件表层的应力、温度对白层形成的影响。

5.3.1 几何模型

采用大型通用有限元软件 Abaqus 进行建模和计算。所建立的单颗磨粒切削有限元模型为二维模型，如图 5-4 所示，工件长度为 0.5mm，高度为 0.1mm。磨粒是顶角为 90°、顶端半径为 40μm 的圆锥体。由于砂轮直径远大于切削深度，因此在磨粒切削过程中可认为是水平相对运动，磨粒的切削深度为 15μm，切削速度为 60m/s，设置摩擦系数 $\mu=0.3$，传入工件的热量分配比为 80%。由于砂轮磨粒的硬度比工件高很多，因此将磨粒设置为解析刚体，无须划分网格，工件使用四边形网格

图 5-4 单颗磨粒切削有限元模型

划分，单元类型为4节点缩减积分的热-结构耦合显式单元CPE4RT，单元长度为1μm。磨粒切削深度数值选择偏大，是因为在实际磨削过程中，单颗磨粒所划过的工件表面并不是平面，而是由其他磨粒切后形成的复杂表面，因此其切削深度有可能会变大，也会形成高闪温及白层组织。

5.3.2 材料模型

单颗磨粒切削时，工件材料发生塑性流动并承受高应变、高应变率和高温。目前常用的热-黏塑性本构模型主要有Follansbee-Kocks模型、Bonder-Paton模型、Johnson-Cook模型和Zerrilli-Armstrong模型等[1]。其中Johnson-Cook模型是一种应用于大应变、高应变速率、考虑高温变形的本构模型，因此适用于单颗磨粒的切削过程。Johnson-Cook本构方程为

$$\sigma = [A + B\varepsilon^n]\left[1 + C\ln\left(\frac{\dot{\varepsilon}}{\dot{\varepsilon}_0}\right)\right]\left[1 - \left(\frac{T - T_r}{T_m - T_r}\right)^m\right] \tag{5-1}$$

式中，σ是范式等效流变应力；A是材料屈服极限；B是加工硬化模量；n是硬化系数；C是应变速率常数；m是热软化常数；$\dot{\varepsilon}$是等效塑性应变率；$\dot{\varepsilon}_0$是应变速率参考值；T_r是温度参考值（室温）；T_m是材料熔化温度。对于GCr15钢，Johnson-Cook本构方程中的参数见表5-3。

表5-3 GCr15钢Johnson-Cook本构方程中的参数[2]

A/MPa	B/MPa	n	C	m	T_m/℃	T_r/℃
1712	408	0.391	0.021	1.21	1487	25

Johnson-Cook模型使用的是动态断裂失效模型，这种模型适用于高应变率下的金属变形。Johnson-Cook动态断裂失效模型是基于单元积分点处等效塑性应变的值，当断裂参数D的值超过1时即假定断裂发生。断裂参数D的定义如下[3]

$$D = \sum\left(\frac{\Delta\bar{\varepsilon}^{pl}}{\bar{\varepsilon}_f^{pl}}\right) \tag{5-2}$$

式中，$\Delta\bar{\varepsilon}^{pl}$是等效塑性应变增量；$\bar{\varepsilon}_f^{pl}$是断裂应变，在分析过程中所有增量都被求和。假定断裂应变$\bar{\varepsilon}_f^{pl}$依赖于无量纲塑性应变率$\dot{\bar{\varepsilon}}^{pl}/\dot{\varepsilon}_0$、无量纲偏压力率$p/q$和无量纲温度$\hat{\theta} = (T - T_0)/(T_{melt} - T_0)$。在Johnson-Cook模型中，$\bar{\varepsilon}_f^{pl}$的依赖性是可分离的，并存在如下关系式

$$\bar{\varepsilon}_f^{pl} = \left[D_1 + D_2\exp\left(D_3\frac{p}{q}\right)\right]\left[1 + D_4\ln\left(\frac{\dot{\bar{\varepsilon}}^{pl}}{\dot{\varepsilon}_0}\right)\right]\left(1 + D_5\frac{T - T_0}{T_{melt} - T_0}\right) \tag{5-3}$$

式中，$D_1 \sim D_5$分别是在转变温度或低于转变温度T的情况下测得的失效系数；p是压应力；q是范式应力；$\dot{\varepsilon}_0$是参考应变率；$\bar{\varepsilon}_f^{pl}$和$\dot{\bar{\varepsilon}}^{pl}$分别是失效时的等效应

变和应变率。GCr15 钢的失效系数 $D_1 \sim D_5$ 见表 5-4。

表 5-4　GCr15 钢的失效系数

D_1	D_2	D_3	D_4	D_5
-0.09	0.25	-0.5	0.014	3.87

工件材料 GCr15 轴承钢的化学成分见表 5-5，基本物理属性见表 5-6。

表 5-5　GCr15 钢的化学成分[4]

化学成分	C	Mn	Si	Cr	P	S	Ni
比例（%）	0.98~1.1	0.35	0.25	1.5	<0.25	<0.25	0.06

表 5-6　GCr15 钢的基本物理属性[5-7]

温度 /℃	杨氏模量 /GPa	泊松比	热膨胀系数 /10^{-6}K	热导率 /(W/mK)	比热 /[J/(kg·K)]	密度 /(kg/m³)
22	201	0.277	11.5	52.5	458	7827
200	179	0.269	12.6	47.5	640	
400	163	0.255	13.7	41.5	745	
600	103	0.342	14.9	32.5	798	
800	86.9	0.396	15.3	26		
1000	67	0.490	15.3	29		
1500	—	—	14.9	30		

5.3.3　计算结果

计算结果如图 5-5~图 5-7 所示，其中，图 5-5 所示为当切削时间 $t=1.66\times10^{-5}$s

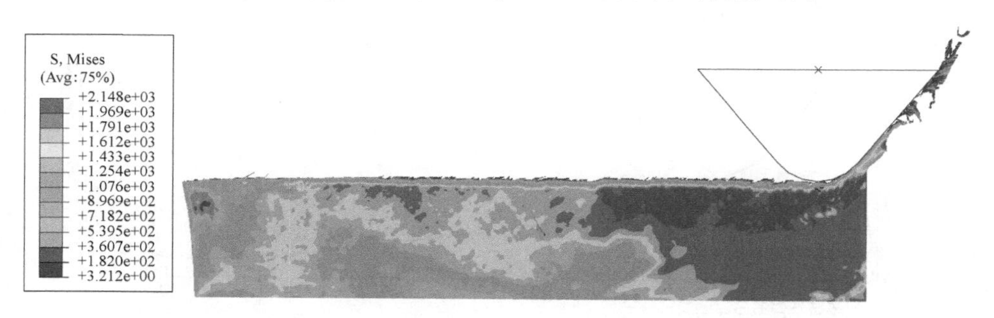

图 5-5　当 $t=1.66\times10^{-5}$s 时工件中范式应力的分布

时工件中范式应力的分布，图 5-6 所示为当切削时间 $t=1.66\times10^{-5}$s 时工件中温度的分布，图 5-7 所示为磨削表面及次表面的范式应力及温度沿深度方向上的分布。

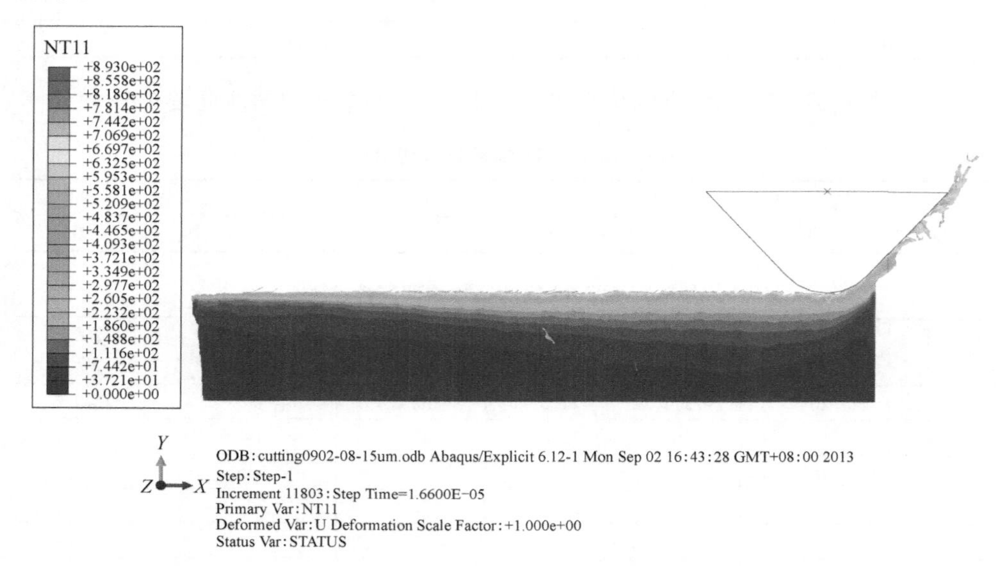

图 5-6 当 $t=1.66\times10^{-5}$s 时工件中温度的分布

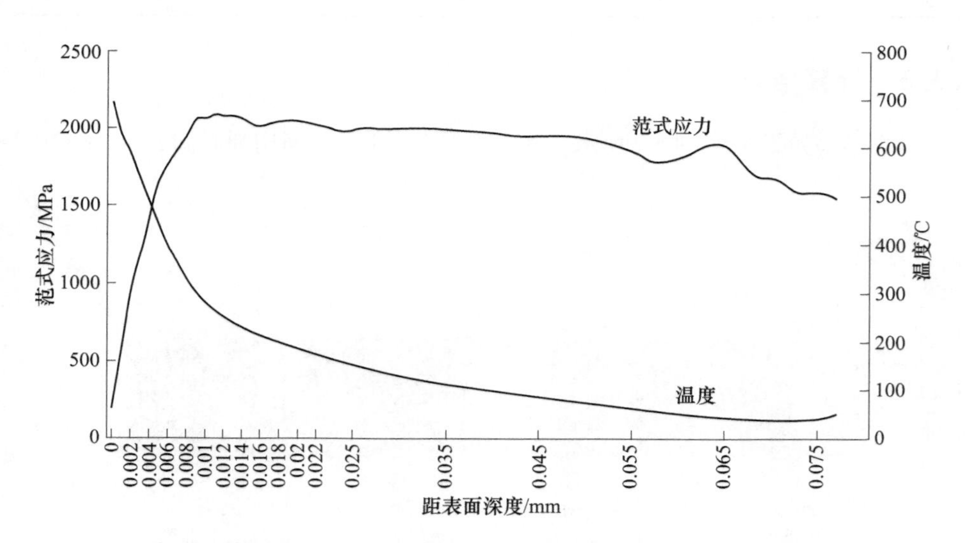

图 5-7 磨削表面及次表面的范式应力及温度沿深度方向上的分布

由图 5-5 可知次表层最大范式应力为 2148MPa，由图 5-6 可知工件最高温度为 893℃，超过了材料的奥氏体化温度 Ac_1。由图 5-7 可知距磨削表面 0～5μm 深度处磨削温度较高，已经接近或超过材料的奥氏体化温度，表层深度在 0~10μm 范围内温度梯度比较大。虽然由于应力释放作用，其表面应力较低，但在磨粒切削过程中仍然经历了高应力。距表面 0.08mm 的深度下的最大范式应力较高（约 2000MPa），超过了材料的屈服强度。

将磨粒切后的截面放大观察，标注工件温度超过相变温度的部分（见图 5-8）。

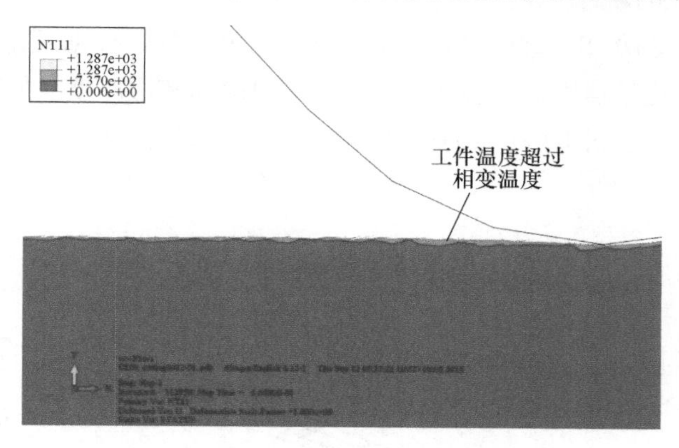

图 5-8　切后工件表面温度分布

由图 5-8 可知，与磨削弧区整体温升超过相变温度形成的连续均匀分布的白层组织不同，单颗磨粒切削形成的白层在工件表面的分布是随机且不连续的。该现象可在第 6 章的试验研究中得到证实。

单颗磨粒切削工件材料时，工件表层深经历了剧烈的应变过程，将产生很大的塑性变形，是工件材料组织晶粒细化的主要原因。同时磨粒产生的闪温温度很高，已接近或超过材料的奥氏体化温度 Ac_1，温度梯度较大，达到 200℃/μm，因此在磨削弧区整体温度较低的情况下，由单颗磨粒切削工件材料，也可能会使工件材料表层产生白层组织。

5.4　轴承内圈磨削工艺规划方法研究

轴承滚道磨削表面粗糙度受工件转速影响较大，而暗层厚度受磨削深度影响较大。当工件转速提高以及磨削深度增加时，虽然可提高加工效率，但是磨削功率增加，磨削时产生的热量增加，因此会对磨削表面质量产生不良影响。为减小磨削热的产生，应降低工件转速和磨削深度，但同时也增加了磨削时间，降低了加工效率。例如，采用 $n_w = 240$r/min、$a_e = 2$μm 和 $n_w = 120$r/min、$a_e = 1$μm 两组磨削参数所对应的横向进给速度 v_f 分别为 16μm/s 和 4μm/s，后者加工效率为前者的 1/4。在生产实践中磨削过程通常分为粗磨、精磨和无火花磨削三个过程，其中无火花磨削进给速度为零，应持续一段时间以改善表面质量。粗磨和精磨两个过程中，工件转速不变，但有各自不同的磨削余量和进给速度。因此在总余量一定的情况下，如何分配两阶段的余量和设定进给速度，使得暗层厚度可控，满足工艺技术要求，同时使生产效率最大化，是轴承滚道磨削工艺规划方法研究的目标。

以角接触球轴承 B7008C 内圈滚道磨削为研究对象，根据理论模型，计算了不同工件转速和进给速度下的磨削功率、最高温度和暗层厚度，如图 5-9～图 5-11 所示，以此为基础探讨 B7008C 轴承内圈磨削工艺规划的方法。

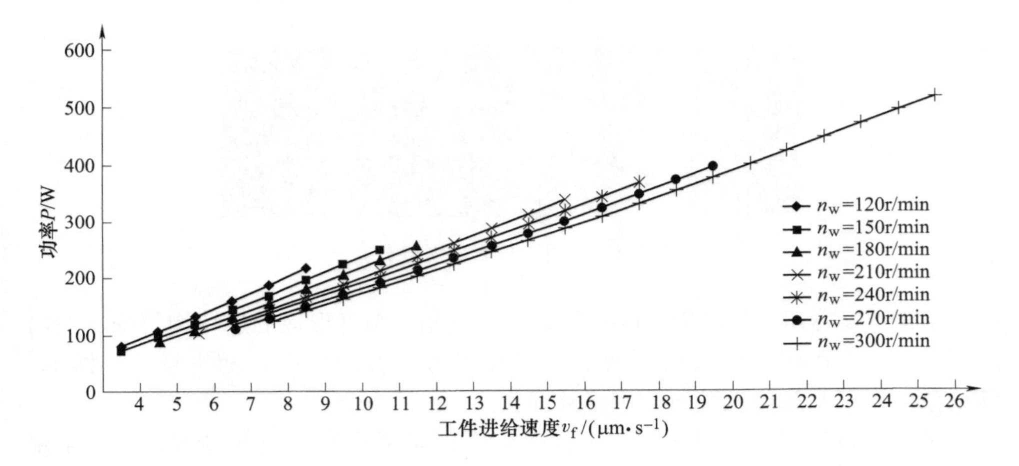

图 5-9　不同工件转速和进给速度下的磨削功率

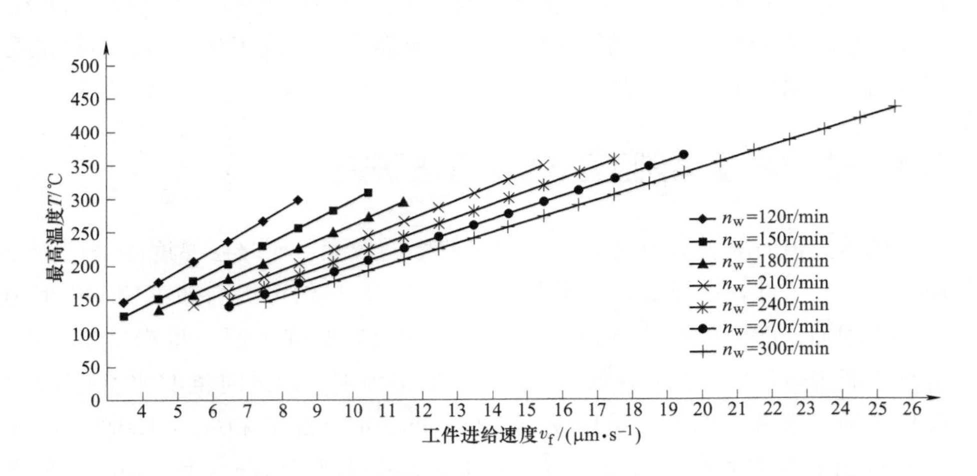

图 5-10　不同工件转速和进给速度下的最高温度

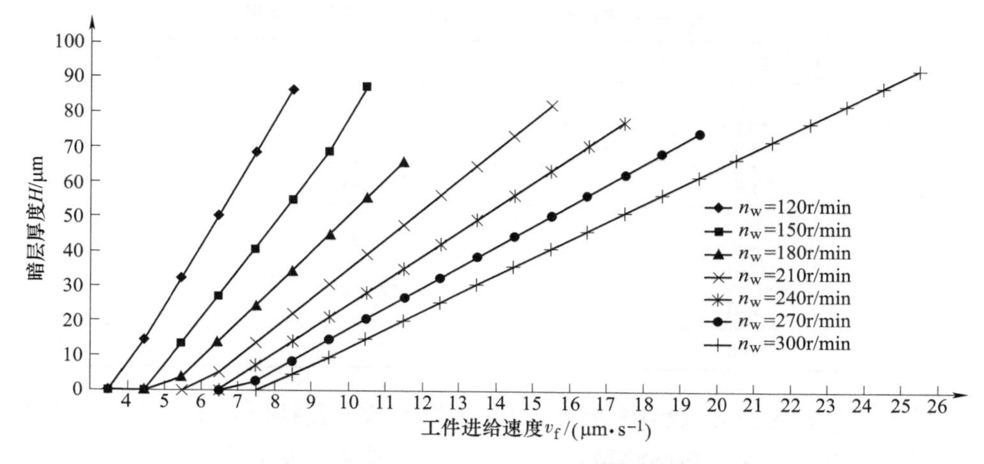

图 5-11　不同工件转速和进给速度下的暗层厚度

根据本章及第 3 章中的分析，得到了磨削参数与磨削表面粗糙度及暗层厚度的数值关系，可在此基础上提出 B7008C 轴承内圈磨削工艺规划的方法，分为以下几个步骤实现：

步骤一：确定工件转速。首先应使该工艺参数满足磨削表面粗糙度要求，根据本文理论计算结果，磨削表面粗糙度仅与精磨时的工艺参数有关，此时受工件转速影响较大，对磨削深度不敏感，因此可根据工艺技术要求中对磨削粗糙度的要求，确定工件转速。可根据表 5-7 中工件转速与磨削表面粗糙度范围的对应关系选择合适的工件转速。

表 5-7　工件转速与磨削表面粗糙度范围的对应关系

工件转速 n_w/(r/min)	粗糙度范围 Ra/μm
120	0.20～0.23
150	0.26～0.30
180	0.33～0.36
210	0.39～0.42
240	0.45～0.48
270	0.51～0.53
300	0.55～0.59

步骤二：确定精磨进给速度。精磨进给速度应保证不产生暗层。根据图 5-11，各工件转速下不产生暗层的最大进给速度见表 5-8，将此进给速度作为精磨进给速度。

表 5-8 各工件转速下不产生暗层的最大进给速度

工件转速 n_w/(r/min)	最大进给速度 v_f/(μm/s)
120	4
150	4
180	5
210	6
240	7
270	7
300	8

步骤三：确定精磨及粗磨余量。对于某组参数，其精磨余量应大于该参数下的暗层厚度，以保证精磨暗层可被完全去除，精磨余量可取暗层厚度的向上圆整数。粗磨余量即总余量减去精磨余量。

步骤四：确定粗磨进给速度。计算所有参数下的精磨、粗磨时间及总磨削时间，选择时间最短的粗磨进给速度。以工件转速 n_w = 300r/min 为例，各粗磨进给速度下得到的磨削时间见表 5-9 及如图 5-12 所示。

表 5-9 工件转速为 300r/min 时各粗磨进给速度下的余量及磨削时间（总余量为 100μm）

粗磨进给速度 v_{fr}/(μm/s)	暗层厚度 H/μm	精磨余量 δ_f/μm	粗磨余量 δ_r/μm	精磨时间 t_f/s	粗磨时间 t_r/s	总磨削时间 t/s
8	0. 00	0	100	0. 000	12. 500	12. 500
9	4. 41	5	95	0. 625	10. 556	11. 181
10	9. 72	10	90	1. 250	9. 000	10. 250
11	15. 02	16	84	2. 000	7. 636	9. 636
12	20. 33	21	79	2. 625	6. 583	9. 208
13	25. 58	26	74	3. 250	5. 692	8. 942
14	30. 83	31	69	3. 875	4. 929	8. 804
15	36. 16	37	63	4. 625	4. 200	8. 825
16	41. 25	42	58	5. 250	3. 625	8. 875
17	46. 41	47	53	5. 875	3. 118	8. 993
18	51. 58	52	48	6. 500	2. 667	9. 167
19	56. 68	57	43	7. 125	2. 263	9. 388
20	61. 78	62	38	7. 750	1. 900	9. 650
21	66. 83	67	33	8. 375	1. 571	9. 946
22	71. 87	72	28	9. 000	1. 273	10. 273

（续）

粗磨进给速度 v_{fr}/(μm/s)	暗层厚度 H/μm	精磨余量 δ_f/μm	粗磨余量 δ_r/μm	精磨时间 t_f/s	粗磨时间 t_r/s	总磨削时间 t/s
23	76.90	77	23	9.625	1.000	10.625
24	81.93	82	18	10.250	0.750	11.000
25	87.34	88	12	11.000	0.480	11.480
26	92.75	93	7	11.625	0.269	11.894

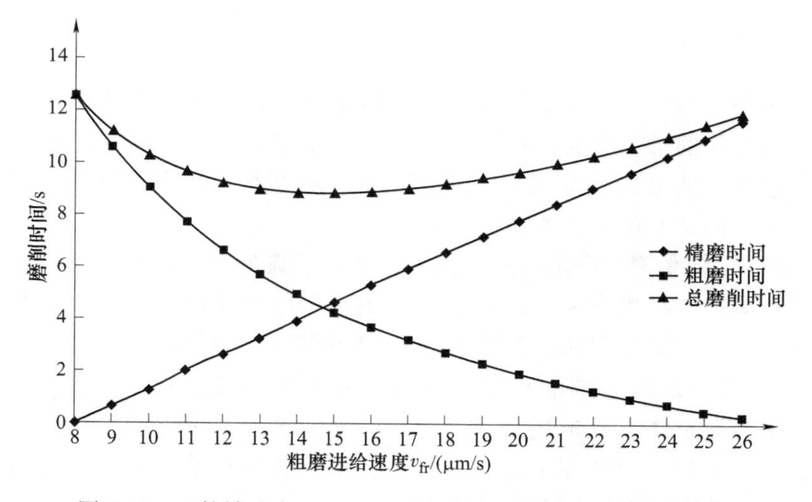

图 5-12　工件转速为 300r/min 时各粗磨进给速度下的磨削时间

由表 5-9 可知，当粗磨进给速度 $v_{fr}=14\mu m/s$ 时，暗层厚度 $H=30.83\mu m$，则设精磨余量 $\delta_f=31\mu m$，那么粗磨余量 $\delta_f=69\mu m$。由表 5-8 可知，当工件转速 $n_w=300r/min$ 时的精磨进给速度 $v_{ff}=8\mu m$，则精磨时间 $t_f=3.875s$，粗磨时间 $t_r=4.929s$，总磨削时间 $t=8.804s$，为所有参数中最短。该组参数不仅可满足工艺对滚道磨削表面粗糙度的要求，还能保证不产生磨削暗层，并且加工效率最高。表 5-10 列出了按以上方法在不同工件转速下得到的最佳磨削参数。

表 5-10　不同工件转速下得到的最佳磨削参数（总余量为 δ）

工件转速 n_w/(r/min)	精磨余量 δ_f/μm	粗磨余量 δ_r/μm	精磨进给速度 v_{ff}/(μm/s)	粗磨进给速度 v_{fr}/(μm/s)
120	33	δ-33	4	6
150	27	δ-27	4	7
180	35	δ-35	5	9
210	31	δ-31	6	10

（续）

工件转速 n_w/(r/min)	精磨余量 δ_f/μm	粗磨余量 δ_r/μm	精磨进给速度 v_{ff}/(μm/s)	粗磨进给速度 v_{fr}/(μm/s)
240	36	δ-36	7	12
270	33	δ-33	7	13
300	31	δ-31	8	14

5.5 小结

本章由磨削温度场的分布得到了磨削暗层厚度，得到了轴承滚道磨削参数与磨削暗层之间的数值关系。提出了综合考虑暗层厚度、表面粗糙度和加工效率的最佳磨削工艺参数方案规划方法。建立了单颗磨粒切削的有限元模型，分析了磨削白层的产生机理。主要结论如下：

1）建立了轴承滚道磨削有限元模型，获取了典型磨削参数范围内的磨削温度场及暗层厚度。结果表明，轴承滚道磨削暗层厚度受磨削深度影响较大，磨削深度增加，暗层厚度增加，工件轴转速对暗层厚度的影响较小。

2）通过单颗磨粒切削的有限元模拟研究了磨削白层的产生机理。结果表明，在磨削弧区整体温升未达到材料奥氏体化温度时，由单颗磨粒的切削产生的闪温及高应变仍有可能在工件表层产生白层，在这种情况下形成的白层形态在工件表面的分布是随机且不连续的。

3）结合磨削参数与表面粗糙度、暗层厚度之间的数值关系，提出了综合考虑暗层厚度、表面粗糙度和加工效率的最佳磨削工艺参数规划方法。由本方法提出的磨削工艺，不仅可满足工艺对滚道磨削表面粗糙度的要求，还能保证不产生磨削暗层，同时加工效率也是最高的。

参 考 文 献

[1] 芮执元，李川平，郭俊锋，等．基于 Abaqus/explicit 的钛合金高速切削切削力模拟研究[J]．机械与电子，2011（4）：23-26.

[2] SU J C. Residual stress modeling in machining processes [D]. Atlanta：Georgia Institute of Technology，2006.

[3] 蔡玉俊，段春争，李园园，等．基于 Abaqus 的高速切削切屑形成过程的有限元模拟[J]．机械强度，2009，31（4）：693-696.

[4] RAMESH A，MELKOTE S N，ALLARD L F，et al. Analysis of white layers formed in hard

turning of AISI 52100 steel [J]. Materials Science and Engineering: A, 2005, 390 (1): 88-97.

[5] GUO Y. Finite element analysis of superfinish hard turning [D]. West Lafayette: Purdue University, 2000.

[6] RAMESH A. Prediction of process-induced microstructural changes and residual stresses in orthogonal hard machining [D]. Atlanta: Georgia Institute of Technology, 2002.

[7] NASR M N A, NG E G, ELBESTAWI M A. A modified time-efficient FE approach for predicting machining-induced residual stresses [J]. Finite Elements in Analysis and Design, 2008, 44 (4): 149-161.

第6章 轴承内圈滚道磨削加工试验

06

6.1 引言

本章在3MKS1310型高速数控轴承内圈滚道磨床上搭建了试验平台，采用B7008C轴承内圈滚道为研究对象，进行了磨削加工试验研究。针对轴承内圈滚道磨削的特点，通过测量砂轮电动机功率变化获取了切向磨削力，通过对顶式热电偶测温方法进行改进，获取了轴承内圈滚道磨削时不同深度下的温度及其变化历程。采用金相显微镜观察轴承截面滚道表层金相组织，测量了磨削暗层厚度，观察了磨削白层特征。并进一步搭建了轴承内圈滚道低温气雾冷却润滑磨削试验平台，开展了轴承内圈滚道低温气雾冷却润滑磨削加工试验，评价了低温气雾的冷却润滑性能，并分析了冷却润滑条件对轴承内圈滚道表层残余应力分布的影响。

6.2 轴承内圈滚道磨削加工试验平台

6.2.1 工件及砂轮轴转速调节

轴承内圈磨削试验平台是在3MKS1310型高速数控轴承内圈滚道磨床上搭建的。砂轮传动采用7.5kW两极交流电动机，起动方式为直接起动，工件传动采用1.5kW四极交流电动机，控制系统采用交流变频无级调速。机床进给及砂轮修整进给由伺服电动机完成。磨削阶段的进给可分为5个阶段，分别为快靠量、快趋量、黑皮量、粗磨量和精磨量，分别对应的进给速度为快靠速、快趋速、黑皮速、粗磨速和精磨速，在控制面板上可分别设定进给量和进给速度。表6-1所示为3MKS1310型高速数控轴承内圈滚道磨床的主要技术参数。

表 6-1　3MKS1310 型高速数控轴承内圈滚道磨床的主要技术参数

编号	技术参数	数值及说明
1	使用电源	50Hz，380V
2	砂轮电动机	Y132S2-2B3，7.5kW
3	工件电动机	Y906-4B3，1.5kW
4	砂轮尺寸	ϕ500mm×B×ϕ203mm，B_{max}=40mm
5	砂轮线速度	60m/s
6	砂轮转速	2300r/min
7	进给速度	0~30mm/min

需对该机床进行一些设置和改动，以适合磨削力及磨削温度的测量。首先拆下自动上料下料机械手，磨削试验时改为手动上料。采用热电偶测量磨削温度，因此需根据轴承内圈尺寸设计磨削温度测量方案。该机床无法调节砂轮转速，需要在砂轮电动机接入变频器实现砂轮转速的调节。通过获取砂轮电动机功率在磨削时的变化来获取切向磨削力，因此需要设计砂轮电动机电流的测量和采集方法。轴承滚道内圈磨削试验平台的测试原理如图 6-1 所示。

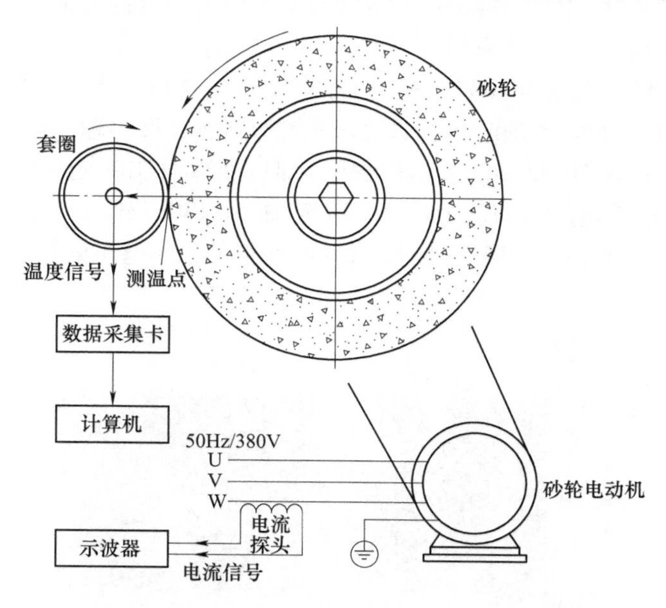

图 6-1　轴承滚道内圈磨削试验平台的测试原理

为实现对砂轮转速的调节，在砂轮电动机输入电源线接入三晶 SAJ-8000B 变频器。该变频器采取无速度传感器矢量控制，调速范围为 1%~100%，稳速精度为±0.5%，可实现对电动机的高性能控制。

为了能够准确获取砂轮轴及工件轴的转速，采用DT-2234B型数字式光电转速表进行测速。该款转速表测试范围为2.5~9999r/min，分辨率为0.1r/min，准确度为±0.5%，采样时间为0.5s，采样距离为50~500mm，采用4节七号电池供电，便于携带。测速前，分别在砂轮轴端面及工件轴端面贴上专用反光纸，即可使用转速表测速。

此时，砂轮电动机和工件电动机均使用变频器调节转速。利用转速表测量不同频率下砂轮及工件的转速，可得如下关系

$$n_s = 46.5f_s - 5 \tag{6-1}$$

$$n_w = 11.267f_w - 0.333 \tag{6-2}$$

式中，f_s、f_w分别是砂轮及工件的输入电源频率，单位为Hz，范围为1~50Hz；n_s、n_w分别是砂轮及工件转速，单位为r/min。设定砂轮及工件转速时，可根据式（6-1）和式（6-2）计算并设定相应的输入频率。

6.2.2 磨削力测量方法

通过测量砂轮电动机在磨削过程中电流的变化，获取输出功率的变化，即可求得切向磨削力。使用Tektronix A622型电流探头获取输入电流的变化。该探头采用霍尔效应原理，可测量交直流电流，输出电压信号。频率范围为0~100kHz，最大输入电流为100A，输出有两个档位：10mV/A和100mV/A，最大导体直径为11.8mm。磨削时将电源线套入钳形探头，即可输出电压信号。电压信号接入Tektronix MSO2024型示波器中，即可获取电流的变化。例如：图6-2所示为在砂轮转速为2320r/min，工件转速为180r/min，工件进给速度为12μm/s，余量为120μm，磨削时间为20s时获得的原始电压信号。

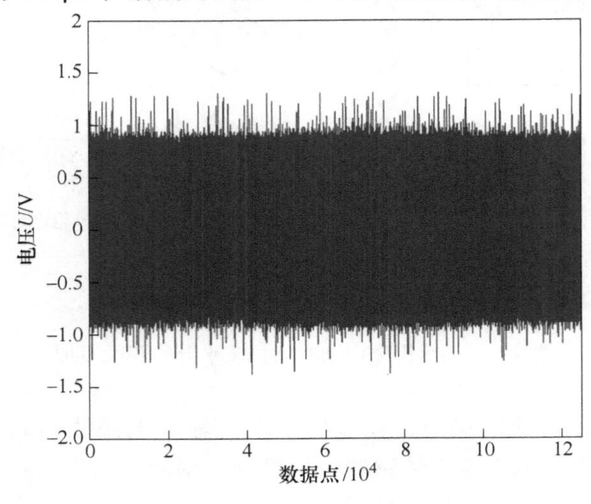

图6-2 原始电压信号

每组数据包含 125000 个信号数据，连续取 1250 个数据，即在每 0.2s 时间内计算平均有效电流，再根据式（6-3）计算磨削功率变化值

$$\Delta P = 3U_{相}\,\Delta I_{相}\cos\varphi \tag{6-3}$$

式中，$U_{相}=220\text{V}$；$\Delta I_{相}$是电流变化值；$\cos\varphi$ 是电动机功率因数，取 $\cos\varphi=0.8$。转换后得到磨削时电动机功率的变化，如图 6-3 所示。

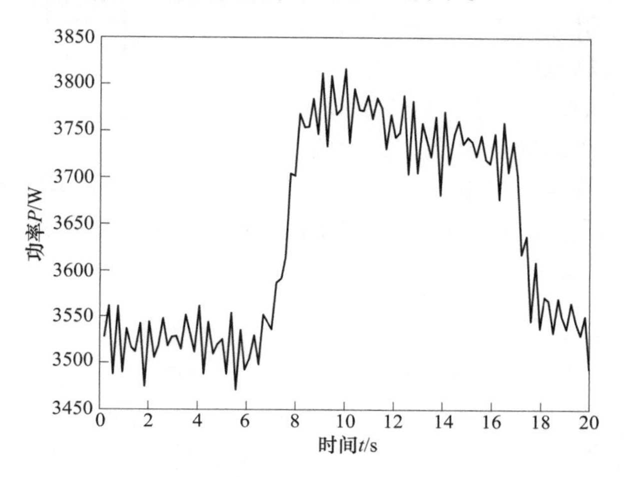

图 6-3　磨削时电动机功率的变化

由图 6-3 可知，在当前参数下，磨削时砂轮电动机空载功率为 3521W，磨削时功率为 3751W，功率增加了 230W，根据式（6-4）计算切向磨削力

$$F_t = \Delta P / v_s \tag{6-4}$$

此时砂轮线速度 $v_s=60\text{m/s}$，则该组参数下切向磨削力为 3.83N。

6.2.3　轴承内圈滚道磨削温度的测量方法

对于磨削温度的测量通常有两种，分别是热电偶法和红外热像法，其中热电偶法又分为顶丝法和夹丝法。常规方法仅适用于平面磨削温度的测量，对于滚动轴承内圈磨削温度的测量均无法直接使用。滚动轴承为圆环形工件，无法沿轴承内圈轴线横向剖开或沿轴承内圈半径纵向剖开。由于滚动轴承内圈不同于普通的轴类零件，其滚道面为内凹的空间曲面，且采用切入式磨削，砂轮与工件之间的接触面积大，散热困难，磨削弧区最高温度产生于滚道中点的位置，若采用红外热像仪法将无法获取磨削弧区的温度。另外，还存在如何将旋转的热电偶温度信号传导至信号采集设备的问题。

目前，还没有合适的方法可以测得滚动轴承内圈滚道磨削弧区的温度。因此，针对目前存在的技术上的不足，需要设计一种新的磨削温度测量方案。本章采用顶丝法获取磨削温度信号。在轴承内圈内壁上径向开有一个盲孔，盲孔

底端和轴承滚道表面的距离<0.5mm。在盲孔中置入康铜丝，使用万用表保证康铜丝顶端与盲孔低端接触，形成热电偶结（见图6-4）。使用强力胶将康铜丝固定在盲孔中。再在内圈内孔壁上使用强力胶黏接一根钢丝，同样使用万用表保证钢丝与内圈内孔壁接触。当热电偶结温度变化时，产生的热电势信号可由康铜丝和钢丝导出。

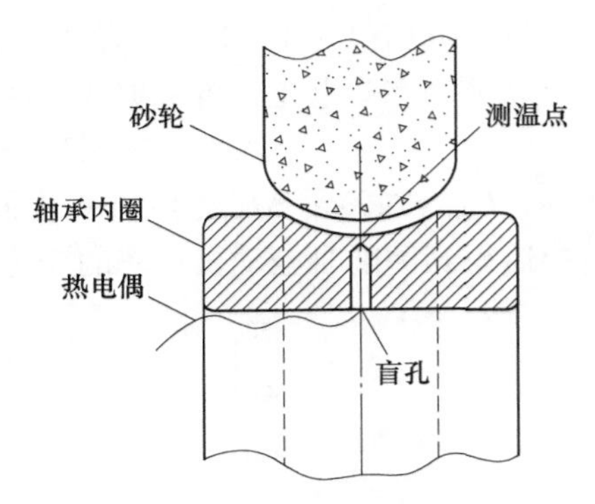

图6-4　在盲孔中置入热电偶

该热电偶为非标准热电偶，因此需要标定来确定热电特性。在电炉中对置入热电偶的内圈进行缓慢加热，记录在不同温度下所对应的热电势，画出热电偶标定曲线，如图6-5所示。

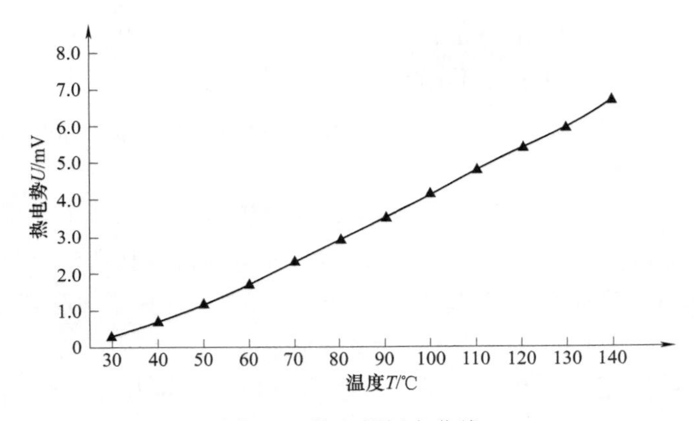

图6-5　热电偶标定曲线

使用水银滑环将旋转的热电势信号导出。水银滑环是以水银为流体介质的一种导电旋转接头，与传统滑环最大的不同是以液态水银为导电介质，以实现两个相对旋转部件之间的电流、功率、温度信号的传递。其优点是使用可靠、精度高、结构紧凑、尺寸小、转动时无磨损、寿命长、免维护、无噪声、接触电阻小，水银滑环的接触电阻小于1mΩ。另外，根据热电偶的中间导体定律，在热电偶回路中接入中间导体，若中间导体两端的温度相同，则中间导体的接入对热电偶回路总电势没有影响。水银滑环两端温度可认为是相等的，且在旋转过程中其接触电阻变化极小，因此水银滑环适用于热电偶信号的传导。所选取的水银滑环外形尺寸如图6-6所示。

磨削时，轴承内圈吸附在电磁支承上，电磁支承加磁，将轴承内圈吸住，轴承内圈与水银滑环需固定在一起，因此设计制作了一个轴套零件用于水银滑

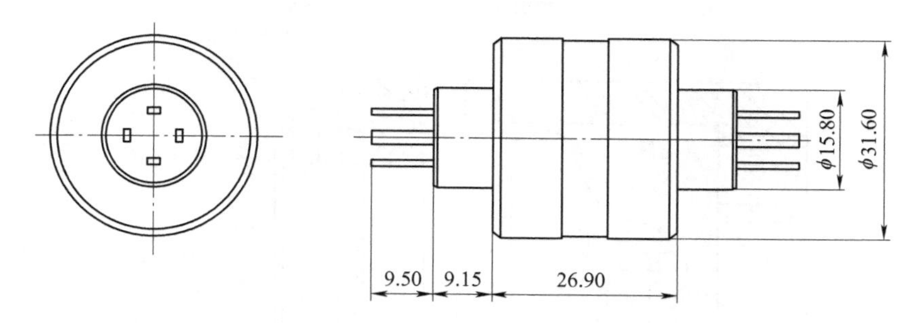

图 6-6　水银滑环外形尺寸

环在轴承内圈中的固定，其外形尺寸如图 6-7 所示。

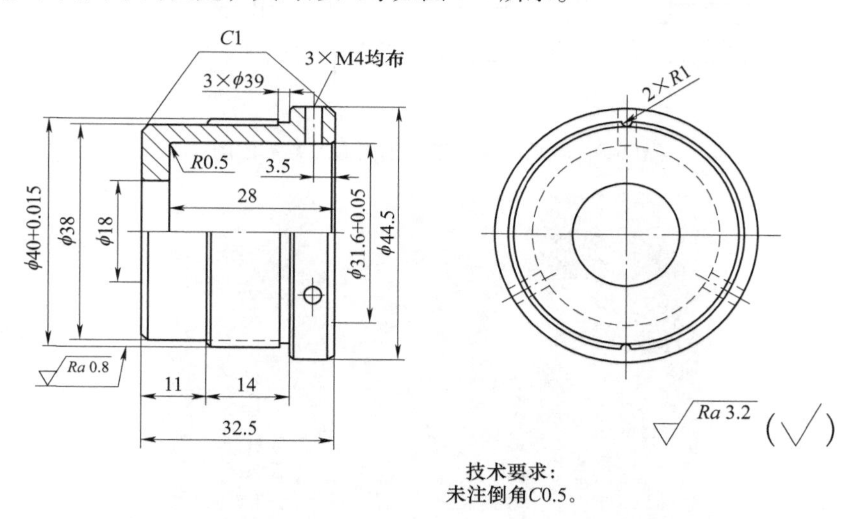

图 6-7　轴套外形尺寸

轴套外壁套在轴承内圈，轴肩用于轴向固定，轴套外壁与轴承内圈之间负荷很小，可采用过渡配合，既能限制轴套和内圈在圆周方向上的相对运动，又能方便拆卸。外壁开有一个凹槽，为热电偶引线留出空间。轴套内壁套在水银滑环上，使用三个止扣螺钉固定滑环。轴承内圈滚道磨削测温方案装配图如图 6-8 所示。

该方案安装现场如图 6-9 所示。

进行了试磨，检验该方案能否将磨削温度信号顺利导出。磨削时，砂轮转速为 2300r/min，工件转速为 120r/min，进给速度为 8μm/s，磨削余量为 2mm，磨削时间为 10s。磨削时获取了热电偶的电压信号，原始电压信号如图 6-10 所示。

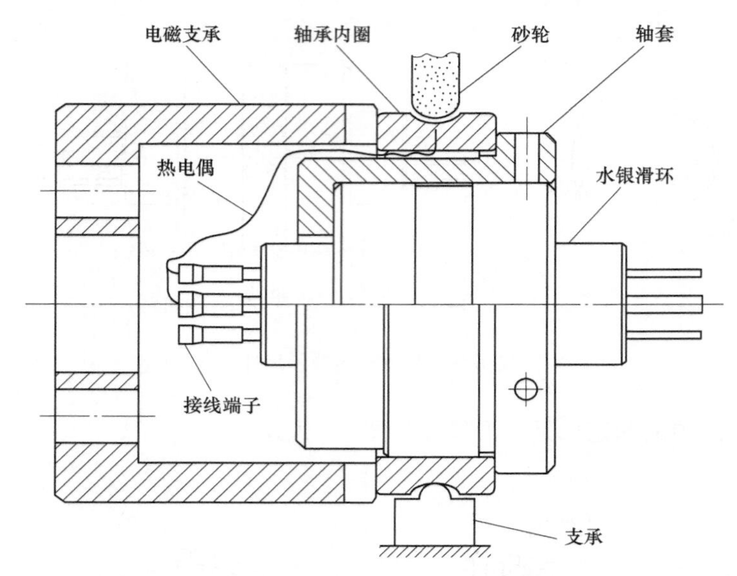

图 6-8　轴承内圈滚道磨削测温方案装配图

图 6-9　轴承内圈滚道磨削温度方案安装现场

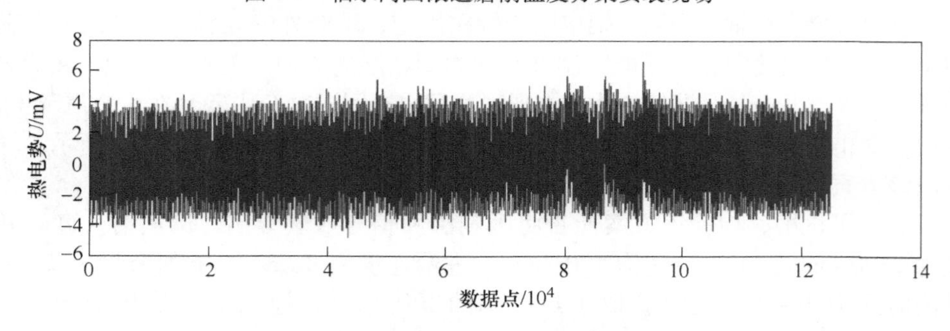

图 6-10　热电偶原始电压信号

由图 6-10 可知热电偶信号中存在干扰信号，为了提取热电偶随时间变化的数据，对原始电压信号进行傅里叶分析，如图 6-11 所示。

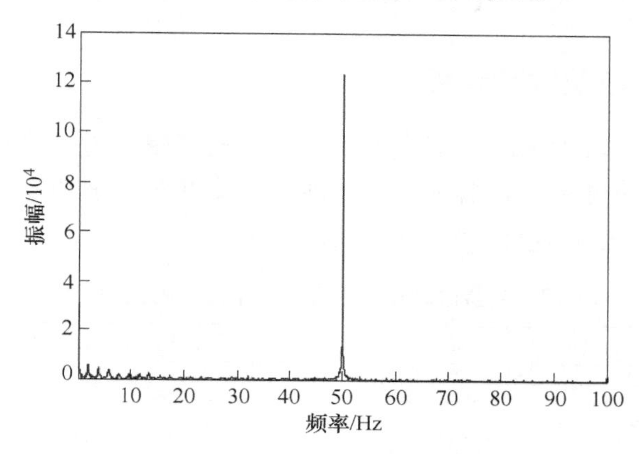

图 6-11　热电偶原始电压信号的傅里叶分析

由图 6-11 可知，在热电偶信号中存在较强的干扰信号的频率为 50Hz。因此设计编写了 Matlab 滤波器程序对热电偶信号进行低通滤波，截止频率为 40Hz，经低通滤波后得到的热电势随时间的变化曲线如图 6-12 所示。

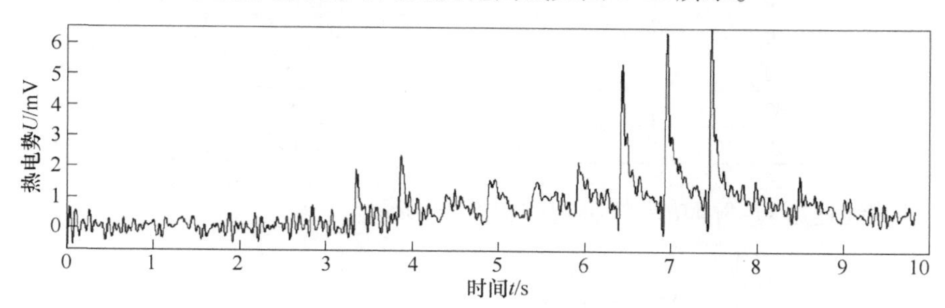

图 6-12　经低通滤波后得到的热电势随时间的变化曲线

综上所述，本方法可以很好地获取轴承滚道磨削时次表面不同深度各点的温度以及随时间变化的历程。

6.2.4　轴承内圈滚道磨削表面暗层厚度测试方法

通过观察工件截面的金相组织确定暗层厚度。利用线切割将磨后内圈沿半径方向切开。将切开后的截面分别使用 180#、240#、800#、1500#和 2000#的金相砂纸打磨至镜面，然后采用 4%的硝酸酒精溶液腐蚀制成金相试样，将试样放在金相显微镜上观察截面的组织情况。

6.3 轴承内圈滚道磨削试验

6.3.1 试验参数及试验过程

进行了 7008C 轴承内圈滚道磨削试验，首先在相同的工件转速、磨削深度及不同的砂轮线速度下进行磨削，测量砂轮线速度对磨削功率的影响，试验参数见表 6-2，工件转速不变，均为 $n_w = 180\text{r/min}$。

表 6-2 测量砂轮转速对磨削功率影响的试验参数

序号	砂轮线速度 v_s/(m/s)	磨削深度 a_e/μm	进给速度 v_f/(μm/s)	磨削余量 δ/μm
1	60	1.0	6	60
2	60	1.5	9	90
3	60	2.0	12	120
4	50	1.0	6	60
5	50	1.5	9	90
6	50	2.0	12	120
7	40	1.0	6	60
8	40	1.5	9	90
9	40	2.0	12	120
10	30	1.0	6	60
11	30	1.5	9	90
12	30	2.0	12	120

砂轮线速度对磨削功率的影响如图 6-13 所示。

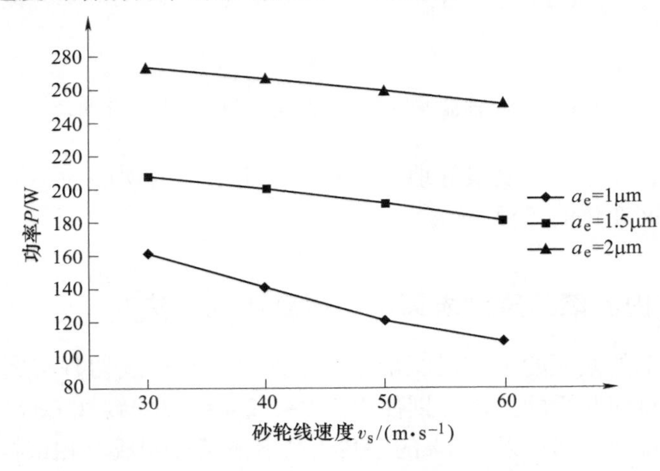

图 6-13 砂轮线速度对磨削功率的影响

由图 6-13 可知，提高砂轮线速度可有效降低磨削功率。砂轮线速度提高时，单位时间内磨粒数量增加，参与磨削的磨粒所去除的磨屑厚度减小，表面粗糙度减小，提高了磨削质量和磨削效率。磨削功率减小表示切向磨削力随砂轮线速度的提高而减小，因此由切向磨削力所产生的磨削热也相应减少，减小了由于磨削热所造成的烧伤等不良影响。综上所述，提高砂轮线速度可有效改善磨削质量。因此，以下关于磨削力与磨削温度的试验，均在砂轮转速为 60m/s 下进行。

为了获取磨削力、磨削温度场及暗层厚度，按照表 6-3 中所列参数进行了磨削试验。

表 6-3　轴承内圈滚道磨削试验参数

序号	工件轴转速 n_w/(r/min)	磨削深度 a_e/μm	进给速度 v_f/(μm/s)
1	120	1	4
2	180	1	6
3	240	1	8
4	120	1.5	6
5	180	1.5	9
6	240	1.5	12
7	120	2	8
8	180	2	12
9	240	2	16

6.3.2　磨削力测量结果

按照表 6-3 中的磨削试验参数，得到了不同磨削参数下的磨削功率，如图 6-14 所示。由式（6-4）计算得到不同磨削参数下的切向磨削力；应用磨削力数学

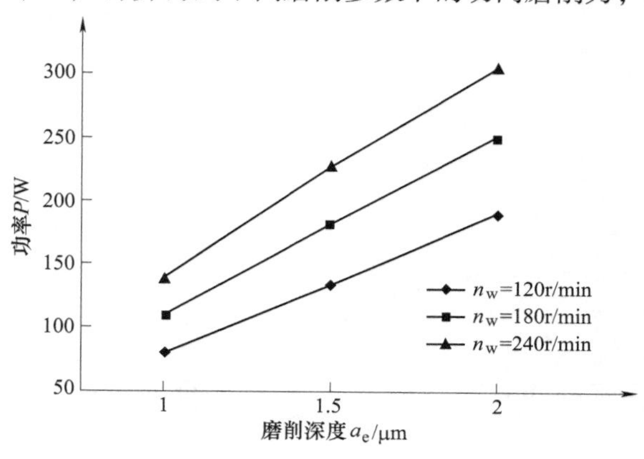

图 6-14　不同磨削参数下的磨削功率

模型计算各磨削参数下的切向磨削力，与试验结果进行对比（见表6-4）。

表 6-4 不同磨削参数下的切向磨削力试验与理论计算结果对比

序号	工件转速 n_w /(r/min)	磨削深度 a_e /μm	F_t试验值 /N	F_t理论值 /N	误差（%）
1	120	1	1.30	1.21	7.17
2	180	1	1.81	1.78	1.67
3	240	1	2.32	2.26	2.62
4	120	1.5	2.21	2.08	6.06
5	180	1.5	3.02	2.92	3.37
6	240	1.5	3.80	3.60	5.41
7	120	2	3.18	2.98	6.49
8	180	2	4.18	3.98	4.90
9	240	2	5.10	4.90	4.00

由表6-4可知，理论计算结果与试验数据是较为符合的，最大误差为7.17%，从而证明了本文中关于磨削力理论模型可适用于轴承滚道磨削的磨削力计算。

6.3.3 磨削温度场测量结果

选择表6-3中第7组参数（$n_w=120\text{r/min}$，$a_e=2\mu\text{m}$，$v_f=8\mu\text{m/s}$）的温度测量结果进行分析。第7组参数重复进行了5次，每次均包含了多次进给磨削过程，直至磨穿盲孔，从而获取了不同深度下磨削温度的分布。每次进给量为40μm，则滚道半径每次磨去20μm，每次磨削时获取最高温度值，至磨穿盲孔后，再反推每次获取的温度数据所在的深度。将5次磨削获取的温度-深度数据绘制为图6-15。

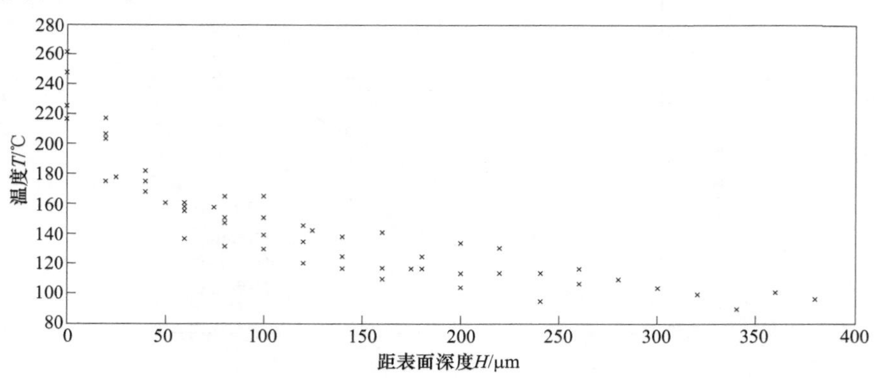

图6-15 5次磨削获取的温度-深度数据

该组离散点适用自然指数函数拟合，选用拟合函数的形式为

$$T = a_1 e^{a_2 t} + a_3 e^{a_4 t} \tag{6-5}$$

式中，t 是次表面的深度；T 是温度；$a_1 \sim a_4$是待定参数。按照最小二乘法准则确定待定参数，分别为

$$a_1 = 82.59, a_2 = -0.028, a_3 = 155.1, a_4 = -0.00136$$

使用指数函数拟合磨削温度随次表面深度的变化如图 6-16 所示。

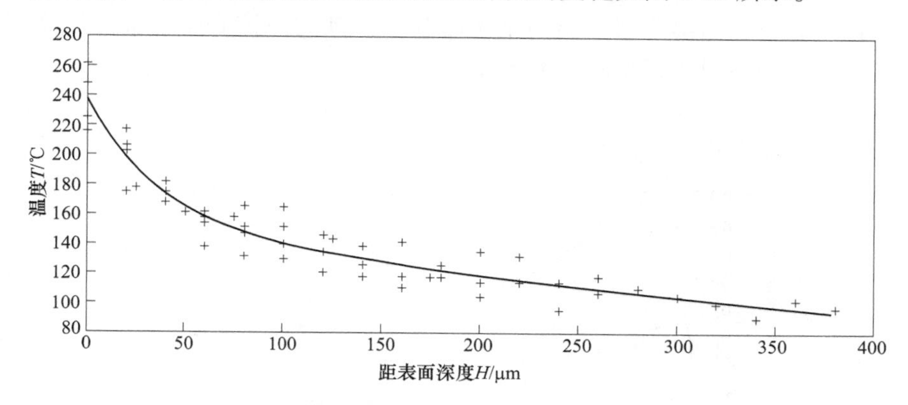

图 6-16　使用指数函数拟合磨削温度随次表面深度的变化

测量所得磨削温度在深度方向的分布与图 5-3 中理论计算结果吻合良好。由拟合曲线可求得，该磨削参数下，最高温度为 T_{max} = 237.7℃，在距离表面 0～71μm 的范围内，磨削温度超过了 150℃，即磨削暗层厚度为 71μm。与表 5-2 中磨削参数理论计算所得最高温度 T_{max} = 234.5℃和暗层厚度 69.3μm 相吻合。

热电偶产生的热电势信号采样频率较高，足可获取滚道次表面某深度的温度随时间变化的曲线，图 6-17 所示为第 7 组参数下某次磨削在 3～5s 磨削时间内热电势的变化曲线。

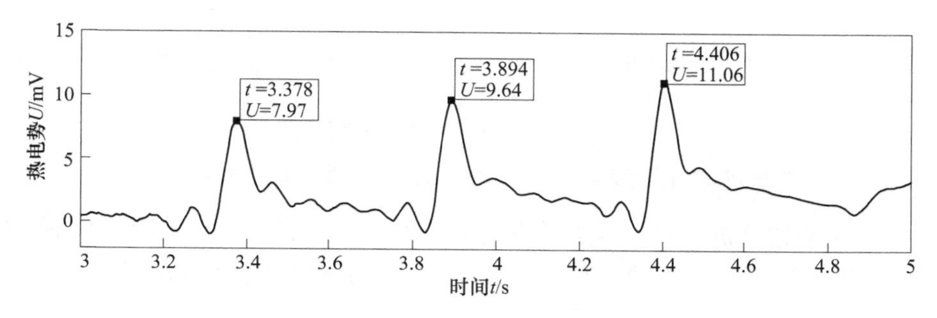

图 6-17　某次磨削在 3～5s 磨削时间内热电势的变化曲线

由图 6-17 可见，当热电偶结经过磨削点时会被加热，之后即被磨削液冷却，

且每次经过磨削点时，热电偶结距离磨削点较上次更近，温度也会较上次增加。图中三次被加热至最高点的时间为 3. 378s、3. 894s 和 4. 406s，三点的时间间隔均约为 0. 5s，即工件转一圈所用的时间。三个最高点的热电势分别为 7. 97mV、9. 64mV 和 11. 06mV，分别代表温度为 137. 1℃、169. 2℃和 198. 2℃。

按照第 7 组参数在第四章中所建立的有限元模型中进行计算，取次表面最高温度为 195℃附近的节点，绘制该节点随时间变化的曲线，取该节点被加热的时刻为时间起点，与第 7 组试验中某次磨削时得到的与该有限元节点同样深度下热电偶温度曲线对比，绘制于图 6-18。

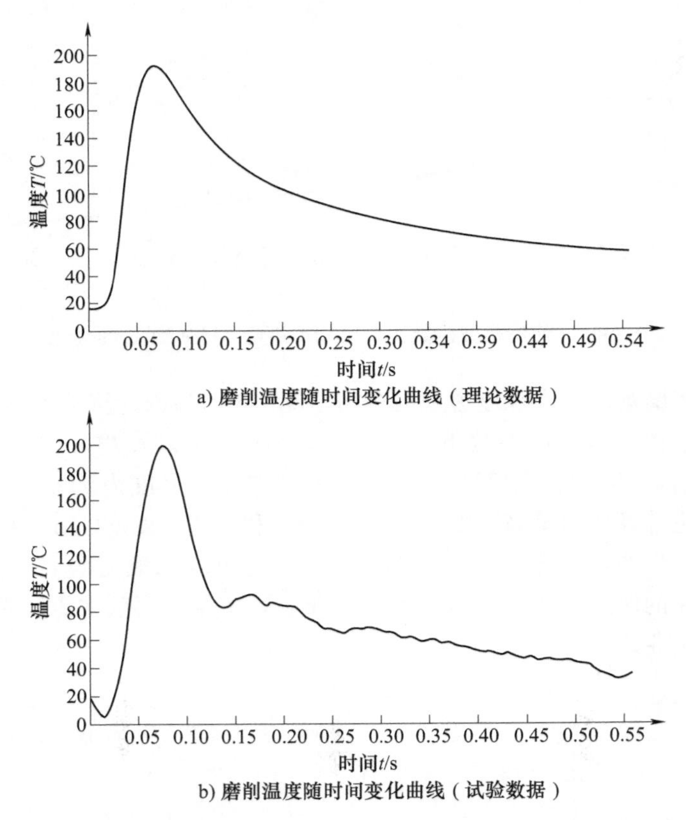

图 6-18 磨削温度随时间变化曲线的理论数据与试验数据对比

由以上对比分析可知，本文理论模型计算结果中磨削最高温度、磨削温度随深度的变化及磨削温度随的时间变化的规律均与试验数据吻合良好。

6. 3. 4 磨削变质层测量结果

将磨后工件制成金相试样，在金相显微镜下观察滚道表层组织情况，如

图 6-19～图6-22 所示。

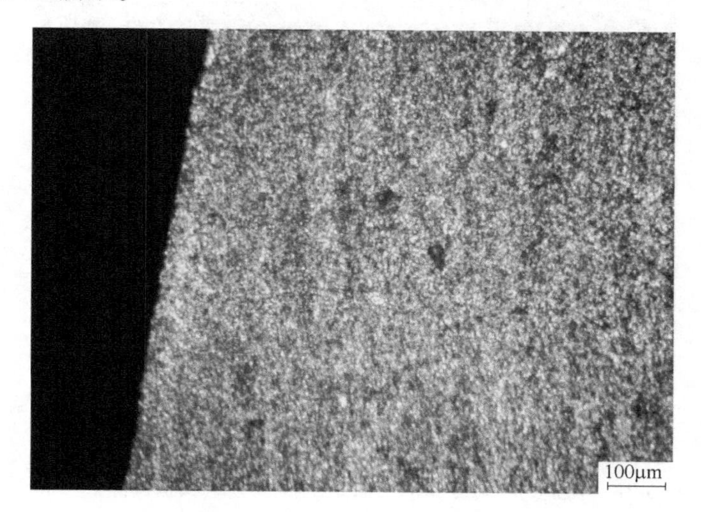

图 6-19　观察到均匀的基体组织，未见变质层（1～3 组试验试件）　160×

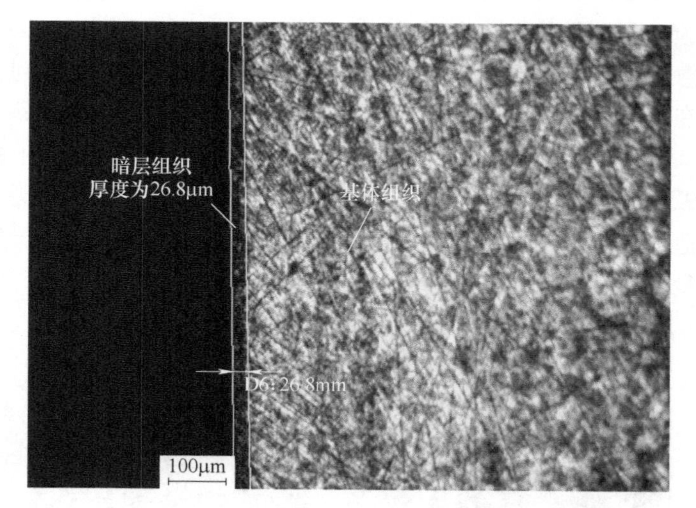

图 6-20　观察到均匀分布的暗层组织（4～6 组试验试件）　160×

由于在金相试样的制备过程中，腐蚀程度不同，因此观察到的基体组织形态有所差别，但是在部分工件表层可观察到比较明显的暗层组织和白层组织并可对其厚度进行测量。1～3 组试验试件观测结果如图 6-19 所示，观察到均匀的基体组织，未见磨削白层及暗层，表明磨削弧区温升较小，未达到材料回火温度；4～6 组试验试件观测结果如图 6-20 所示，观察到均匀分布的暗层组织，厚度分布在 20～40μm；7～9 组试验试件观测结果如图 6-21 所示，观察到均匀分布

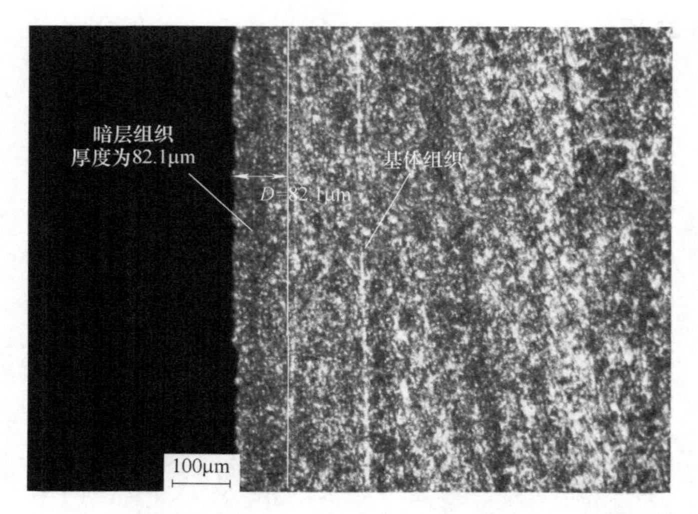

图 6-21　观察到均匀分布的暗层组织（7~9 组试验试件）　160×

的暗层组织，其厚度分布在 70~100μm。对比表 5-2 中的计算结果可知，理论计算结果与试验观测结果基本吻合。

值得注意的是，如图 6-22 所示，部分试件的部分区域可观察到不连续的白层组织附着在基体组织之上，厚度为 5~10μm，白层组织与基体组织之间没有暗层组织过渡，此现象与本文第 5 章中关于白层组织形成机理研究中的结论相符合：在磨削弧区整体温升未达到奥氏体化温度的情况下，由于单颗磨粒切削在工件材料中造成的闪温和大应变，仍有可能形成白层组织，且白层组织在材料表面的分布是随机且不连续的。

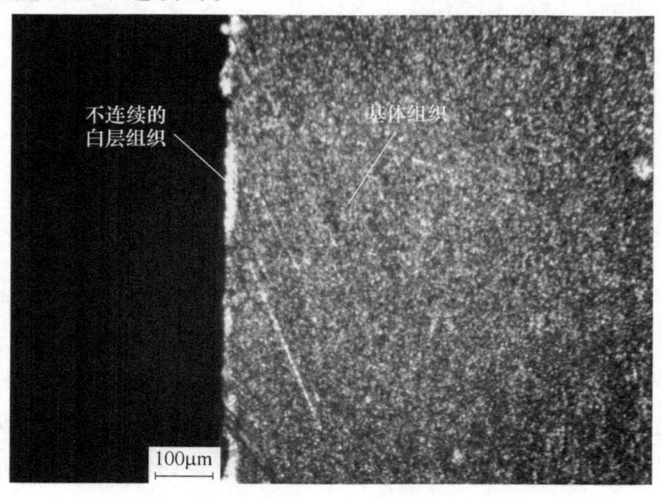

图 6-22　在部分试验试件的部分区域观察到不连续的白层组织附着在基体组织之上　160×

6.4　轴承内圈滚道低温气雾冷却润滑磨削试验台

在 3MKS1310 型高速数控轴承内圈滚道磨床上，搭建轴承内圈滚道低温气雾冷却润滑磨削试验台。通过检测磨削时砂轮电动机功率的变化测量磨削力，采用热电偶法测量磨削温度。轴承内圈滚道低温气雾冷却润滑磨削试验台示意图如图 6-23 所示，试验现场如图 6-24 所示。

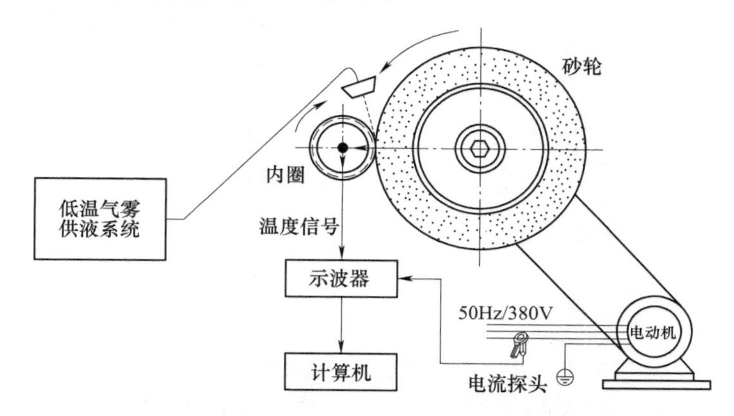

图 6-23　轴承内圈滚道低温气雾冷却润滑磨削试验台示意图

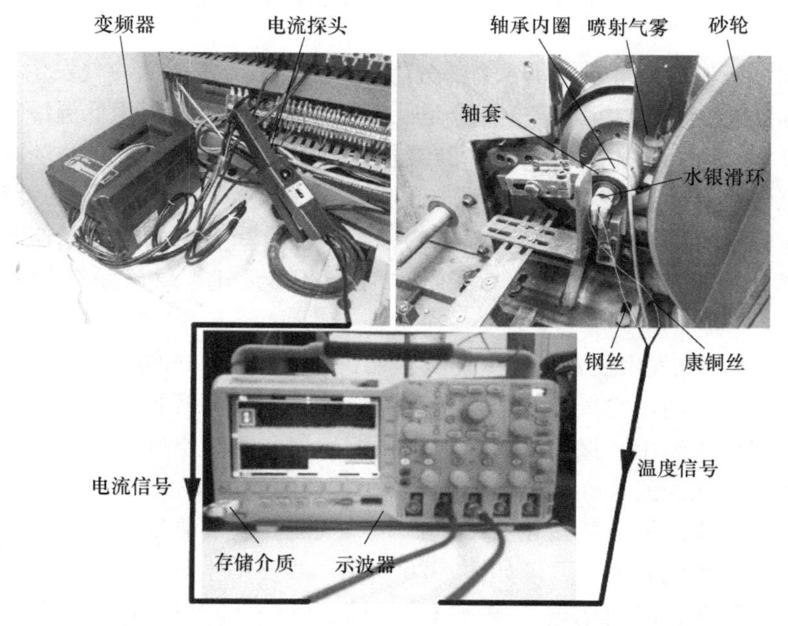

图 6-24　轴承内圈滚道低温气雾冷却润滑磨削试验现场

6.4.1 低温气雾供液系统

本文采用的低温气雾供液系统如图 6-25 所示。

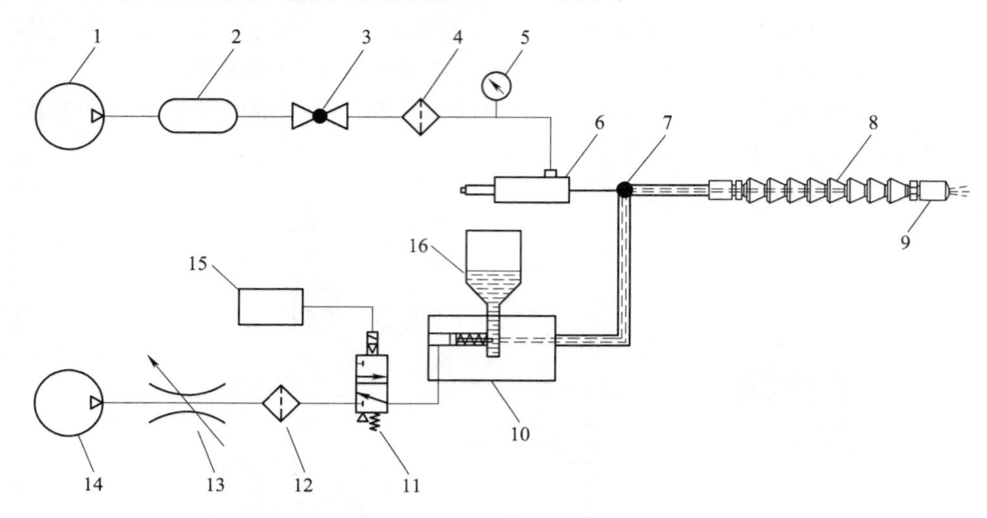

图 6-25 低温气雾供液系统

1—空气压缩机 2—储气罐 3—球阀 4—过滤器 5—压力表 6—涡流管 7—三通接头 8—万向节喷嘴 9—喷头 10—液压泵 11—电磁阀 12—过滤器 13—调压阀 14—空气压缩机 15—信号发生器 16—油罐

低温气雾供液系统主要由 3 个部分组成，第 1 部分是低温冷气发生装置，第 2 部分是磨削液供给装置，第 3 部分是低温气雾产生装置。利用低温冷气发生装置产生低温冷气，采用磨削液供给装置供给磨削液，低温冷气和磨削液被一同输送至低温气雾产生装置。在低温气雾产生装置中，外层粗管输送低温冷气，内层油管输送磨削液，在万向节喷嘴内，喷头前方，高速低温冷气使磨削液散裂成液滴，从而产生低温气雾。下面详细介绍低温气雾供液系统的各个组成部分。

1）低温冷气发生装置主要由空气压缩机、储气罐、球阀、过滤器、压力表和涡流管组成。利用空气压缩机产生压缩空气，为涡流管提供气源。压缩空气首先存储于储气罐中，保证稳定地输出压缩空气。压缩空气经过滤器去除其中的杂质后，输入涡流管，利用涡流管产生低温冷气。

涡流管可将压缩空气转化为冷气流和热气流。调节温度控制阀，可以控制冷气流温度，涡流管工作原理如图 6-26 所示。当压缩空气进入涡流管时，会在喷嘴内减压膨胀，高速地进入涡流室。压缩空气在热端管内高速旋转，经过涡流变换，转化成冷气流和热气流。热气流沿热端管壁面旋转，经温度控制阀出口流出。冷气流通过热端管内部的回流运动，经冷端管流出。调节温度控制阀，会改变冷、热气流比例，从而控制冷气流温度。

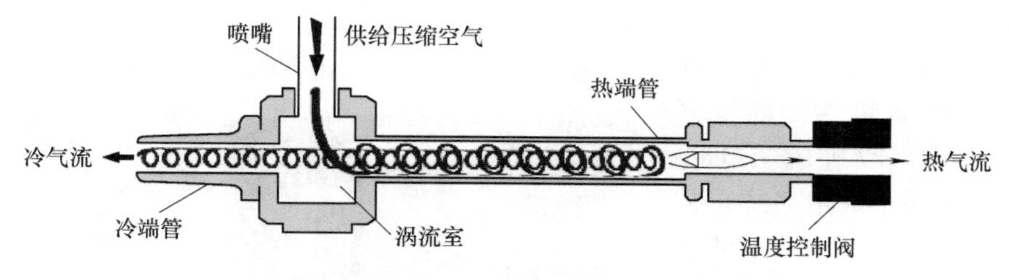

图 6-26　涡流管工作原理

本文采用 AiRTX 不锈钢涡流管，如图 6-27 所示。它可将常温下的压缩空气温度降低 28 ~ 50℃，当压缩空气的入口压力和温度保持不变时，冷气流的温度变化仅为±0. 6℃。

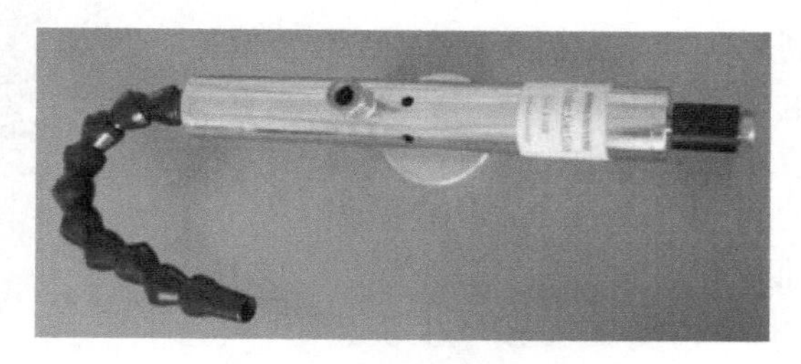

图 6-27　AiRTX 不锈钢涡流管

2）磨削液供给装置主要由空气压缩机、调压阀、过滤器、信号发生器、电磁阀、液压泵和油罐组成。利用空气压缩机产生压缩空气，压缩空气经过滤器去除其中的杂质后，输入液压泵，推动活塞运动。利用信号发生器产生脉冲信号，控制两位三通电磁阀产生不同的动作，控制压缩空气气流的通断，从而产生脉冲气流。气流流通时，压缩空气推动液压泵的活塞运动。气流断开时，在弹簧的作用下，活塞返回。如此，利用信号发生器产生脉冲信号，控制活塞不断地往复运动，将油管内充满磨削液，磨削液供给装置工作原理如图 6-28 所示。磨削液流量的大小由脉冲信号频率和油量控制旋钮共同决定。

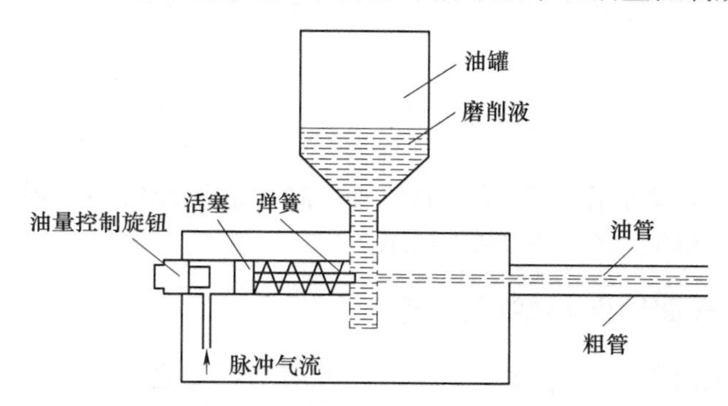

图 6-28　磨削液供给装置工作原理

增大脉冲信号频率，可使单位时间内活塞往复运动次数增加，从而增大磨削液流量。逆时针旋转油量控制旋钮，可使活塞运动行程增大，从而增大磨削液流量。

磨削液供给装置是在Accu-Lube微量供油润滑系统的基础上改进的。Accu-Lube微量供油润滑系统自带的脉冲频率发生器产生的频率不稳定，导致无法产生频率稳定的脉冲气流。因此，利用信号发生器与两位三通电磁阀产生脉冲气流，控制活塞往复运动，实现磨削液的供给。Accu-Lube微量供油润滑系统如图6-29所示。

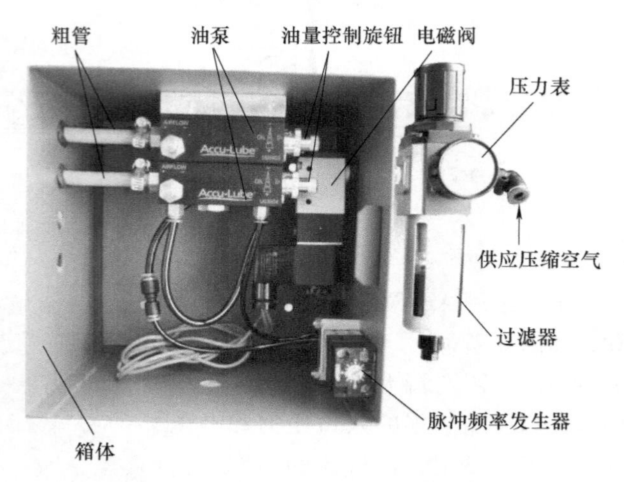

图6-29　Accu-Lube微量供油润滑系统

3）低温气雾产生装置主要由三通接头、万向节喷嘴及喷头组成。利用Y形三通接头，将冷气管和油管与万向节喷嘴连接在一起。在万向节喷嘴内，油管输送磨削液，油管外传输低温冷气。在喷头前方，当高速低温冷气与磨削液接触时，由于两者之间存在很大的相对速度，低温冷气会在磨削液表面产生很大的摩擦力，使磨削液散裂成液滴，从而产生低温气雾，低温气雾产生装置如图6-30所示。

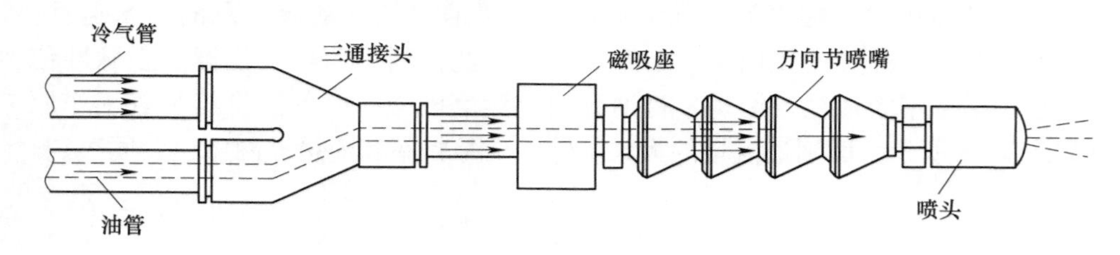

图6-30　低温气雾产生装置

利用保温管包裹低温冷气经过的位置，减少低温冷气与外界环境之间的热传导，低温气雾供液系统如图6-31所示。

6.4.2　低温气雾供液参数的测定

在进行轴承内圈滚道低温气雾冷却润滑磨削试验之前，需要测定低温气雾供液参数。低温气雾供液参数主要有磨削液类型、磨削液流量、冷气流量、冷气温度及喷嘴距磨削弧区距离等。

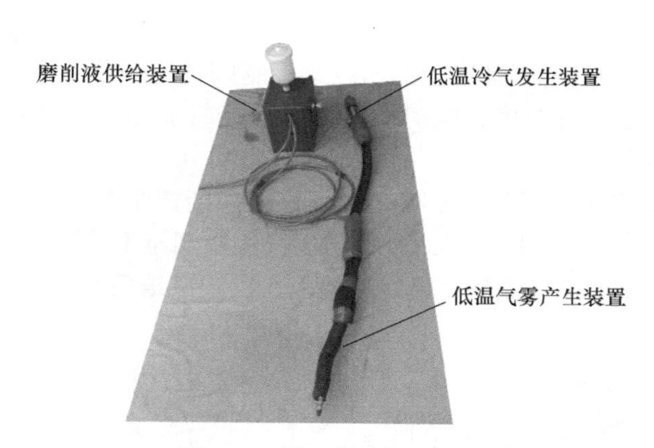

图 6-31　低温气雾供液系统

本文采用两种磨削液，一种是 LB-2000 型植物性喷雾式磨削液，其规格见表 6-5。另一种是 PC-621F 型水溶性半合成磨削液，浓度为 5%。

表 6-5　LB-2000 型植物性喷雾式磨削液的规格

参　　数	数　　据
运动黏度	$37mm^2/s$
闪点	320℃
倾点	−20℃
水溶性	不溶于水

磨削液流量 Q_f 由脉冲信号频率和油量控制旋钮共同决定，增大脉冲信号频率以及逆时针旋转油量控制旋钮，都会增大磨削液流量。因此，在测定磨削液流量时，将油量控制旋钮逆时针旋转至最大，只通过脉冲信号频率控制磨削液流量。

在不同的脉冲信号频率下，通过记录磨削液消耗 50ml 所用的时间，计算磨削液流量 Q_f。磨削液消耗通过读取油罐上的刻度获得，利用秒表记录时间。在每组脉冲信号频率下，测量 5 次磨削液流量，最终结果取 5 次测量结果的平均值，见表 6-6。

表 6-6　磨削液流量

频率/Hz	流量/(ml/h)
0. 5	35. 29
1	71. 43
1. 5	111. 11
2	136. 36
3	216. 92
4	266. 67
5	333. 33

低温冷气流量 Q_a通过涡流管上的温度控制阀进行控制。逆时针旋转温度控制阀可以降低低温冷气温度，同时会减小低温冷气流量。温度控制阀最多可逆时针旋转 4 圈左右。

在 Y 形三通接头与万向节喷嘴之间，连接涡街流量计，利用涡街流量计测量冷气流量 Q_a（见图 6-32）。逆时针旋转温度控制阀至不同圈数，在每组旋转圈数下，测量 5 次低温冷气流量，最终结果取 5 次测量结果的平均值，见表 6-7。

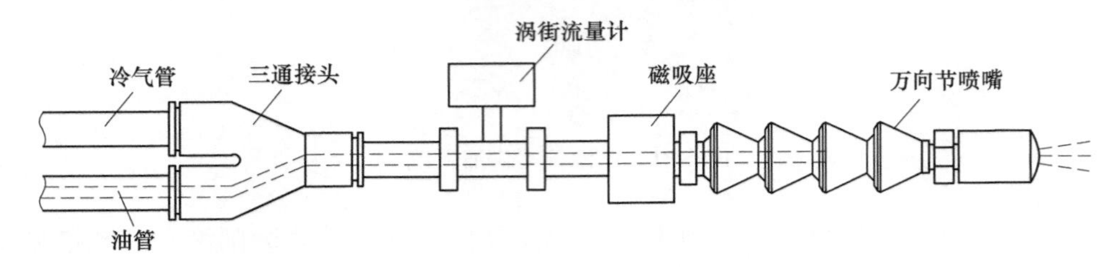

图 6-32　低温冷气流量的测定

表 6-7　低温冷气流量

圈数	流量/(m^3/h)
0	12. 70
0. 5	11. 48
1	6. 56
2	4. 34
4	2. 54

逆时针旋转温度控制阀至不同圈数，在每组旋转圈数下，测量低温气雾的出口温度 T_f。

将输气管、磁吸座及万向节喷嘴的外部包裹一层保温管，以尽量减少低温冷气与外界环境之间的热传导。在低温气雾出口处，利用热电偶测量其出口温度（见图 6-33）。在每组旋转圈数下，测量 5 次低温气雾出口温度，最终结果取 5 次测量结果的平均值，见表 6-8。

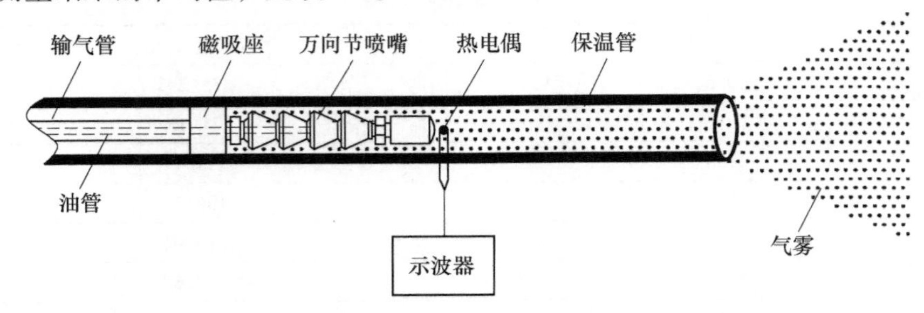

图 6-33　低温气雾出口温度的测定

表 6-8　低温气雾出口温度

圈数	温度/℃
0	12.9
0.5	7.1
1	0.5
2	−3.8
4	−8.7

注：室温为 13.5℃。

6.5　轴承内圈滚道表层残余应力分布测量方案

6.5.1　残余应力测试

采用 X 射线衍射与剥层相结合的方法，测量轴承内圈滚道表层残余应力分布状态。利用化学腐蚀液逐层剥除滚道表层材料，采用 X 射线应力分析仪测量残余应力。化学腐蚀液配方：15ml 硝酸（浓度为 68%）+5ml 过氧化氢+2g 草酸，加水至 500ml。使用 ergo5881 黑色高强度快干胶密封除滚道之外的轴承内圈表面。采用称重法计算剥除厚度，利用电子秤（精确到 0.01g）测量轴承内圈剥层前后质量的变化。采用 X 射线应力分析仪（XSTRESS 3000）测量残余应力，如图 6-34 所示，测量参数见表 6-9 所示。在测量残余应力之前，使用处于无应力状态的 α-Fe 粉末试样校准 X 射线应力分析仪。待校准完毕之后，再进行残余应力测量。

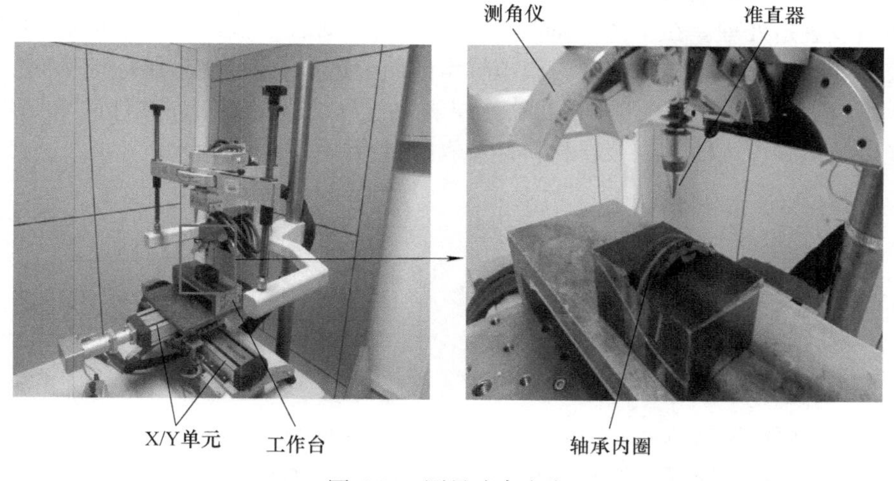

图 6-34　测量残余应力

表 6-9　X 射线应力分析仪测量参数

参数	设定值
准直器直径/mm	1
靶材	CrKa
曝光时间/s	25
杨氏模量/GPa	210
泊松比	0.3
无应力衍射角 $2\theta_0$/(°)	156.4
衍射晶面	211
ψ 角度	−39.0，−33.0，−26.4，−18.3，0，18.3，26.4，33.0，39.0
X 电管工作电压/kV	30
X 电管工作电流/mA	6.7

6.5.2　残余应力修正

在剥除轴承内圈滚道表层材料后，滚道表层残余应力会重新分布，产生应力释放。因此，需要修正测得的残余应力值。应力释放取决于滚道表层残余应力分布状态和轴承内圈结构。本文采用 LAMBDA RESEARCH 公司[1]提出的应力释放有限元修正方法。该修正方法适用于轴承等复杂形状，简述如下。

1）模拟轴承内圈滚道表层残余应力分布状态。试验研究对象为 7008C 轴承内圈，因此建立了 7008C 轴承内圈应力释放有限元修正模型，如图 6-35 所示。由于轴承内圈各圆角连接远离滚道，因此在建立 7008C 轴承内圈几何模型时，将圆角按直角处理。在滚道表面施加均布载荷，对轴承内圈内圆孔面施加固定约束，并假设只发生弹性变形，模拟轴承内圈滚道表层残余应力的分布状态。

2）模拟轴承内圈滚道表层材料逐层剥除过程。利用有限元软件的单元生死功能，模拟轴承内圈滚道表层材料逐层剥除过程，如图 6-36 所示。

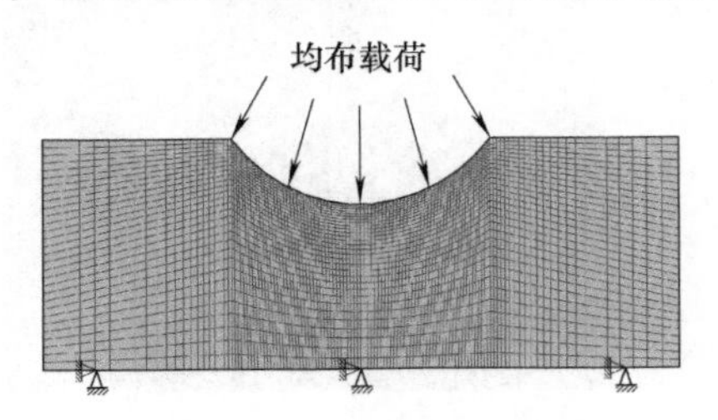

图 6-35　7008C 轴承内圈应力释放有限元修正模型

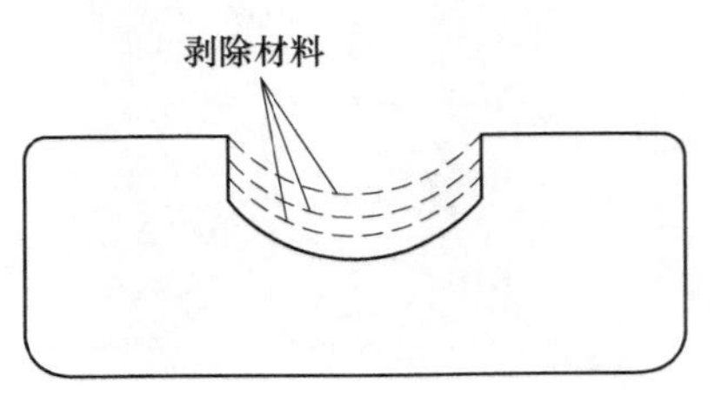

图 6-36　轴承内圈滚道表层材料逐层剥除过程

3）计算残余应力修正系数矩阵。在剥除每层轴承内圈滚道表层材料后，滚道表层残余应力分布状态都会发生变化。利用剥层前后的滚道表层残余应力分布状态，计算残余应力修正系数矩阵 $\boldsymbol{K}_{ij}$。

利用残余应力修正系数矩阵 $\boldsymbol{K}_{ij}$ 与残余应力测量值计算残余应力修正量，见式（6-6）

$$\Delta\sigma_j = \sum_{j=1}^{i} \boldsymbol{K}_{ij}\sigma_j \tag{6-6}$$

式中，$\Delta\sigma_j$ 是剥除第 j 层材料后的残余应力修正量；σ_j 是剥除每层材料后的残余应力测量值；i 和 j 分别是已经剥除的第 i 层材料和已经剥除的第 j 层材料。

残余应力修正系数矩阵 $\boldsymbol{K}_{ij}$ 中的残余应力修正系数 k_{ij} 通过式（6-7）计算

$$\begin{cases} k_{i1} = \left(\sigma_1^{\mathrm{b}} - \sigma_i - \sum\limits_{j=2}^{i} k_{ij}\sigma_j\right) / \sigma_1 \\ k_{ij} = (\sigma_j^{\mathrm{b}} - \sigma_j)/\sigma_j, \quad (i = j) \\ k_{ij} = (\sigma_{j-1}^{\mathrm{b}} - \sigma_j^{\mathrm{b}})/\sigma_j, \quad (i \neq j) \end{cases} \tag{6-7}$$

式中，σ_j^{b} 是第 j 层材料剥除前的残余应力值。

残余应力修正值等于残余应力测量值与残余应力修正量之和，见式（6-8）。

$$\sigma_{\mathrm{c}} = \Delta\sigma + \sigma_{\mathrm{m}} \tag{6-8}$$

式中，σ_{c} 是残余应力修正值；σ_{m} 是残余应力测量值；$\Delta\sigma$ 是残余应力修正量。

6.6　轴承内圈滚道低温气雾冷却润滑磨削试验

6.6.1　试验方案

以 7008C 轴承内圈为试验对象，进行轴承内圈滚道低温气雾冷却润滑磨削试验。同时，在干磨和湿磨环境下，进行 7008C 轴承内圈滚道磨削试验，并测量磨削力和磨削温度。磨削试验参数见表 6-10，低温气雾供液参数见表 6-11。

表 6-10　7008C 轴承内圈滚道气雾冷却润滑磨削试验参数

磨削参数	参数值
磨床	3MKS1310 型高速数控轴承内圈滚道磨床
砂轮	A80L6V
砂轮直径 d_{s}/mm	497.17~500
内圈材料	淬硬轴承钢 GCr15，62HRC
砂轮转速 n_{s}/(r/min)	2300
工件转速 n_{w}/(r/min)	240

（续）

磨削参数	参数值
进给速度 v_f/(μm/s)	16
磨削环境	干磨，湿磨，气雾
磨削液	PC-621F 型水溶性半合成磨削液，浓度为 5%
磨削方式	顺磨
修整器	单点金刚石磨粒修整器
修整深度 a_d/mm	0.01
修整速度 f_d/(mm/r)	0.0012

表 6-11　低温气雾供液参数

参数	参数值
磨削液类型	LB-2000 型植物性喷雾式磨削液 PC-621F 型水溶性半合成磨削液，浓度为 5%
磨削液流量/(ml/h)	35.29，71.43，111.11，136.36，216.92，266.67，333.33
低温冷气流量/(m^3/h)	12.70，11.48，6.56，4.34，2.54
低温气雾出口温度/(℃)	12.9，7.1，0.5，-3.8，-8.7
喷嘴距磨削弧区距离/mm	24.9

6.6.2　低温气雾的润滑性能

磨削液流量对切向磨削力的影响如图 6-37 所示。在轴承内圈滚道磨削过程中，为了获得较好的润滑效果，低温气雾的润湿面积应覆盖磨粒接触面积。随着磨削液流量的增大，低温气雾的润湿面积随之增大[2]。那么，低温气雾的润滑效果随之增强，从而造成切向磨削力减小。由图 6-37 可得，当磨削液流量处于 35.29~136.4ml/h 时，随着磨削液流量的增大，切向磨削力逐渐减小。这表明当磨削液流量在此范围内，低温气雾的润湿面积并不足以完全覆盖磨粒接触面积。当磨削液流量超过 136.4ml/h 时，随着磨削液流量的增大，切向磨削力几乎不再变化。这表明当磨削液流量超过 136.4ml/h，低温气雾的润湿面积已经完全覆盖磨粒接触面积。虽然随着磨削液流量的增大，低温气雾的润湿面积增大，但由于磨粒接触面积不变，从而造成切向磨削力不再变化。

使用 LB-2000 型植物性喷雾式磨削液形成低温气雾，低温冷气流量对切向磨削力的影响如图 6-38 所示。由于磨削弧区前方气障的影响，低温气雾喷射速度必须远大于砂轮转速，才能穿过气障到达磨削弧区。随着低温冷气流量的减小，低温气雾的喷射速度减小，穿过气障到达磨削弧区的低温气雾也会减少，从而造成润湿面积减小。由于润湿面积不能完全覆盖磨粒接触面积，造成切向磨削力随着低温冷气流量的减小而增大。

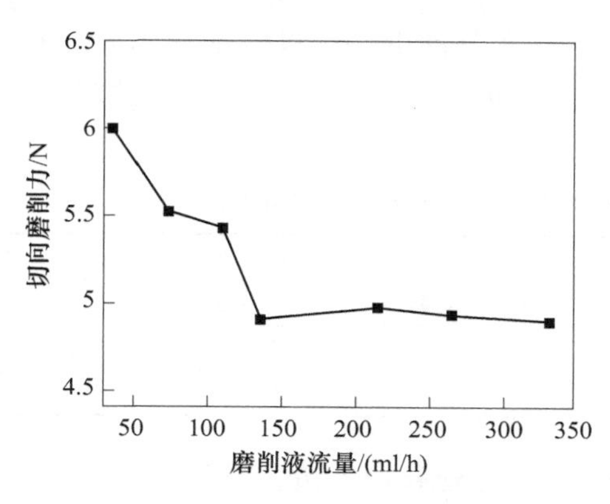

图 6-37　磨削液流量对切向磨削力的影响（LB-2000）

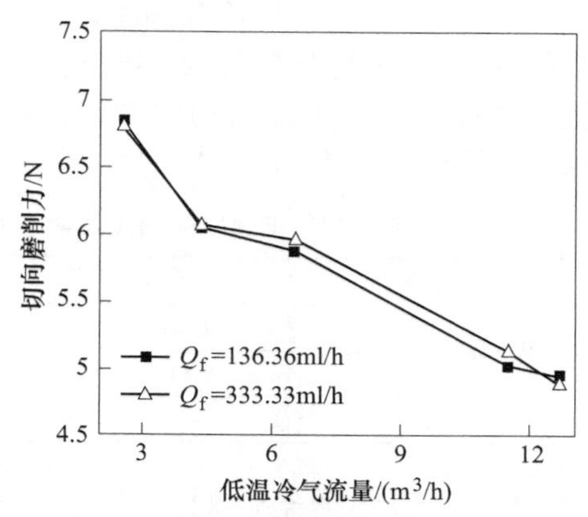

图 6-38　低温冷气流量对切向磨削力的影响

当磨削液流量为 136.36ml/h 时，冷却润滑条件对切向磨削力的影响如图 6-39 所示。由图 6-39 可得，使用 LB-2000 型植物性喷雾式磨削液形成的低温气雾，可以获得比湿磨条件下更小的切向磨削力。利用 PC-621F 型水溶性半合成磨削液形成的低温气雾，产生的切向磨削力与干磨条件下接近。这表明 LB-2000 型植物性喷雾式磨削液比 PC-621F 型水溶性半合成磨削液的润滑性能更好，并且合理地调整低温气雾供液参数，可以获得比湿磨条件下更好的润滑效果。

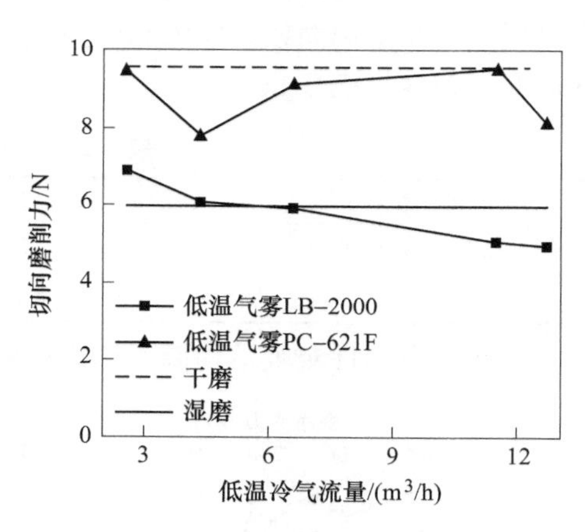

图 6-39　冷却润滑条件对切向磨削力的影响

6.6.3　低温气雾的冷却性能

通过磨削试验直接测得磨削弧区最高温升 T_{max} 和切向磨削力 F_t，磨削弧区产生的总热流密度 $q_t=F_tv_s/bl_c$。利用 Malkin 和 Guo[3] 推导的磨削弧区最高温升公式，计算进入轴承内圈滚道的平均热流密度 q_{wb}

$$T_{max}=\frac{\beta q_{wb}\alpha_w^{1/2}l_c^{1/2}}{k_wv_w^{1/2}} \tag{6-9}$$

式中，α_w是工件热扩散率；k_w是工件热导率；β 是常数，并且 $\beta=1.06$。

求得总热流密度 q_t和进入轴承内圈滚道的平均热流密度 q_{wb}之后，即可获得热量分配比 ε_{wb}，$\varepsilon_{wb}=q_{wb}/q_t$。利用热量分配比研究低温气雾的冷却性能，热量分配比越小，表明冷却性能越好。

表 6-12 所示为不同冷却润滑条件下的热量分配比。由表 6-12 可得，在低温气雾条件下，热量分配比为 74%左右。在湿磨条件下，热量分配比为 64.8%。这表明使用 LB-2000 型植物性喷雾式磨削液形成的低温气雾，其冷却性能不及湿磨条件下的 PC-621F 型水溶性半合成磨削液。

表 6-12 不同冷却润滑条件下的热量分配比（Q_f = 136.36ml/h）

冷却润滑条件	Q_a/(m³/h)	T_f/℃	F_t/N	T_{max}/℃	ε_{wb}(%)
低温气雾（LB-2000）	12.70	12.9	4.94	279.6	73.5
	2.54	-8.7	6.84	362.1	74.3
湿磨	—	13.5	5.97	315.8	64.8

6.6.4 冷却润滑条件对滚道表层残余应力分布状态的影响

在低温气雾条件下，磨削两件轴承内圈，编号依次为气雾-1、气雾-2。在湿磨条件下，磨削两件轴承内圈，编号依次为湿磨-1、湿磨-2。沿轴向测量滚道最低点，测量周向残余应力和切向残余应力，每个轴承内圈只有 1 个测量点。冷却润滑条件见表 6-13。

表 6-13 冷却润滑条件

冷却润滑条件	Q_a/(m³/h)	Q_f/(ml/h)	T_f/℃
低温气雾（LB-2000）	12.70	136.36	12.9
湿磨	—	—	13.5

冷却润滑条件对轴承内圈滚道表层残余应力分布状态的影响如图 6-40 所示。

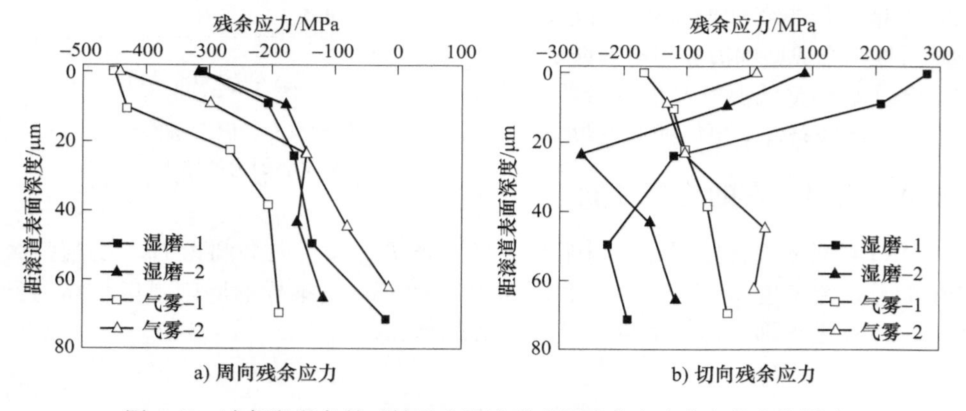

图 6-40 冷却润滑条件对轴承内圈滚道表层残余应力分布状态的影响

由图 6-40 可得，在低温气雾与湿磨条件下，轴承内圈滚道表层产生了周向残余压应力。在距滚道表面 20μm 深度范围内，在低温气雾条件下产生的周向残余压应力比在湿磨条件下产生的周向残余压应力大。在湿磨条件下，轴承内圈滚道表层产生了切向残余拉应力。在低温气雾条件下，气雾-1 轴承内圈滚道表层产生了切向残余压应力，气雾-2 轴承内圈滚道表面产生了切向残余拉应力。虽然气雾-2 轴承内圈滚道表面产生了切向残余拉应力，但与在湿磨条件下产生的切向残余拉应力相比，气雾-2 轴承内圈滚道表面产生的切向残余拉应力较小。从整体上讲，与湿磨条件相比，在低温气雾条件下更有利于轴承内圈滚道表层产生残余压应力。

6.7　小结

1）对轴承磨削机床进行改动，安装了变频器使砂轮转速可调，利用转速表测量得到了输入电源频率与砂轮转速、工件转速之间的关系，测量砂轮电动机电流获取切向磨削力，使用改进的顶式热电偶测温方法测量磨削温度。结果表明，本文搭建的试验平台及相关试验方案可很好地获取轴承滚道磨削的磨削力及磨削温度，可有效地支持试验研究。

2）将试验数据与理论计算结果进行对比，结果表明，理论计算得到的切向磨削力、温度场沿深度分布、温度场变化历程、磨削暗层厚度均与试验数据吻合良好，证明本文相关理论与模型适用于轴承滚道磨削研究。

3）通过轴承内圈滚道低温气雾冷却润滑磨削试验，测量了磨削力与磨削温度。试验结果表明，存在磨削液流量临界值，磨削液流量超过临界值后，继续增大磨削液流量，切向磨削力不再变化。减小低温冷气流量，会造成切向磨削力增大。相比于 PC-621F 型水溶性半合成磨削液，LB-2000 型植物性喷雾式磨削液的润滑性能更好。

4）评价了气雾的冷却性能和润滑性能。与湿磨环境下的 PC-621F 型水溶性半合成磨削液相比，喷射 LB-2000 型植物性喷雾式磨削液可以获得更好的润滑效果，但冷却效果不足。

5）在不同的冷却润滑条件下，测量了轴承内圈滚道表层残余应力分布状态，对比分析了冷却润滑条件对轴承内圈滚道表层残余应力分布状态的影响。结果表明，低温气雾冷却润滑方法有利于轴承内圈滚道表层产生残余压应力。

参 考 文 献

[1] LAMBDA R. Finite element correction for stress relaxation in complex geometries [J]. Diffraction Notes, 1996 (17): 1-4.

[2] TAWAKOLI T, HADAD M J, SADEGHI M H. Influence of oil mist parameters on minimum quantity lubrication-MQL grinding process [J]. International Journal of Machine Tools and Manufacture, 2010, 50 (6): 521-531.

[3] MALKIN S, GUO C. Thermal analysis of grinding [J]. CIRP Annals-Manufacturing Technology, 2007, 56 (2): 760-782.

第7章 轴承内圈滚道精研加工残余应力场

07

7.1 引言

本章以 B7008C 和 7008C 轴承内圈为研究对象，利用有限元分析软件 Abaqus 建立有限元模型，研究轴承滚道精研加工残余应力的分布情况。首先根据有限元分析方法的基本步骤依次建立模型、定义材料属性、网格划分、施加边界条件及载荷，然后进行有限元仿真分析，对有限元仿真分析结果进行后处理后输出数据。根据有限元仿真分析结果对不同参数下残余应力分布变化进行了分析总结。

7.2 滚动轴承滚道精研加工残余应力分布有限元仿真

7.2.1 滚动轴承滚道精研加工残余应力分布有限元模型

利用 Abaqus 隐式算法模块 Abaqus/Explicit 对滚动轴承滚道精研加工残余应力分布进行有限元仿真分析，仿真分析的流程如图 7-1 所示。首先分别创建 B7008C、7008C 轴承内圈模型，然后选取单元格类型，定义材料参数，并对轴承内圈进行网格划分。再根据轴承滚道精研实际加工过程，在轴承内圈模型上施加边界条件和载荷，通过动态施加载荷步模拟滚道表面超精研加工过程。经过 Abaqus 内部计算后对计算结果进行后处理，获得滚动轴承滚道精研加工残余应力分布的有关数据。

本文构建模型时做出的合理性假设及简化：

1）忽略加工过程中的油石磨损，假设在外界施加到油石上压力不变时，油石表面磨粒与轴承滚道表面接触情况保持不变。

2）假设使轴承表层金属发生塑性变形的磨粒对滚道表层金属的作用力均匀分布。

3）因为精研加工过程温度较低，不考虑温度变化的影响。

在利用有限元仿真软件进行有限元仿真分析的过程中，网格划分情况对计算结果影响十分显著。一般而言，网格划分越细密，计算结果越精确。但是随着网格数量的增加，计算量也会增加。当网格数量达到一定程度时，对于提高计算精度的作用已经不明显，这是由于计算量的增加不仅对计算机硬件有了更高的要求，而且计算时间也会大幅度增长。

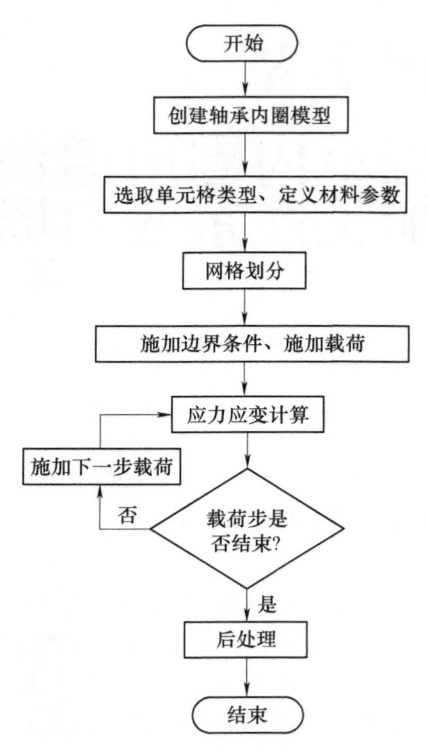

图 7-1　对滚动轴承滚道精研加工残余应力分布进行有限元仿真分析的流程

本文仿真分析时，采用的研究对象为B7008C、7008C 轴承内圈，两者结构略有差异。图 7-2 所示为利用 Abaqus 建立的B7008C、7008C 轴承内圈模型及网格划分情况，模型采用轴对称八节点六面体单元格C3D8RT。由于轴承内圈具有高度对称性，为了提高计算精度，同时进一步简化有限元分析过程，缩短计算时间，在整个轴承内圈模型上取轴承内圈的 1/32 作为研究对象，对其进行网格细化。将轴承滚道沿轴向划分为 107 份，轴向网格长度为 40μm；沿圆周方向划分为 58 份，周向网格长度大约为 80μm；沿径向划分为 30 份，通过划分过渡网格，接近滚道表面处的网格更加细密，最表层网格长度约为9.9μm。当进一步细化单元格时，如轴向、周向网格划分保持不变，径向划分为33 份时，计算结果已经十分接近，计算偏差不超过 5%，但是计算时间有较大程度的增加，因此采用上述网格划分方案。

工业生产中，B7008C、7008C 轴承常采用的材料为 GCr15，在磨削与精研加工之前一般进行淬火处理。因此，轴承滚道精研加工有限元模拟过程中材料属性采用 GCr15 淬火的物理性质。GCr15 淬火的基本物理性质[1]见表 7-1。

表 7-1　GCr15 淬火的基本物理性质

材料	温度/℃	密度/(kg/m^3)	弹性模量/GPa	泊松比	硬度	屈服强度/MPa
GCr15	20	7830	208.1	0.3	62HRC	1410

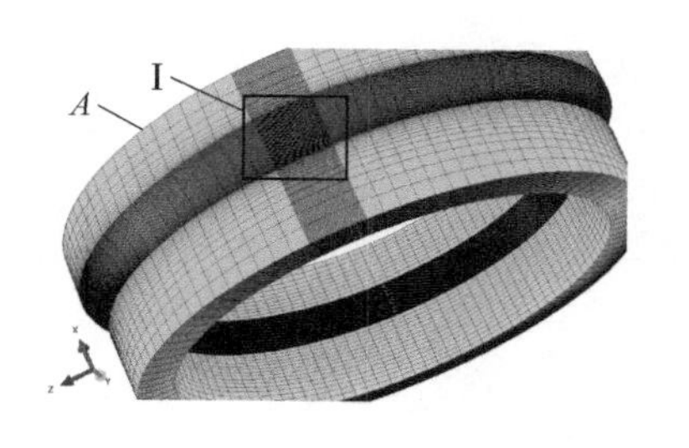

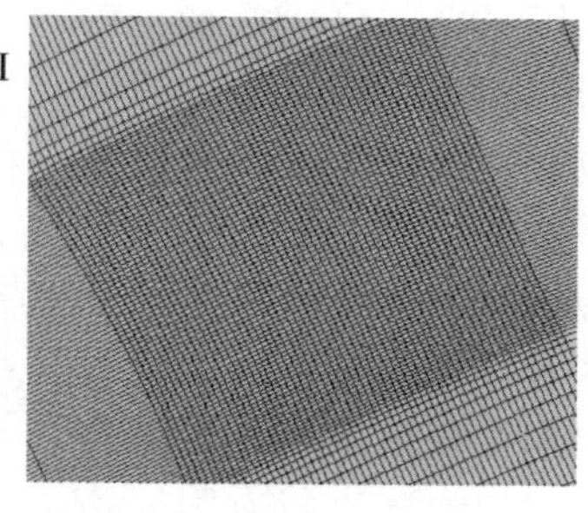

a) B7008C轴承内圈模型及网格划分情况

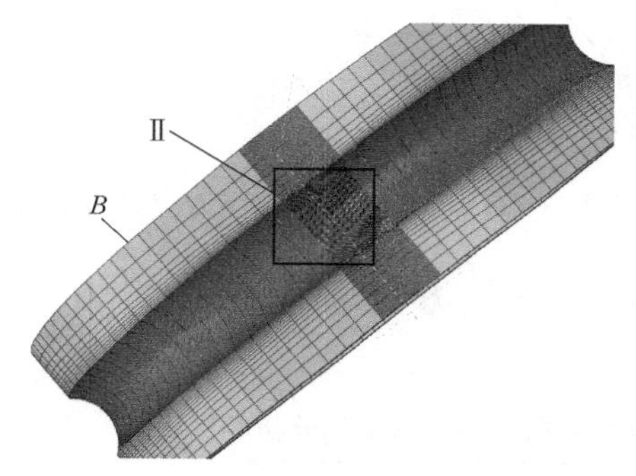

b) 7008C轴承内圈模型及网格划分情况

图 7-2　轴承内圈模型及网格划分情况

同时考虑材料的弹性、塑性以及塑性变形后的加工强化，本文采用线性强化模型作为材料的本构关系，即

$$\begin{cases}\sigma = E\varepsilon & (\sigma < \sigma_s) \\ \sigma = \alpha E\varepsilon + (1-\alpha)\sigma_s & (\sigma_s \leqslant \sigma < \sigma_b) \\ \sigma = \beta E\varepsilon + (1-\beta)\sigma_s & (\sigma \geqslant \sigma_b)\end{cases} \tag{7-1}$$

式中，E 是 GCr15 淬火后的弹性模量；α、β 是应变强化系数（$0 \leqslant \beta \leqslant \alpha \leqslant 1$）；$\sigma_s$是屈服应力；$\sigma_b$是图 7-3 中 B 点对应的应力，当材料内部应力达到该值时，材料应力应变曲线再次发生变化。

参照滚动轴承滚道的精研加工过程，轴承内圈内表面与定心轴紧密接触，B7008C 轴承如图 7-2a 中 A 端被压在主轴相连的定位挡圈上，7008C 轴承内圈由于其对称性，可使任意一端面被压在定位挡圈上。因此，在有限元模拟过程中对轴承内圈内表面、B7008C 内圈 A 端、7008C 内圈 B 端实施固定位移约束。

轴承滚道精研加工过程中，滚道表面受到的作用力包括磨粒对滚道表面的法向作用力和沿磨粒在滚道表面运动方向的法向作用力。在实际的加工生产中，在保证加工后滚道表面粗糙度的前提下，需要进一步考虑生产率。实际加工过程中，B7008C、7008C 轴承内圈的精研加工油石压力一般取 10~30N，最大切削角一般为 3°~10°。

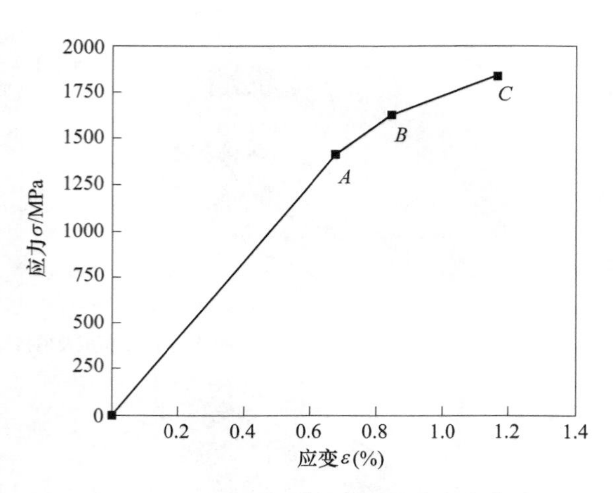

图 7-3　GCr15 淬火后的常温应力应变曲线

为研究油石压力对精研加工后残余应力的影响，设置五组切削角变化范围相同、油石压力不同的参数进行有限元模拟（见表 7-2），其中切向载荷、法向载荷通过第 3 章中的公式计算得出。

为研究切削角变化范围对轴承滚道精研加工残余应力的影响，设置五组切削角变化范围不同、油石压力相同的参数进行有限元模拟（见表 7-3）。

表 7-2　为研究油石压力对残余应力分布影响的有限元分析参数设置

油石压力/N	$\tan\theta_{max}$	法向载荷/MPa	切向载荷/MPa	载荷比
10	0.15	2173	332	0.153
20	0.15	2259	359	0.159
30	0.15	2363	383	0.162
40	0.15	2398	391	0.163
50	0.15	2416	394	0.163

表 7-3　为研究切削角变化范围对残余应力分布影响的有限元分析参数设置

油石压力/N	$\tan\theta_{max}$	法向载荷/MPa	切向载荷/MPa	载荷比
20	0.05	2764	439	0.159
20	0.10	2764	439	0.159
20	0.15	2764	439	0.159
20	0.20	2764	439	0.159
20	0.25	2764	439	0.159

7.2.2　精研加工残余应力分布有限元仿真结果分析

当外界施加到油石上的压力为 20N，$\tan\theta_{max}=0.15$ 时，载荷步完成 20 步以后，B7008C 轴承滚道周向应力分布如图 7-4 所示（图中所示应力单位为 Pa）。其中 *A* 区为尚未加载区域，*B* 区为正在施加载荷区域，*C* 区为加载计算完成后的卸载区域。

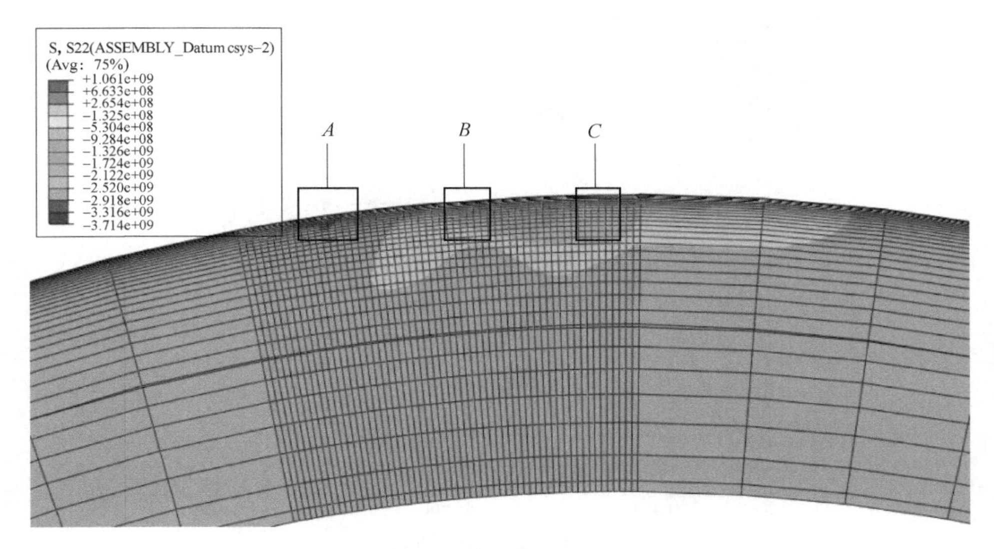

图 7-4　B7008C 轴承滚道周向应力分布

当全部载荷步完成以后提取残余应力分布相对均匀区域，在该区域沿径向画三条直线，提取直线上各节点应力，将相同深度处节点残余应力的平均值作为该深度处的残余应力值（见图 7-5）。

图 7-5　轴承滚道表层残余应力提取

当油石压力为 20N，$\tan\theta_{max}=0.15$ 时，B7008C 轴承滚道表层残余应力沿径向深度上的分布如图 7-6 所示。

由图 7-6 可知，轴承滚道精研加工表面为残余压应力，最大残余压应力位于滚道表层深度约 10～20μm 处，残余压应力层厚度约为 150μm，周向残余压应力要略大于切向残余压应力。从图中可以看出，残余应力最大处并非产生在轴承滚道表面，而是位于次表层处，这与加工过程中材料内部剪切力分布有关。在精研加工过程中，在磨粒作用下，最大剪切力产生于滚道的次表层，最大剪应力处最先发生塑性变形，变形程度也最为剧烈，因此会在次表层处产生最大残余应力。周向残余应力大于切向残余应力的原因与滚道表面切向载荷方向及轴承内圈结构有关。由于 $\tan\theta_{max}=0.15$，即切向作用力在轴向方向的分量要小于周向方向的分量，并且滚道结构使得加工区周向应力大于切向应力，因此周向塑性变形程度要大于切向塑性变形程度。

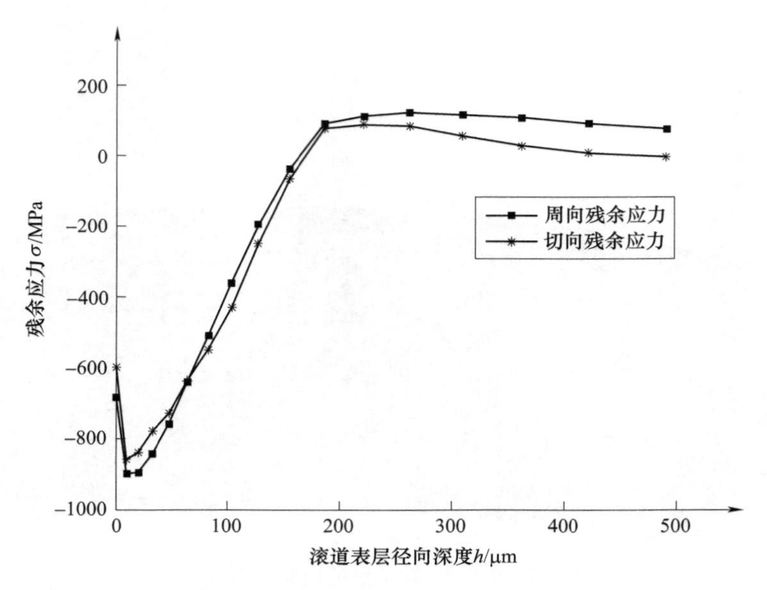

图 7-6　B7008C 轴承滚道表层残余应力沿径向深度上的分布

当切削角变化范围保持不变（$\tan\theta_{max}=0.15$），在油石上分别施加压力 10N、20N、30N、40N 和 50N 时，B7008C 和 7008C 轴承内圈滚道表层残余应力沿轴承径向深度分布的有限元仿真结果分别如图 7-7 和图 7-8 所示。

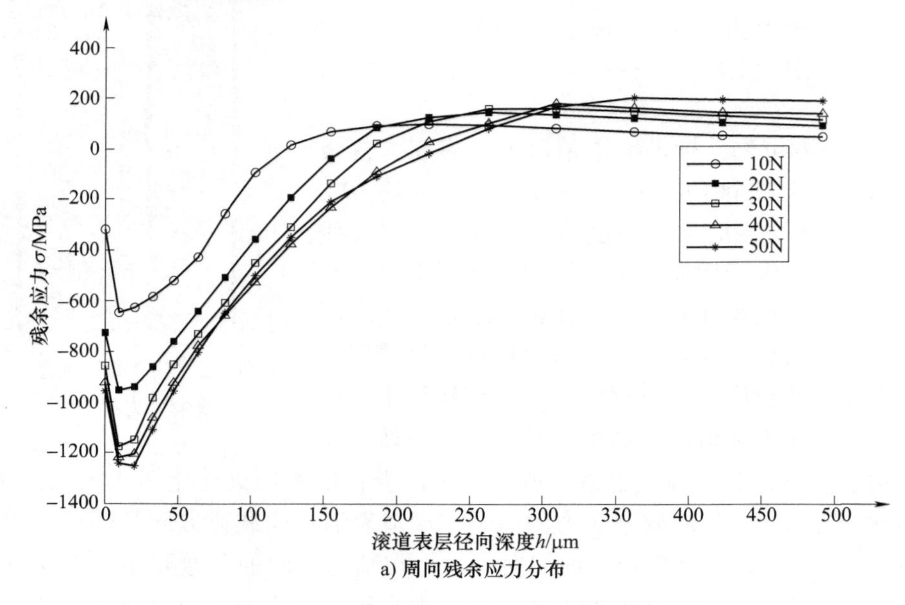

a) 周向残余应力分布

图 7-7　不同压力下 B7008C 轴承内圈滚道表层残余应力沿轴承径向深度分布的有限元仿真结果

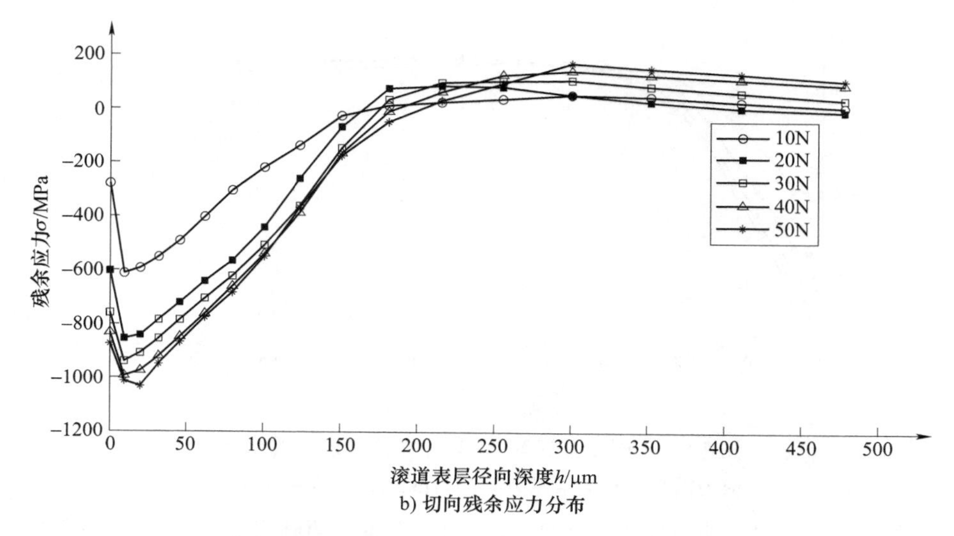

b) 切向残余应力分布

图 7-7　不同压力下 B7008C 轴承内圈滚道表层残余应力沿轴承径向深度分布的有限元仿真结果（续）

由图 7-7 可知，油石压力由 10N 增大到 50N 时，B7008C 轴承内圈滚道表层残余压应力值明显增大。滚道表面周向残余压应力由 321MPa 增至 946MPa，周向最大残余压应力由 648MPa 增至 1241MPa；滚道表面切向残余压应力由 281MPa 增至 871MPa，切向最大残余压应力由 613MPa 增至 1012MPa。

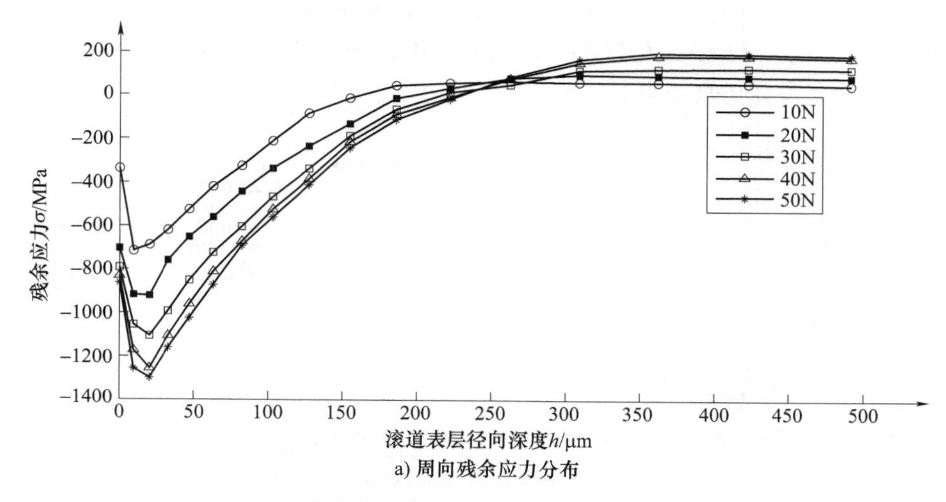

a) 周向残余应力分布

图 7-8　不同压力下 7008C 轴承内圈滚道表层残余应力沿轴承径向深度分布的有限元仿真结果

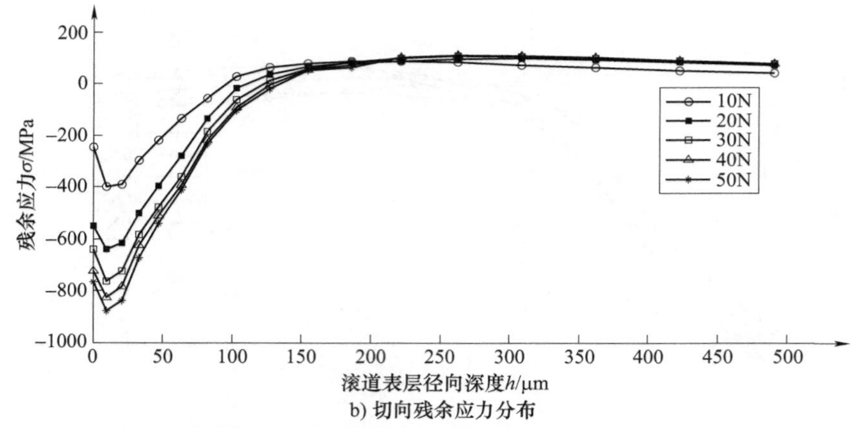

b) 切向残余应力分布

图 7-8　不同压力下 7008C 轴承内圈滚道表层残余应力沿轴承径向深度分布的有限元仿真结果（续）

由图 7-8 可知，油石压力由 10N 增大到 50N 时，7008C 轴承内圈滚道表层残余压应力值同样明显增大。滚道表面周向残余压应力由 336MPa 增至 864MPa，周向最大残余压应力由 716MPa 增至 1301MPa；滚道表面切向残余压应力由 247MPa 增至 767MPa，切向最大残余压应力由 401MPa 增至 879MPa。

从图 7-7 和图 7-8 中均可以看出，当外界施加到油石上的压力越大时，残余压应力也越大；但是在压力增量相同时，残余压应力的增量越小。这是因为，在精研加工过程中，油石压力越大时，油石与轴承滚道表面实际接触面积越大；在压力增量相同时，实际接触区域内单位面积上的作用力增量越小。

图 7-9 和图 7-10 所示为当油石压力为 20N，$\tan\theta$ 分别为 0. 05、0. 10、0. 15、0. 20 和 0. 25 时，B7008C 和 7008C 轴承内圈滚道表层残余应力沿轴承滚道径向深度分布的有限元仿真结果。

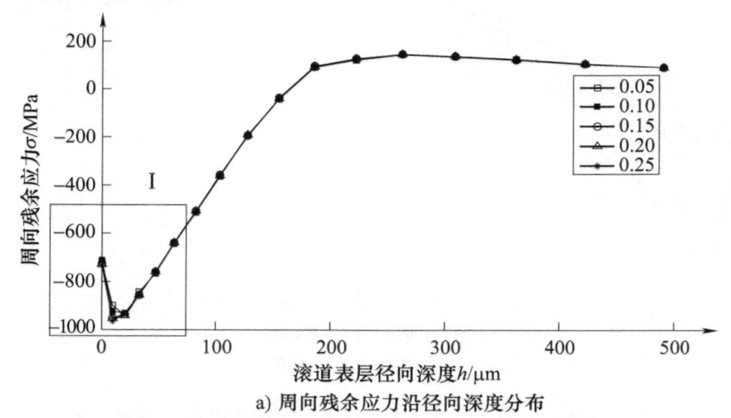

a) 周向残余应力沿径向深度分布

图 7-9　不同切削角范围时 B7008C 轴承内圈滚道表层残余应力沿轴承滚道径向深度分布的有限元仿真结果

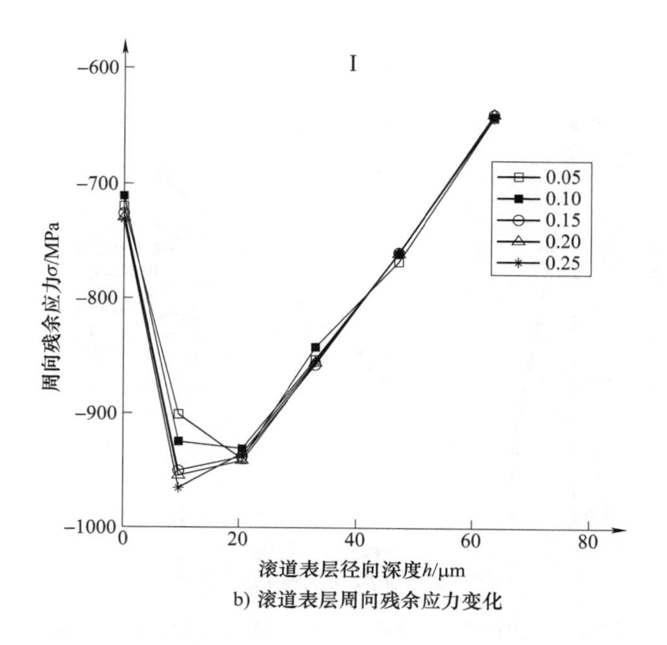

b) 滚道表层周向残余应力变化

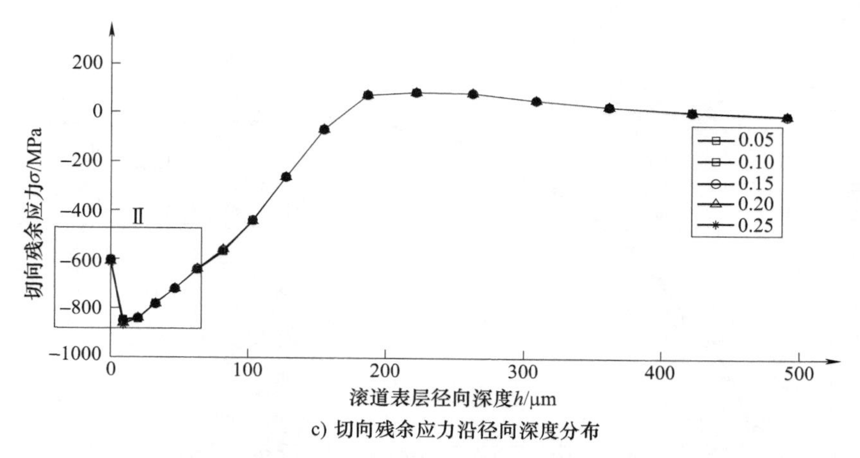

c) 切向残余应力沿径向深度分布

图 7-9 不同切削角范围时 B7008C 轴承内圈滚道表层残余应力沿轴承滚道径向深度分布的有限元仿真结果（续）

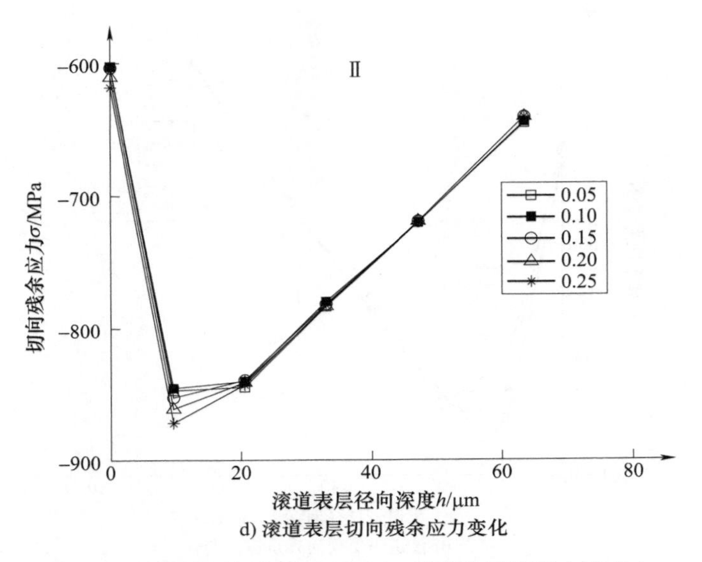

d) 滚道表层切向残余应力变化

图 7-9　不同切削角范围时 B7008C 轴承内圈滚道表层残余应力沿轴承滚道径向深度分布的有限元仿真结果（续）

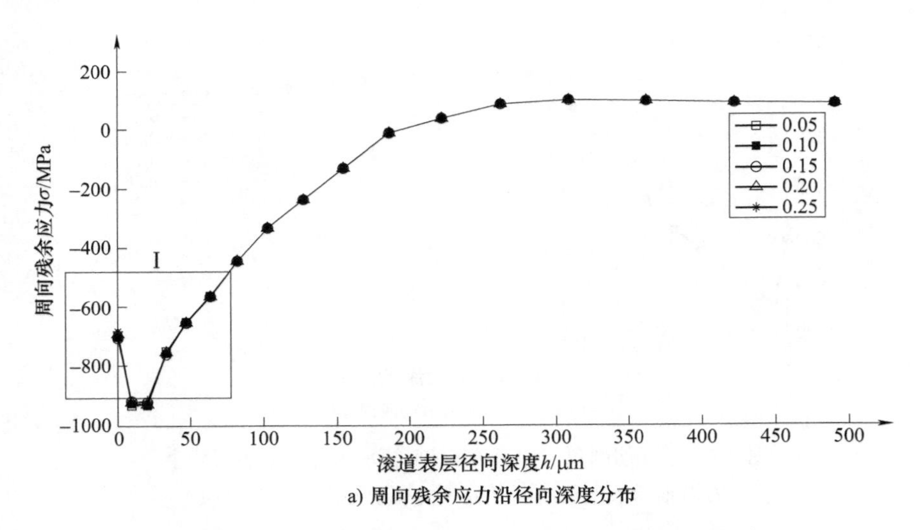

a) 周向残余应力沿径向深度分布

图 7-10　不同切削角范围时 7008C 轴承内圈滚道表层残余应力沿轴承滚道径向深度分布的有限元仿真结果

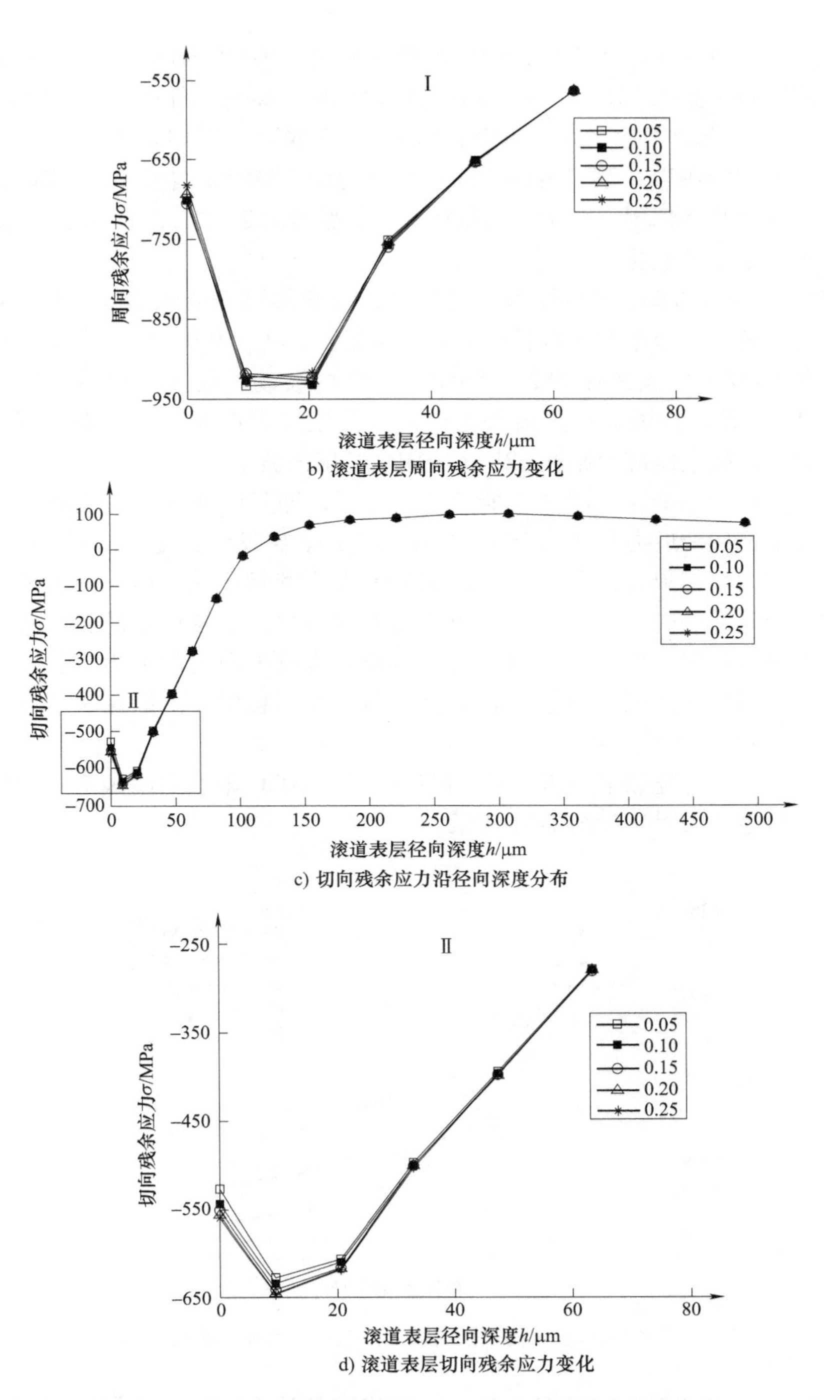

b) 滚道表层周向残余应力变化

c) 切向残余应力沿径向深度分布

d) 滚道表层切向残余应力变化

图 7-10　不同切削角范围时 7008C 轴承内圈滚道表层残余应力沿轴承滚道径向深度分布的有限元仿真结果（续）

根据图 7-9 可知，切削角变化范围只影响 B7008C 轴承内圈滚道表层约 50μm 深度的残余应力分布。油石压力为 20N 时，$\tan\theta_{max}$ 由 0.05 增至 0.25 时，滚道表面周向残余压应力由 720MPa 增大至 732MPa，周向最大残余压应力由 901MPa 增至 966MPa；滚道表面切向残余应力由 603MPa 增大至 619MPa，切向最大残余应力由 846MPa 增大至 872MPa。当距离滚道表面深度超过 50μm 时，残余应力几乎没有变化。

根据图 7-10 可知，7008C 轴承同样只在内圈滚道表层约 50μm 内的残余应力受到切削角变化范围的影响且影响并不明显。$\tan\theta_{max}$ 由 0.05 增至 0.25 时，滚道表面周向残余压应力在 682～705MPa 范围内波动，最大周向残余压应力在 920～940MPa 范围内波动；滚道表面切向残余压应力在 527～558MPa 范围内波动，最大切向残余压应力则在 625～650MPa 范围内波动。

当油石压力不变，只改变切削角变化范围，即只改变切向力变化方向范围时，轴承滚道残余应力只在约 50μm 厚度的工件表层发生变化。精研加工产生的残余应力的大小与单位面积内受到作用力的大小密切相关，而切向力要远小于法向力。因此当法向力不变，只改变切向力方向时，磨粒对工件表面的作用力在内圈轴向与径向构成平面、内圈周向与径向构成平面内的分力变化不大。因此，改变切削角变化范围只影响表层金属塑性变形程度，内部金属塑性变形几乎不受影响。

外界在油石上施加不同压力时，B7008C 与 7008C 轴承内圈滚道表面残余应力有限元模拟结果对比如图 7-11 所示。

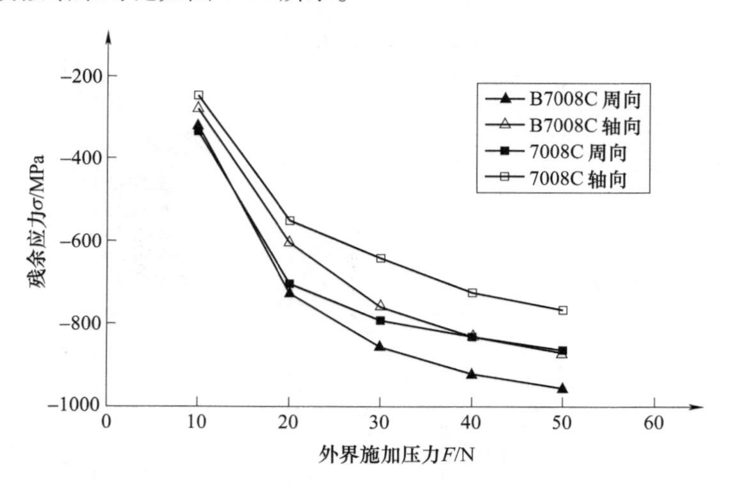

图 7-11　不同结构轴承内圈滚道表面残余应力有限元模拟结果对比

由图 7-11 可知，一般情况下，当外界施加到油石上压力相同时，7008C 轴承内圈滚道表面产生的残余压应力要小于 B7008C，外界施加压力越大时，残余应力差值越明显。

精研加工过程中相同压力下不同内圈产生残余应力不同的原因与内圈结构有关。内圈结构的差异导致了表层金属在进行精研加工时，材料内部产生了不同大小的应力。图7-12所示为外界施加压力均为30N时，B7008C和7008C轴承内圈滚道表面周向应力分布（图中应力单位均为Pa）。从图中可以看出，外界施加相同压力时，由于滚道结构的差异，B7008C轴承内圈加工区表面产生应力值要高于7008C轴承内圈加工区表面应力值。加工区应力值越高，工件材料的塑性变形程度越大，不同区域间材料塑性变形不均匀程度越大，从而产生的残余应力值越大。

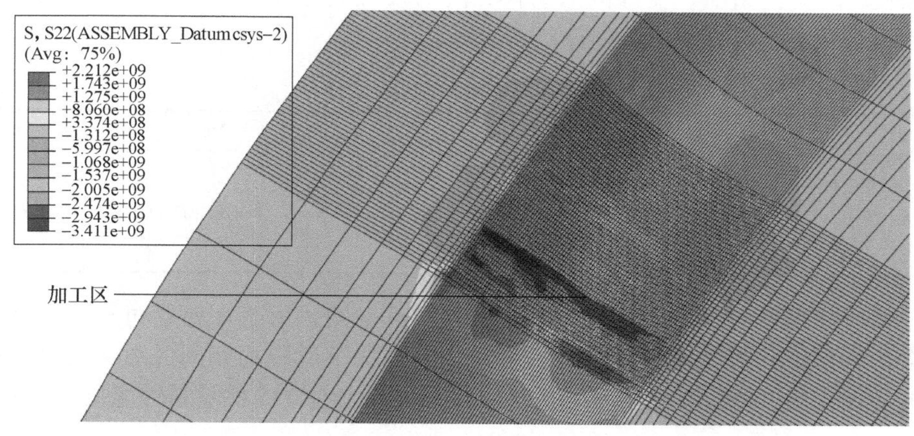

a) B7008C轴承滚道表面应力分布

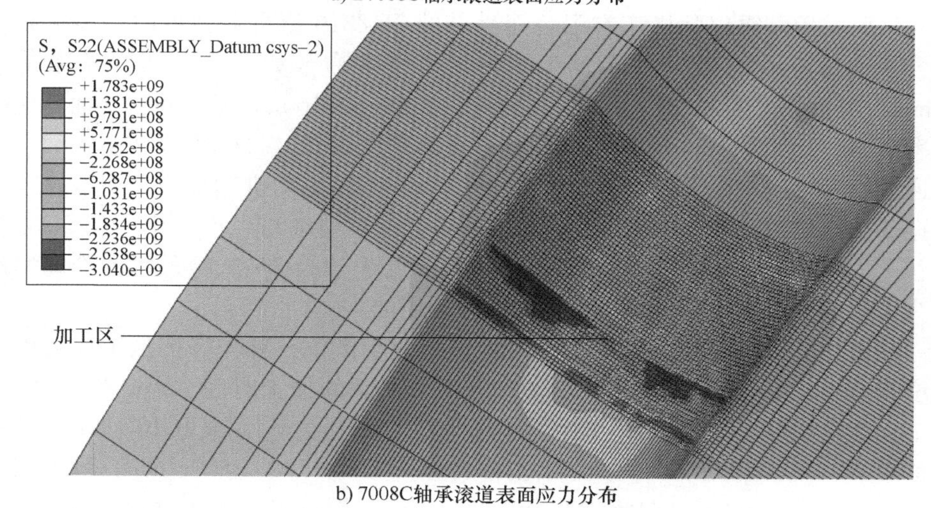

b) 7008C轴承滚道表面应力分布

图7-12　不同结果轴承内圈滚道表面周向应力分布

7.3 滚动轴承滚道精研加工试验

7.3.1 试验方案

试验研究的工件为已经进行精磨加工但是尚未进行精研加工的7008C轴承内圈，工件材料为GCr15。GCr15钢是一种合金含量较少的高碳铬轴承钢，接触疲劳强度高，有良好的尺寸稳定性和耐蚀性，冷变形塑性中等，切削性一般，焊接性差，GCr15的化学成分见表7-4。GCr15经过淬火加低温回火后具有较高的硬度、均匀的组织、良好的耐磨性、高的接触疲劳性能，因此广泛应用于轴承制造行业中。

表7-4 GCr15的化学成分

成分	C	Mn	Si	S	P	Cr	Mo	Ni	Cu
含量（%）	0.95~1.05	0.20~0.40	0.15~0.35	≤0.02	≤0.027	1.30~1.65	≤0.10	≤0.30	≤0.25

精研加工采用的是进行精磨加工后的轴承内圈，由于在精磨过程中，磨削区会产生大量磨削热导致磨削区温度升高，轴承滚道脱离磨削区后会受到磨削液的冷却作用，该过程相当于一次淬火过程。淬火GCr15的材料性能见表4-1和图4-1所示。

试验采用无锡瑞鼎机床有限公司生产的3MZ316型自动轴承内圈滚道超精机，工作部分结构如图7-13所示。其主要技术参数如下：工件直径为12~60mm，工件宽度为8~25mm，主轴转速为500~5000r/min无级调整，油石振荡频率为50~1000次/min无级调整，油石振荡角度为0°~±20°无级调整，油石加压通过外界气压加压，超精时间为0~99.99s，主轴电动机功率为1.5kW，油石夹振荡头电动机功率为0.55kW。试验采用金兴超精油石生产厂生产的3000目油石，如图7-14所示。磨料材料为白刚玉，组织号为7。试验采用的冷却润滑液为无锡瑞鼎机床有限公司自主生产超精专用油。

精研加工作为一种光整加工手段，在工业生产中，首先保证加工后表面粗糙度符合生产要求，同时要尽可能缩短单个内圈的加工时间，提高生产效率。在工业生产中，7008C轴承内圈滚道精研加工油石压力F_n一般取10~30N，油石振荡频率一般取200~900次/min，工件转速一般为1500~3500r/min，最大切削角θ_{max}一般为3°~10°。在此范围内，设置4组不同的工艺参数对轴承内圈滚道进行精研加工，工艺参数设置见表7-5。

图 7-13　轴承内圈滚道超精机工作部分结构

1—喷嘴　2—主轴挡圈　3—定位心轴　4—油石夹　5—油石　6—气缸　7—振荡头

表 7-5　轴承内圈滚道精研加工的工艺参数设置

组号	油石压力/N	油石振荡频率/(次/min)	工件转速/(r/min)	$\tan\theta_{max}$	加工时间/s
1	10	800	2000	0.15	15
2	15	800	2000	0.15	15
3	15	530	2000	0.10	15
4	15	400	3000	0.05	15

为提高试验结果的准确性，避免个别现象造成的误差，每组取两个内圈进行加工。加工试验过程中所有工件采用同一条油石，避免不同油石表面磨粒分布差异造成的误差。此外，加工过程中保持喷油嘴位置不变，避免不同轴承内圈之间因冷却润滑程度差异造成的影响。加工模式采用半自动加工，即达到设置的加工时间后加工自动停止，然后手动更换内圈进行下次加工。初次试验之前，超精机空转 3min，避免超精机由于刚开始运行的不稳定对试验造成影响。对试验所需的轴承内圈进行加工之前，先对一个非本次试验所需的轴承内圈进行 20s 精研加工，避免油石初始状态对试验结果

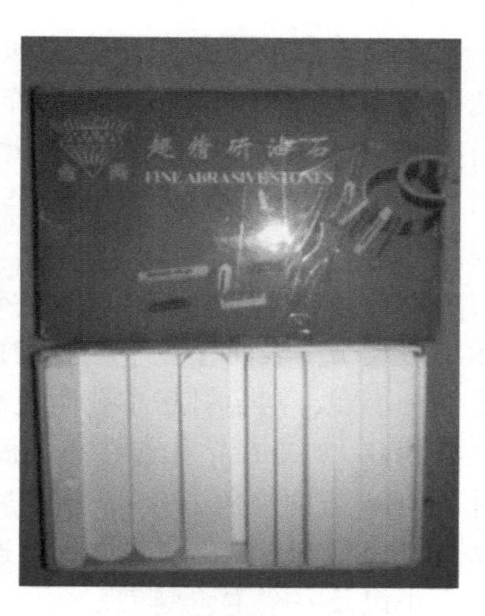

图 7-14　轴承滚道精研加工油石

造成影响。为减小初始残余应力的影响，需要通过控制磨削工艺参数将精研加工初始残余应力控制在±50MPa以内。由于时间限制，无法对每个轴承精研加工前初始残余应力进行测量。但是由于磨削轴承数目较少，砂轮不需要修整，因此可视为磨削参数不变时获得的磨削残余应力不变。

7.3.2 轴承滚道精研加工表面残余应力的测量方法

目前，常用的残余应力测量方法大致可分为机械释放测量法和物理无损测量法两大类。机械释放测量法是将具有残余应力的部分通过一定的方法或手段从工件中分离出来，在分离的过程中工件内部残余应力在一定程度上被释放，残余应力释放过程导致工件材料发生一定程度的变形，测量残余应力释放过程中的应变，根据应变的变化求出残余应力。常用的机械释放测量法包括钻孔法、取条法、剥层法等。物理无损测量方法是利用特定的物理现象，如X射线的衍射现象，对残余应力进行测量。根据材料内部存在不同残余应力时与不存在残余应力时物理现象的差异，推测残余应力分布。常用的物理无损测量法包括X射线衍射法、中子衍射法、磁性法、超声波法等，其中X射线衍射法应用较为广泛。

1. 机械释放测量法

机械释放测量法的优点是测量的精度较高，技术完善，但由于需要释放残余应力，需要对构件进行局部分割或分离，因此对构件存在一定程度的损伤。

在机械释放测量法中，因为钻孔法存在技术成熟、易于现场操作、设备简单、对被测构件的损伤小等优点，目前在生产中得到广泛应用。其基本原理如下：

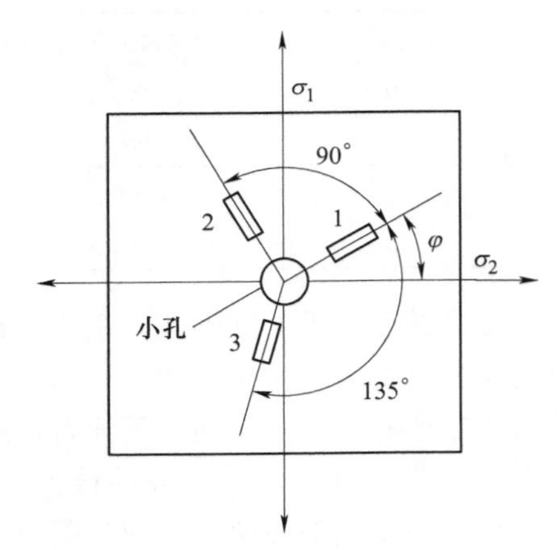

图7-15 钻孔法测残余应力

钻孔法测残余应力如图7-15所示，假设工件表面存在不同方向的残余应力σ_1、σ_2（具体方向未知），在表面上钻一小孔，则会引起小孔附近残余应力的重新分布，孔边的径向残余应力则会降为0。如果在钻孔前在小孔周围贴上图7-15所示夹角的三向应变片（应变片1与σ_2方向夹角未知），钻孔后由于应力重新分布会引起应变，应变大小可以由应变片测得。测出应变之后，通过式（7-2）就可以计算出两个主应力σ_1、σ_2的大小以及一个主应变角φ。

$$
\begin{cases}
\sigma_1 = \dfrac{E}{4A}(\varepsilon_1 + \varepsilon_2) - \dfrac{E}{4B}\sqrt{(\varepsilon_1 - \varepsilon_2)^2 + (2\varepsilon_2 - \varepsilon_1 - \varepsilon_3)^2} \\
\sigma_2 = \dfrac{E}{4A}(\varepsilon_1 + \varepsilon_3) - \dfrac{E}{4B}\sqrt{(\varepsilon_1 - \varepsilon_3)^2 + (2\varepsilon_2 - \varepsilon_1 - \varepsilon_3)^2} \\
\tan 2\varphi = \dfrac{2\varepsilon_2 - \varepsilon_1 - \varepsilon_3}{\varepsilon_3 - \varepsilon_1}
\end{cases}
\tag{7-2}
$$

式中，A 和 B 是释放系数，与材料弹性模量、泊松比、小孔直径和距离小孔圆心距离有关[2]。

但是钻孔法测得的残余应力并不是工件表面的残余应力，也不是某一确定深度处的残余应力，而是孔深范围内的平均残余应力。

工件表面较小不方便采用钻孔法测量时，常用的机械释放测量方法为剥层法。剥层法的基本原理为采用物理或化学手段对需要测量的表面进行剥层，剥层同样会使得残余应力在一定程度上得以释放，引起试件的变形，根据形变量可计算出被剥层内的残余应力[3]。

剥层法测残余应力如图 7-16 所示，外径为 R_2，内径为 R_1 的圆板类零件，可以通过剥除外层金属材料测定内径变化来求得圆板外周的残余应力。

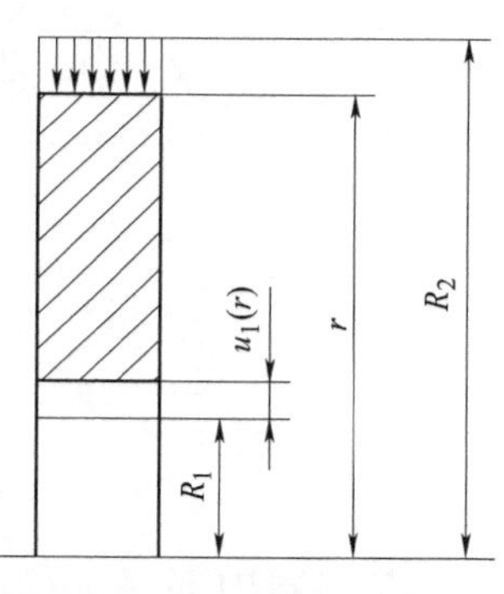

图 7-16　剥层法测残余应力

将外径从 R_2 剥层到 r 后，内径变化为 $u_1(r)$，则周向应变 $\varepsilon_{t1} = u_1(r)/R_1$。可通过式（7-3）计算出残余应力

$$
\begin{cases}
\sigma_r = -E\varepsilon_{t1}(r)\dfrac{r^2 - R_1^2}{2r^2} \\
\sigma_t = -E\dfrac{d\varepsilon_{t1}(r)}{dr}\dfrac{r^2 - R_1^2}{2r^2} - E\varepsilon_{t1}(r)\dfrac{r^2 + R_1^2}{2r^2}
\end{cases}
\tag{7-3}
$$

如果没有内孔，即内径 $R_1 = 0$，可将电阻应变片贴在中心部，测定剥层带来的应变 ε_{t0}，并按式（7-4）求残余应力

$$
\begin{cases}
\sigma_r = -E\varepsilon_{t0}(r)(1 - \nu) \\
\sigma_t = -E\dfrac{d\varepsilon_{t0}(r)}{dr}(1 - \nu) - E\varepsilon_{t0}(r)(1 - \nu)
\end{cases}
\tag{7-4}
$$

式中，ν 是材料的泊松比。

2. 物理无损测量法

物理无损测量法，在测试过程中不会对被测构件进行机械破坏，但由于其对设备要求高，成本较高，而且容易受到环境影响，对测试环境有一定要求。

目前，最常用同时也是技术理论最成熟的物理无损测量法为 X 射线衍射法。材料对 X 射线衍射如图 7-17 所示，当波长为 λ 的单色 X 射线射入一块具有无规晶体取向、晶粒足够细的多晶体材料时，X 射线之间将产生相互干涉。当入射束 I 以角度 κ 照射到一个无应力的晶体上时，由于金属材料各晶面间距 d 是一定的，所以当 X 射线射入金属点阵后，相临两原子面的 X 射线光程差 $2d\sin\kappa$ 为波长 λ 的整数倍时，将发生衍射现象。其衍射角 κ、晶面间距 d 和入射线波长 λ 满足布拉格方程

$$2d\sin\kappa = n\lambda \tag{7-5}$$

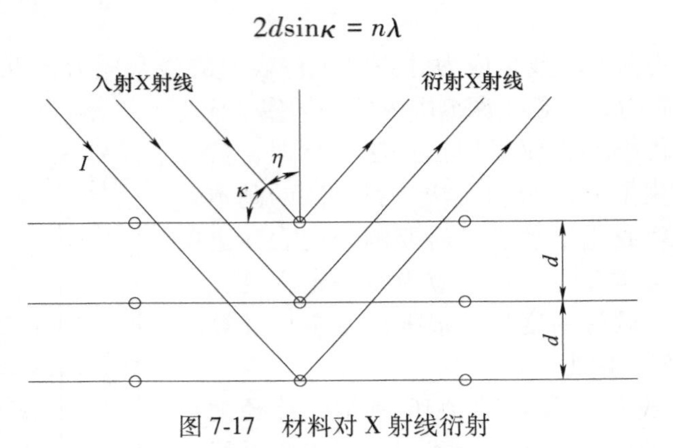

图 7-17　材料对 X 射线衍射

如果材料内部存在残余应力，材料的晶格间距 d 将发生变化，衍射角 κ 也随之改变。根据衍射角 κ 的变化和式（7-6）即可求得残余应力

$$\begin{cases} \sigma = KM \\ K = -\dfrac{E}{2(1+\nu)}\cot\kappa_0 \dfrac{\pi}{180} \\ M = \dfrac{\partial(2\kappa)}{\partial(\sin^2\psi)} \end{cases} \tag{7-6}$$

式中，ψ 是所测应变方向与试样表面法线的夹角；κ_0 是无残余应力时的衍射半角。

此外，X 射线衍射半高宽对于测量微观应力和变质层也有一定的意义。如果试件存在微观应力，晶粒的晶面间距产生不同应变，有些晶面间距扩张而有些晶面间距压缩，对衍射线产生散漫宽化影响。因此，根据 X 射线衍射半高宽可以推测微观应力的分布情况[3]。

3. X 射线衍射法与剥层法相结合

X 射线衍射法虽然技术已经比较成熟，但是由于 X 射线入射深度十分小，根据材料不同，所能测定的表面层深度仅为 10~35μm，因此只能够测量材料表面的残余应力状态，无法测定残余应力沿层深分布。要想精确测定残余应力沿

层深分布情况，通常采用 X 射线衍射法与剥层法相结合的方法。

外部材料被剥除时，会导致工件的轻微变形和被测对象残余应力的重新分布，此时再利用 X 射线衍射法测到的应力值为表层材料剥除后重新分布的残余应力值。因此需要结合弹性力学方法来计算剥层时残余应力的变化量，根据 X 射线衍射法测得的残余应力值和残余应力变化量可计算出未剥层时的应力值。

剥层后表面的切向残余应力和周向的残余应力分别为 $\sigma_z'(r)$ 和 $\sigma_t'(r)$，未剥层时的切向残余应力、周向残余应力分别为 $\sigma_z(r)$ 和 $\sigma_t(r)$，切向残余应力、周向残余应力修正量分别为 $\Delta\sigma_z(r)$ 和 $\Delta\sigma_t(r)$，三者之间存在以下关系

$$\begin{cases} \sigma_z(r) = \sigma_z'(r) + \Delta\sigma_z(r) \\ \sigma_t(r) = \sigma_t'(r) + \Delta\sigma_t(r) \end{cases} \tag{7-7}$$

其中，$\sigma_z'(r)$ 和 $\sigma_t'(r)$ 可以利用 X 射线衍射法测得，然后根据弹性力学等相关知识计算出修正量 $\Delta\sigma_z(r)$ 和 $\Delta\sigma_t(r)$，即可得到未剥层时的切向、周向残余应力 $\sigma_z(r)$ 和 $\sigma_t(r)$[3]。

其中修正量的计算可以根据每层材料剥除前后的轴承内圈残余应力分布状态，求解每层材料剥除后各测量点的应力修正系数，最终得到一个下三角应力修正系数矩阵 $\boldsymbol{K}_{ij}$，残余应力修正量的计算方法见式（6-6）和式（6-7）。

根据对残余应力测量方法的总结可知，物理无损测量法中的 X 射线衍射法不仅技术理论已经比较成熟，相对于机械释放测量法操作简单，而且不需要破坏工件。此外，机械释放测量法中的钻孔法适用于测量某一厚度的平均残余应力，剥层法适用于测量残余应力沿深度的分布情况。由于 7008C 轴承内圈尺寸较小，机械释放测量法钻孔、贴片等操作都比较困难，而本次试验只需要测量轴承滚道表面残余应力状态，因此选用 X 射线衍射法对精研加工后的轴承滚道进行残余应力测量。

本次试验采用芬兰 Stresstech 公司生产的 X 射线应力分析仪 XSTRESS 3000 系统测量精研加工后轴承滚道表面的残余应力。X 射线应力分析仪 XSTRESS 3000 系统具有结构紧凑、重量轻等优点，适用于实验室测试。X 射线应力分析仪 XSTRESS 3000 系统主要分为软件和硬件两部分。软件部分包括控制操作、过程计算、结果输出等功能，采用 Windows 界面，人机交互性好。硬件部分由 X 射线发生装置、电子控制部件、高压发生器、冷却循环系统、准直器、支架等部分组成。X 射线应力分析仪 XSTRESS 3000 系统的硬件部分如图 7-18 所示。

X 射线应力分析仪 XSTRESS 3000 系统的主要参数如下：

输入电源：90～240V AC，50～60Hz；

测量倾角范围：0～±45°（可编）；

弧型探测器摇摆范围：0～±6°（可编）；

微型 X 射线管电压/电流：5~30kV/0~6.7mA(可调)；

校准靶材：Cr、Cu、Co、Fe、V、Ti、Mn 等；

准直器直径：1mm、2mm、3mm、4mm、5mm。

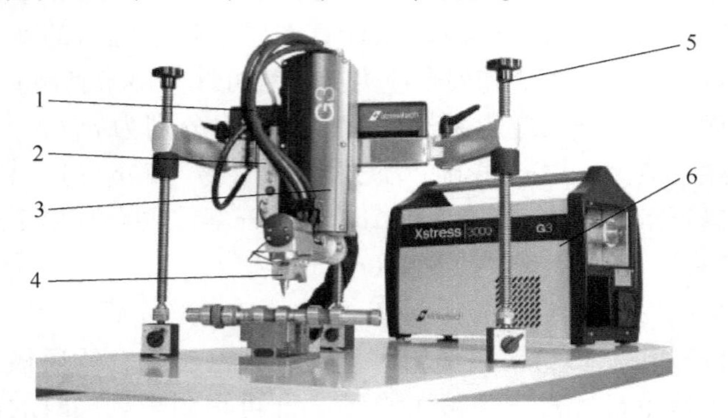

图 7-18　X 射线应力分析仪 XSTRESS 3000 系统的硬件部分

1—冷却循环系统　2—电子控制部件　3—X 射线发生装置　4—准直器　5—支架　6—高压发生器

（1）测量点的选取　在轴承的使用过程中，相较于滚道其他位置，滚道最低点处往往承受更大的载荷，因此滚道最低点处的残余应力分布情况对于轴承的疲劳寿命至关重要。本次试验将测量精研加工后的轴承滚道最低点的残余应力对有限元仿真进行验证。

需要进行测量的 8 个轴承内圈编号依次为 1-1、1-2、2-1、2-2、3-1、3-2、4-1、4-2。每个轴承内圈沿圆周方向测量 3 个位置，编号依次为 1、2、3，两点之间圆心角约为 120 °(见图 7-19)。两个轴承为 1 组，这样每组轴承总共需要测量 6 个点，将 6 个点残余应力的测量结果平均值作为该组轴承滚道最低点处的残余应力。如果有个别点测量结果与其他测量结果差值较大，则在该点附近滚道最

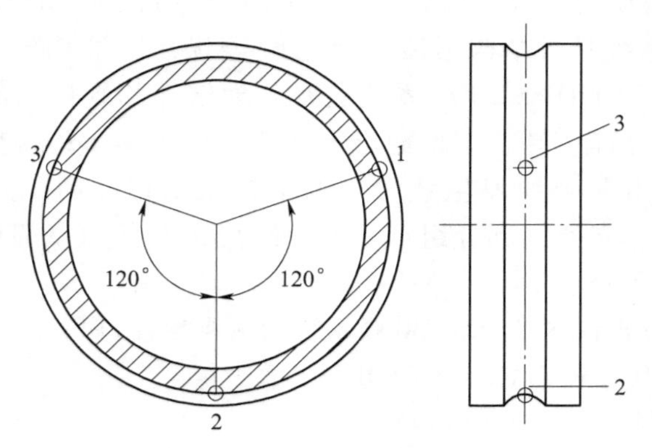

图 7-19　轴承滚道上取点位置

低处随机取点重新测量作为该点测量值。

（2）X 射线应力分析仪 XSTRESS 3000 系统参数设置　本次试验测量轴承滚道精研加工表面残余应力时，X 射线应力分析仪 XSTRESS 3000 系统设置如表 7-6 所示。

表 7-6　X 射线应力分析仪 XSTRESS 3000 系统设置

参数	选取或设定值
准直器直径/mm	1
靶材	Fe
曝光时间/s	25
杨氏模量/GPa	208
泊松比	0.3
无应力衍射角 $2\theta_0$/(°)	156.4
衍射晶面	211
衍射晶面方位角/(°)	-39.0，-33.0，-26.4，-18.3，0，18.3，26.4，33.0，39.0
X 电管工作电压/kV	30
X 电管工作电流/mA	6.7

1）系统检查、设置。调整弧型探测器倾角范围，更换测量所用的准直器，更换校准所用靶材。同时在开启电源后，在软件控制系统中设置相对应的参数。

2）系统预热。开机后首先进行增压，使电压/电流在未进行测量时达到 20kV/2.0mA 稳定状态，然后让 X 射线应力分析仪 XSTRESS 3000 系统空转 10min，使系统达到稳定，各部件温度达到正常使用时温度。避免后续测量过程中因为测量初期系统不稳定造成的测量结果不准确。

3）系统校准。系统预热之后，为减小系统测量误差，在开始测量精研加工后的轴承滚道表面残余应力之前，应对应力分析系统进行校正。即将无应力的铁素体靶材作为被测工件进行多次测量，当连续三次残余应力测量结果在 ±10MPa 以内时可认为校正完成。

4）描点测量。在测量之前，用酒精对轴承滚道进行清洗，洗掉滚道表面的冷却润滑液和其他污物。确保被测滚道表面的光洁，以减少外界污物的干扰，防止造成不必要的误差。晾干后用中性笔在被测点附近做好标记。进行测量时，确保准直器对准被测点，完成周向残余应力测量之后，记录测量结果。然后将被测轴承旋转 90°，测量切向残余应力并记录测量结果。一个点的周向残余应力和切向残余应力均测量完成之后，进行同一轴承的下一个点的测量，测完同一轴承上的三个点之后再进行其他轴承上不同点残余应力的测量。如果同一组轴承上存在个别点与其他点之间差别较大，应舍弃该点测量结果，在该点附近滚道最低处随机选取一点进行测量。

7.3.3 精研加工表面残余应力测量结果

编号 1-1 轴承上 1 点的残余应力测量结果如图 7-20 所示。由图 7-20 可知精研加工过程中外界施加到油石上的压力为 10N，最大切削角正切值 $\tan\theta_{max}$ 为 0.15 时，1-1 轴承上 1 点的周向残余应力为残余压应力，压应力值为 393.4MPa，最大误差为±49.8MPa；该点切向残余应力同样为残余压应力，压应力值为 271.6MPa，最大误差为±34.2MPa。

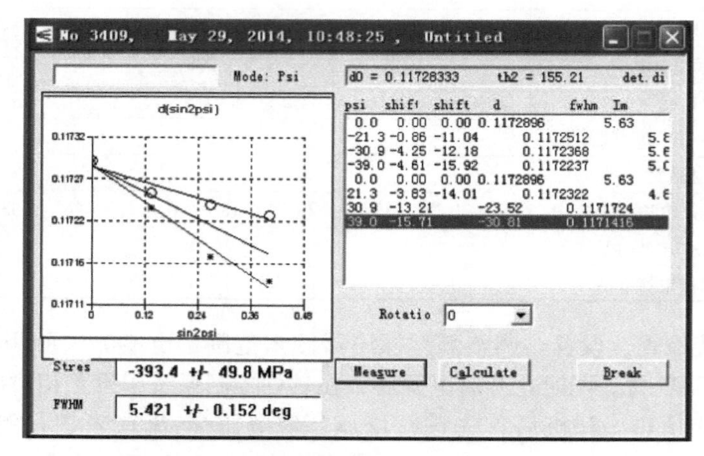

a) 周向残余应力

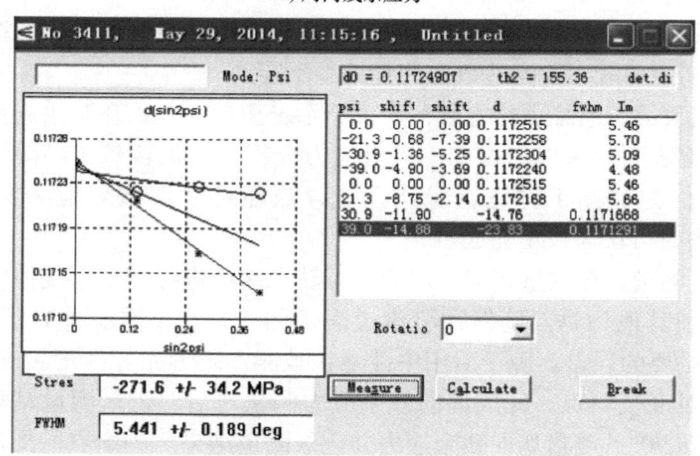

b) 切向残余应力

图 7-20 1-1 轴承上 1 点的残余应力测量结果

精研加工后的 4 组轴承上共 24 个点残余应力的测量结果见表 7-7。

表 7-7　各点残余应力的测量结果

轴承编号	1 点残余应力/MPa		2 点残余应力/MPa		3 点残余应力/MPa	
	周向	切向	周向	切向	周向	切向
1-1	-393.4	-271.6	-364.7	-277.3	-385.1	-246.6
1-2	-369.2	-268.5	-346.1	-259.8	-349.9	-271.0
2-1	-468.1	-316.0	-402.3	-325.2	-436.1	-344.4
2-2	-433.2	-347.2	-457.7	-361.5	-431.5	-323.9
3-1	-428.6	-362.3	-401.6	-353.1	-397.2	-314.7
3-2	-417.5	-325.7	-387.9	-379.7	-435.8	-341.2
4-1	-371.9	-298.3	-402.5	-284.2	-360.0	-306.6
4-2	-382.7	-305.9	-411.2	-311.4	-386.4	-317.5

根据表 7-7 可知，精研加工后轴承滚道表面残余应力为残余压应力，这与上一章有限元模拟得到的结论相同。加工参数相同的同一组轴承上不同点周向残余应力与切向残余应力相互比较可知，精研加工后轴承滚道表面周向残余应力值相对要大一些，该结论也与有限元仿真分析得到的规律一致。将第 1 组与第 2 组试验结果进行对比可发现，在切削角变化范围保持不变、油石压力由 10N 增大至 15N 时，周向残余应力和切向残余力都明显增大。其中平均周向残余压应力由 368MPa 左右增大至 438MPa 左右，平均切向残余压应力由 266MPa 左右增大至 336MPa 左右。将第 2 组、第 3 组、第 4 组试验获得的数据相互比较发现，切削角变化范围的增大，对于轴承滚道表面残余应力的分布影响不大，周向残余应力保持在 410MPa 左右，切向残余应力保持在 330MPa 左右（见表 7-8）。

表 7-8　不同精研工艺参数轴承滚道表面残余应力

组号	压力/N	$\tan\theta_{max}$	残余应力测量值/MPa		残余应力模拟值/MPa		相对误差(%)	
			周向	切向	周向	切向	周向	切向
1	10	0.15	-368	-266	-336	-247	8.6	7.1
2	15	0.15	-438	-336	-461	-302	5.3	10.1
3	15	0.10	-411	-346	-427	-299	3.8	13.6
4	15	0.05	-386	-304	-422	-314	9.3	3.3

为验证有限元仿真分析结果的正确性，需要将试验获得的数据与有限元仿真分析结果进行对比。首先对试验测量所有点的残余应力进行处理，将每组轴承上的 6 个点的残余应力平均值作为该组精研加工参数下进行加工所获得的残余应力，处理后的试验数据与有限元模拟得到的数据对比见表 7-8。

根据表 7-8 可知，轴承滚道表面残余应力有限元仿真分析结果与试验测量获得的数据相比，二者的数据比较接近，最大误差为13.6%，具有较好的一致性。试验测量值与有限元模拟计算值之间的误差来源包括以下几个方面：一是X射线应力分析仪本身存在一定的测量误差，如图7-20所示测得周向残余应力和切向残余应力误差分别为±49.8MPa和±34.2MPa，且应力分析仪准直器具有一定口径（本试验采用直径1mm准直器），所得结果为对应面积的平均残余应力；二是有限元模型进行了简化，如采用球形磨粒模型，实际磨粒为近似球形的不规则形态；三是精研加工后轴承滚道表面残余应力存在一定的离散性，相同工艺条件加工获得的同一表面不同点之间的残余应力也各不相同，试验数据处理时用采样平均值作为代表；四是初始残余应力的影响，有限元模拟时设定为0初始残余应力，而试验加工时，轴承滚道表面存在±50MPa的磨削残余应力。

总而言之，有限元仿真分析结果与试验测得的数据虽然存在一定的误差，但是误差较小，在可接受范围以内，两者之间具有较好的一致性。

7.4 磨削残余应力对滚动轴承滚道精研加工残余应力的影响

滚动轴承内圈加工工序根据结构、尺寸、精度要求等不同略有差异，但是一般而言，主要生产流程包括以下几道工序：锻造→车削→热处理→磨削→精研加工。其中精研加工作为最后一道工序，对于轴承滚道表面最终残余应力分布具有重要作用，但是精研加工之前的每道工序一般都会产生残余应力，即轴承滚道精研加工时，滚道表层存在一定的磨削残余应力场，磨削残余应力场对于精研加工后残余应力分布也存在一定的影响。

7.4.1 磨削残余应力场

精研加工是一种相对“温和”的加工手段，精研加工过程中由于加工区域温度较低，温度变化范围小，所以不存在热应力和相变应力，精研加工残余应力是由油石对工件材料的机械作用产生，从微观角度分析则是油石磨粒对工件材料的耕犁作用产生的。

相对于精研加工，磨削加工是一种“剧烈”的加工手段，在磨削区工件材料受到较大的磨削力作用，同时产生局部高温，往往还伴随着金属相变。因此，磨削残余应力产生机理更为复杂，受多重因素的影响，磨削残余应力场也存在多种不同的分布规律。

磨削过程中磨削区会产生局部高温、高压而且往往伴随着金属相变，根据残余应力的产生机理，三者都会导致残余应力的产生，因此磨削残余应力场是三者耦合作用的结果。

磨削过程中磨削力的大小受磨削工艺参数的影响较为明显，以砂轮进给速度为例，在其他条件不变时，砂轮进给速度增大，不仅使得参与磨削的磨粒数目增多，而且磨粒切入工件表层金属的深度也将增加，砂轮对工件的切向力和法向力均增大。砂轮转速、工件转速的变化同样会影响磨削力的大小，磨削力发生变化会引起磨削残余应力的变化。

同样，磨削热也会受到磨削工艺参数的影响。工件转速增加，一方面由于磨削作用增强，会产生更多的磨削热；另一方面会使工件材料以更快的速度脱离磨削区，有利于磨削热的消散。砂轮进给速度、砂轮转速的变化同样会引起磨削区温度变化。此外，磨削区温度与磨削加工过程中磨削液的种类、喷嘴位置、砂轮修整等因素也密切相关，而磨削区温度变化对磨削残余应力的影响也较为明显。

由于磨削过程中会产生局部高温，当温度达到金属材料的相变温度时，将会产生金属相变现象。磨削区温度变化对于工件表层金属相变区域分布以及相变程度都有重要影响，金属相变程度不同，同样会引起残余应力的变化。

此外，磨削力、磨削热以及相变对残余应力的影响并不是相互独立的，其中一项发生变化的同时，往往伴随着另外两项的变化，最终磨削残余应力场是三者综合作用的结果。

磨削残余应力场受到多种因素的影响，不同条件下产生的磨削残余应力分布也各不相同。当磨削力的作用更为明显时，磨削后工件表面会产生残余压应力；而当磨削热的作用占主导地位时，往往会在磨削后工件表面产生残余拉应力。图 7-21 给出了在一定条件下磨削残余应力沿距离工件表面深度的分布规律。

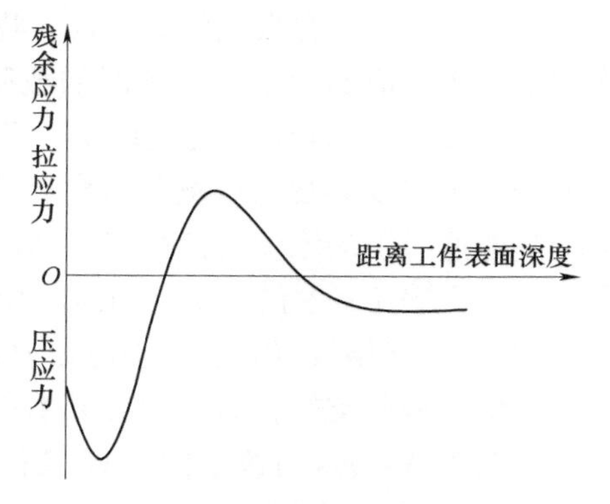

图 7-21　一定条件下磨削残余应力沿距离工件表面深度的分布规律

如图 7-21 所示，Grum J[4] 认为在某些条件下，磨削工件表层产生残余压应力，并且随着距离工件表面深度的增加，残余压应力先增大后减小，然后在次表层一定厚度内形成残余拉应力，拉应力层之下是应力值较小的残余压应力层。

7.4.2　精研加工初始应力场设置

根据 7.2 节分析可知，不同条件会导致不同的磨削残余应力分布。磨削工艺参数变化时，即使磨削残余应力分布规律不变，残余应力类型不变，残余应力值及残余应力层厚度也会发生变化。由于磨削残余应力场的多样性，无法将各种条件下的磨削残余应力场分别作为精研加工的初始应力场，在此，将图 7-21 所示磨削残余应力分布规律作为精研加工初始残余应力场，设置不同初始残余应力值（见表 7-9）。

表 7-9　精研加工初始残余应力场设置

序号	表面应力/MPa		最大压应力/MPa		最大压应力深度/μm	应力层厚度/μm
	周向	切向	周向	切向		
0	0	0	0	0	—	—
1	-100	-80	-150	-120	10	80
2	-200	-160	-300	-240	10	80
3	-300	-240	-450	-360	15	100
4	-400	-320	-600	-480	15	100
5	-500	-400	-750	-600	20	150
6	-600	-480	-900	-720	20	150

7.4.3　磨削残余应力对精研加工残余应力分布影响的有限元仿真

本次仿真采用 B7008C 轴承内圈模型，材料属性、网格划分情况以及施加约束条件均与 7.2 节有限元仿真一致。载荷为外界施加到油石上的压力为 20N、最大切削角正切值 $\tan\theta_{max}=0.15$ 时的载荷。

在 Abaqus 的 Load 功能模块中，可以通过菜单 Predefined Field→Create 定义速度场、角速度场及温度场等多种预定义场，但是预应力场作为特殊类型的应力场只能通过手动添加关键词“ * INITIAL CONDITIONS”添加。

首先将表 7-9 中的初始残余应力场按照图 7-21 所示规律建立 Excel 表格，1~4779 号单元格设置表层残余应力值，4780~9558 号单元格设置表面下一层残余应力值，依此类推，直至单元格数据为 0。将编辑好的数据另存为 csv 文件，然后更改为 Abaqus 可读取的 DAT 文件。

在 Abaqus 完成建模、定义材料属性、网格划分、施加约束等前处理工作之后，利用 model→edit keywords 选项，在 step 之前添加语句“ * Initial Conditions, type=stress, input=XX. dat”（其中 XX 为保存的 dat 文件名）。完成上述操作之后即可提交进行有限元仿真分析。

7.4.4　精研加工残余应力有限元仿真结果分析

图 7-22 所示为按照表 7-9 设置不同初始残余应力时，B7008C 轴承内圈滚道精研加工表面残余应力仿真分析结果，图 7-23 所示为最大残余压应力仿真分析结果。

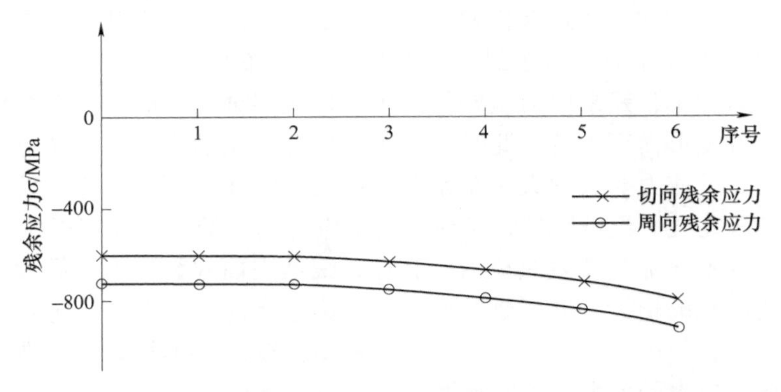

图 7-22　设置不同初始残余应力时轴承内圈滚道精研加工表面残余应力仿真分析结果

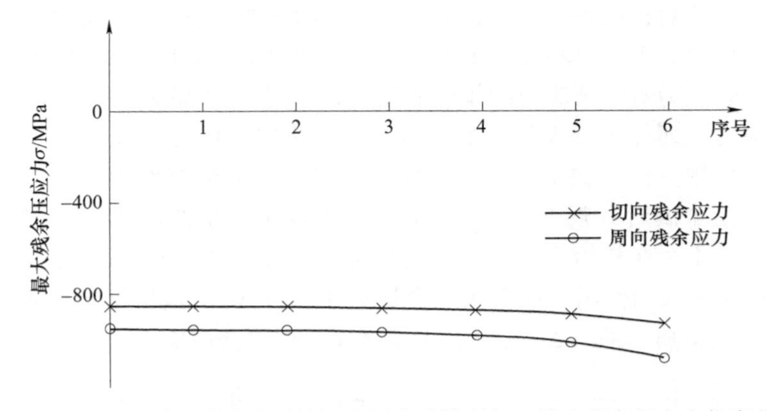

图 7-23　设置不同初始残余应力时轴承内圈滚道精研加工最大残余压应力仿真分析结果

从图 7-22 中可以看出 1 号、2 号与不施加初始残余应力时的仿真分析结果相比，表面周向残余应力与切向残余应力均几乎没有变化；从 3 号开始，滚道表面周向残余应力、切向残余应力开始出现较为明显的变化，其残余压应力值大于不施加初始残余应力时的仿真分析结果；4 号、5 号、6 号与不施加初始残余应力时相比，表面残余应力变化已经十分明显，其中 6 号表面周向残余压应力、切向残余压应力与不施加初始残余应力时相比分别增大了 190MPa、182MPa。

从图 7-23 中可以看出 1 号、2 号以及 3 号与不施加初始残余应力时相比，最大残余应力变化不明显；4 号、5 号以及 6 号与不施加初始残余应力时相比，最大残余压应力发生较为明显的变化，6 号最大周向残余压应力、切向残余压应力与不施加初始残余应力时相比分别增大 133MPa、69MPa。

根据图 7-22 和图 7-23 中 1 号、2 号以及 3 号有限元仿真分析结果与不施加初始残余应力时相比，滚道表面残余应力、最大残余压应力几乎没有变化，可知初始残余应力较小时，对于最终残余应力的分布几乎没有影响。这是因为，在精研加工过程中，残余应力主要是由于工件表层金属在磨粒的耕犁作用下发生不均匀塑性变形而产生的，此时工件表层内部产生的应力已经超过工件材料的屈服应力，此应力要远远大于初始残余应力，因此初始残余应力较小时对工件塑性变形程度几乎没有影响，对最终残余应力场也就几乎没有影响。4 号、5 号以及 6 号与不施加初始残余应力时相比，滚道表面残余应力、最大残余压应力发生较为明显的增大，原因是初始残余应力较大时，已经在一定程度上影响了精研加工时材料内部产生的应力，对材料塑性变形的不均匀程度造成一定影响，因此残余应力的大小也发生变化。

4 号、5 号以及 6 号的有限元仿真分析结果与不施加初始残余应力时的有限元仿真分析结果对比可知，较大的初始残余应力可有效增大精研加工残余压应力，该现象可根据工件材料发生不均匀塑性变形时不同区域间的相互作用解释。

初始残余应力对残余应力的作用如图 7-24 所示，假设 A 层金属存在较大的初始残余应力，即外界对 A 层金属不存在作用力时，B 层金属对 A 层金属存在一定的压缩作用。精研加工时，在机械作用下，A 层金属发生塑性伸长时，如果不考虑 B 层金属对 A 层金属的限制作用，A 层金属将伸长 Δl，此时无残余应力产生。如果不存在初始残余应力，仅仅考虑 A 层金属塑性伸长时 B 层金属对 A 层金属伸长的限制作用，那么 A 层金属只能伸长 Δl_1。这样相当于 B 层金属的作用下将 A 层金属压缩（$\Delta l-\Delta l_1$），A 层金属产生残余压应力 σ_1。

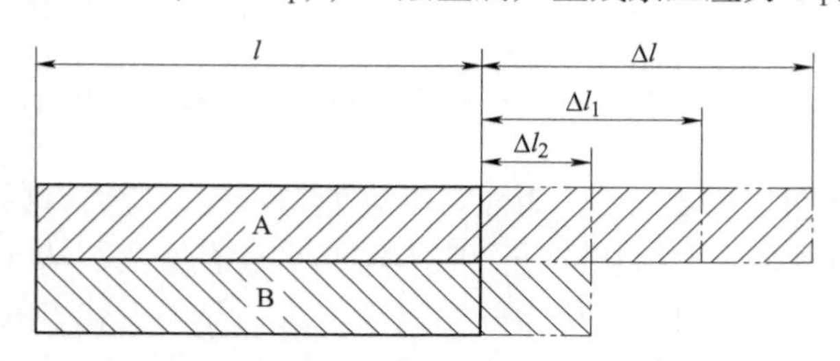

图 7-24　初始残余应力对残余应力的作用

但是由于初始残余应力的存在，未发生塑性变形之前 B 层即对 A 层存在压缩作用，使得 A 层金属发生塑性伸长时只能伸长 Δl_2($\Delta l_2<\Delta l_1$)，相当于 B 层金属的作用下将 A 层金属压缩（$\Delta l-\Delta l_2$），A 层金属产生残余压应力 σ_2。由于 $\Delta l-\Delta l_2>\Delta l-\Delta l_1$，而B 层金属对 A 层金属的压缩作用越强，A 层金属产生的残余压应力越大，所以 $\sigma_2>\sigma_1$。因此，存在较大的初始残余应力时，能够有效增大精研加工产生的残余压应力。

根据以上分析可知，精研加工初始残余应力较大时，能够有效提高精研加工后的残余压应力。因此，为了在滚动轴承滚道表层获得较大的精研加工残余压应力，可以通过控制磨削工艺参数等手段，使滚道表层金属在精研加工前即存在较大的初始残余应力。

7.5　小结

1）精研加工残余应力主要是机械作用产生的残余应力，精研加工过程中工件产生的残余应力主要是由油石表面磨粒对工件的耕犁作用产生的残余压应力。

2）建立了油石表面磨粒凸起高度分布模型，分析了单颗磨粒对工件表层金属进行滑擦、耕犁及微切削作用时，磨粒对滚道表面的作用力，分析了油石振荡频率和工件转速对切向力方向的影响，得到了切削角随加工时间变化的公式，分析了滚动轴承滚道精研加工过程中参数变化对轴承滚道表面作用力的影响。

3）仿真分析了B7008C、7008C轴承内圈滚道精研加工残余应力。分析发现，对轴承内圈滚道精研加工时，在油石压力为10~50N，最大切削角为3°~15°时，滚道表面为残余压应力，最大残余压应力位于滚道表层深度约10~20μm处，残余压应力层厚度约为150~200μm，周向残余压应力要略大于切向残余压应力。切削角变化范围对于残余应力分布的影响并不明显，只对工件表层厚约50μm的残余应力略微存在影响。

4）进行了滚动轴承精研加工表面残余应力分布的试验研究，并将试验所获得的数据与利用Abaqus进行有限元仿真分析的结果进行了对比。

5）研究了初始应力场对精研加工残余应力的影响，结果表明，当初始残余应力较小时，对精研加工应力分布几乎没有影响；当初始残余应力为压应力且压应力值较大时，可以有效增大精研加工残余压应力。因此，为增大滚动轴承精研加工残余压应力，应通过控制磨削工艺参数获得较大的磨削残余压应力。

参 考 文 献

[1] GUO Y B, LIU C R. Mechanical properties of hardened AISI 52100 steel in hard machining processes [J]. Journal of Manufacturing Science and Engineering, 2002, 124 (1): 1-9.

[2] 刘文文. 机械加工表面残余应力的有限元模拟与实验研究 [D]. 南京：南京航空航天大学，2012.

[3] 米谷茂. 残余应力的产生与对策 [M]. 北京：机械工业出版社，1986.

[4] GRUM J. A review of the influence of grinding conditions on resulting residual stresses after induction surface hardening and grinding [J]. Journal of Materials Processing Technology, 2001, 114 (3): 212-226.